普通高等教育"十二五"规划教材

# 数字电子技术实用教程

**主　编** 孙　禾　　于宝琦　　陈亚光

**副主编** 于桂君　　胡建伟　　张立娟

**参　编** 李　玲　朴琴兰

东 南 大 学 出 版 社

·南京·

## 内 容 简 介

本书是为满足应用型本科院校培养一批批合格工程技术人才和更多卓越工程师的需求,根据教育部高等学校电子电气基础课程教学指导分委员会对数字电子技术课程的教学基本要求,并经过多年教学改革与实践后编写的。本书以现代数字电子技术的基本知识、基本理论、基本技能为主线,针对本课程具有的工程性和实践性特点,突出理论教学与实践训练相结合;内容取舍上以应用为目的,尽量做到少而精,重点突出,淡化理论分析;叙述上简明扼要、深入浅出、层次分明、概念清楚;教学方法上力求将理论教学与技能训练优化组合,以利于激发学生的学习积极性,培养其实践应用能力。全书共分 10 章,内容包括:数字逻辑基础,集成逻辑门电路,组合逻辑电路,触发器,时序逻辑电路,脉冲波形的产生与变换电路,大规模数字集成电路,D/A 与 A/D 转换,数字电路 EDA 设计基础,数字系统综合实践指导。各章均配有典型例题和习题。

本书适用于高等院校电子电气信息类各专业和部分非电类专业本科和高职学生在学习数字电子技术方面的教科书,也可作为自学考试和从事电子技术工程的工作人员自学用书。

**图书在版编目(CIP)数据**

数字电子技术实用教程 / 孙禾,于宝琦,陈亚光主编.
—南京 : 东南大学出版社,2014.2(2018.1 重印)
ISBN 978-7-5641-2582-0

Ⅰ. ①数… Ⅱ. ①孙… ②于… ③陈… Ⅲ. ①数字电路
—电子技术—高等学校—教材 Ⅳ. ①TN79

中国版本图书馆 CIP 数据核字(2014)第 015512 号

数字电子技术实用教程

**出版发行**:东南大学出版社
**社　　址**:南京市四牌楼 2 号　邮编:210096
**出 版 人**:江建中
**网　　址**:http://www.seupress.com
**经　　销**:全国各地新华书店
**印　　刷**:南京玉河印刷厂
**开　　本**:787mm×1092mm　1/16
**印　　张**:16.75
**字　　数**:392 千字
**版　　次**:2014 年 2 月第 1 版
**印　　次**:2018 年 1 月第 2 次印刷
**印　　数**:3001 — 4500 册
**书　　号**:ISBN 978-7-5641-2582-0
**定　　价**:31.00 元

本社图书若有印装质量问题,请直接与营销部联系。电话(传真):025—83791830

# 前言
## PREFACE

　　"数字电子技术"是电子电气信息类专业和部分非电类专业学生在数字电子技术方面入门性质的学科基础课程之一,同时又是一门具有自身体系和很强实践性与应用性的技术基础课程。本书是为满足应用型本科院校培养一批批合格工程技术人才和更多卓越工程师的需求,根据教育部高等学校电子电气基础课程教学指导分委员会对数字电子技术课程的教学基本要求并结合多年教学改革与实践经验编写的。

　　本书以现代数字电子技术的基本知识、基本理论、基本技能为主线,针对本课程具有的工程性和实践性特点,突出理论教学与实践训练相结合;内容取舍上以应用为目的,尽量做到少而精,重点突出,淡化理论分析;叙述上简明扼要、深入浅出、层次分明、概念清楚;教学方法上力求将理论教学与技能训练优化组合,以利于激发学生的学习积极性,培养其实践应用能力。全书共分10章,内容包括:数字逻辑基础,集成逻辑门电路,组合逻辑电路,触发器,时序逻辑电路,脉冲波形的产生与变换电路,大规模数字集成电路,D/A与A/D转换,数字电路EDA设计基础,数字系统综合实践指导。各章均配有典型例题和习题。

　　本书适用于高等院校电子电气信息类各专业和部分非电类专业本科和高职学生在学习数字电子技术方面的教科书,也可作为自学考试和从事电子技术工程的工作人员自学用书。

　　本书由辽宁科技学院孙禾、于宝琦、陈亚光担任主编,于桂君、胡建伟和吉林电子信息职业技术学院张立娟担任副主编,李玲、朴琴兰参与编写。绪论、第5章由孙禾编写,并负责全书的组织和定稿;第1、4章由于宝琦编写;第9章由陈亚光编写;第2、6章由于桂君编写;第3、8章由胡建伟编写;第7章由张立娟编写;本书的实验项目部分,第10章及附录由李玲编写;朴琴兰编写了第3章部分内容。

　　时间仓促,加之水平有限,书中难免有疏漏之处。恳请广大读者给以批评指正,以便今后再版时改进和提高。

编者

2013年11月

# 绪　论

**本章导学**

　　本部分内容属于数字电子技术的导论，以数字信号和数字电路的特点为起点，着重阐述了数字电子技术的研究内容和学习方法。通过绪论的学习，使同学对本门课程的研究对象、学习内容以及学习方法有一个宏观的认识。

## 0.1　数字信号与数字电路

　　电子电路中的信号可以分为模拟信号和数字信号两大类。时间连续、数值也连续的信号被称为模拟信号，时间上和数值上均是离散的信号则被称为数字信号。数字信号只有两个离散值，常用数字 0 和 1 来表示。

　　**注意：**这里的 0 和 1 没有数值大小之分、只代表两种对立的逻辑状态，称为逻辑 0 和逻辑 1，也被称为二值数字逻辑。

　　数字电路是传递与处理数字信号的电子电路。常用的数字电路包括信号发生、变换、传送、计数、运算、储存、控制等电路。和模拟电路相比，数字电路在工作信号、研究对象（I/O 的逻辑关系）、分析与设计方法以及所用的数学工具都有显著的不同，其具有下列优点：

　　1. 数字电路易于用电路来实现。数字电路是以二值数字逻辑为基础的，只需要 0 和 1 两个基本数字，可用二极管、三极管的导通与截止这两个对立的状态来表示。

　　2. 数字电路工作可靠，精度较高，抗干扰能力强。数字系统可通过整形方便地去除叠加于传输信号上的噪声与干扰，还可利用差错控制技术对传输信号进行查错和纠错。

　　3. 数字电路在控制系统中是必不可少的部件。数字电路不仅能完成数值运算，而且能进行逻辑判断和运算。

　　4. 数字信息便于长期保存。可将数字信息存入磁盘、光盘等长期保存。

　　5. 数字集成电路产品系列多、通用性强、成本低。

　　数字电路在日常生活中的应用越来越普遍，已被广泛应用于工业、农业、通信、医疗、家用电子等各个领域，如工农业生产中用到的数控机床、温度控制、气体检测、家用冰箱、空调的温度控制、通信用的数字手机以及正在发展中的网络通信、数字化电视等。随着数字电路的发展，其应用将会越来越广泛，它将会深入到生活的每一个角落。

　　按电路逻辑功能的不同，数字电路可分为组合逻辑电路和时序逻辑电路。组合逻辑电路没有记忆功能，其输出信号只与当时的输入信号有关，而与电路以前的状态无关。如加法器、编码器、译码器、数据选择器等。时序逻辑电路具有记忆功能,其输出信号不仅和当时的输入信号有关,而且与电路以前的状态有关,如寄存器、计数器等。

按电路结构不同,数字电路可分为分立元件数字电路和集成数字电路两大类。根据集成密度不同,集成电路可分为小规模集成数字电路(SSI:10－100 个元件/片)、中规模集成数字电路(MSI:100－1000 个元件/片)、大规模集成数字电路(LSI:1000－1 万个元件/片)、超大规模集成数字电路(VLSI:1 万个以上元件/片)。

按电路所用的器件不同可分为双极型电路和单极型电路。其中双极型电路有 DTL、TTL、ECL 等,单极型电路有 JFET、NMOS、POS、CMOS 等。双极型电路开关速度快,频率高,信号传输延迟时间短,但制造工艺较复杂。单极型电路输入阻抗高,功耗小,工艺简单,集成密度高,易于大规模集成。

数字电路从应用的角度又可分为通用型和专用型两大类型。

# 0.2 "数字电子技术"的课程性质与研究内容

### 1. 本课程的地位、作用和任务

"数字电子技术"是电子电气信息类专业和部分非电类专业学生在数字电子技术方面入门性质的学科基础课程之一,具有自身的体系和很强的实践性。本课程通过对典型逻辑器件、数字电路及其系统的分析和设计的学习,获得必要的数字电子技术方面的基本理论、基本知识和基本技能,为深入学习电子技术及其在专业中的应用打好基础。

### 2. "数字电子技术"课程的研究内容

"数字电子技术"课程的研究内容主要有以下四个方面:

(1)数字电路的基本单元电路:门电路和触发器。

(2)数字电路逻辑功能的描述方法:真值表、逻辑式、逻辑图、卡诺图和分析工具:逻辑代数。

(3)对给定的组合逻辑电路或时序逻辑电路进行逻辑功能分析,或根据实际需要设计出相应的逻辑电路。

(4)各种典型逻辑器件的结构、性能和工作原理。

### 3. "数字电子技术"课程的学习目标

(1)掌握基本概念、基本电路、基本分析方法和基本实验技能。

(2)具有能够继续深入学习和接受电子技术新发展的能力,以及将所学知识用于本专业的能力。

(3)建立起系统的观念。简单数字电路是复杂数字系统的一个部分,在研究数字电路时应强调整体功能,建立起系统的概念。

(4)建立工程的观念:既是入门性质的学科基础课,又是技术基础课。

(5)建立科技进步的观念和创新意识:数字电子技术能够在一个方寸之间实现千变万化,通过数字电路的 EDA 技术提高设计能力,从而培养创新能力。

# 0.3 "数字电子技术"的课程特点和学习方法

**1. 课程特点：**

数字电子技术是一门具有较强工程性和实践性的入门性质的学科基础课，同时又是一门具有较强应用性的技术基础课。不仅其自身有完整的理论体系，而且与各种功能电路典型的集成芯片产品紧密相连。它的课程特点主要体现在以下四个方面：

（1）数字电路的工作信号是在时间和幅值上都离散的数字信号，用二值数字逻辑0、1描述。在电路中用高、低电平表示，是一个范围的量、而不是具体的精确数值。其微小变化不影响电路功能，这进一步突出了工程性。

（2）数字电路中的晶体管和MOS管通常工作在开关状态，放大状态只是一种过渡状态。这与模拟电路中晶体管和MOS管的工作状态截然不同。

（3）数字电路主要研究电路的逻辑功能，即电路输入与输出之间的逻辑关系。主要分析工具是逻辑代数，表示电路逻辑功能的主要方法有真值表、逻辑式、逻辑图、波形图以及卡诺图等。

（4）数字电路的主要任务是对给定的电路进行逻辑功能分析，以及根据实际需要设计出相应的逻辑电路。

**2. 课程学习方法**

首先，应掌握好本课程的基本概念、基本电路和基本分析方法。

下面从概念，电路，方法三方面谈如何学习本课程。数字电子电路的应用是灵活的，但"万变不离其宗"，其基本概念是不变的，学好数字电子技术的第一步是弄清概念；具体的数字电子电路是多种多样的，但其构成原则是不变的，应先加强对基本电路的学习，再通过熟练习题，达到举一反三的效果；不同类型的数字电子电路有不同的性能指标和描述方法，因而有不同的分析方法，应加强对各种基本分析方法的理解和应用。

其次，要善于抓重点，注意掌握功能部件的外特性。

数字集成电路的种类很多，电路内部结构及工作过程千差万别。学习时对于电路结构与工作原理只要简单了解即可，应该把侧重点放在对于电路输入与输出之间的逻辑功能和使用方法的掌握上，并在此基础上能够正确使用各种集成芯片完成满足实际需求的功能设计。

再次，注意理论联系实际，将课程学习的落脚点放在实际数字系统的设计与实现上，培养自己"看，算，选，调"的能力。

实用的数字电子电路几乎都需要进行调试才能达到预期的目标，因而本课程具有较强的实践性。同学在学习这门课时要掌握常用电子仪器的使用方法；电子电路的测试方法；故障的判断与排除方法；以及EDA软件的应用方法。

最后，注意新技术的学习。

目前数字系统的设计与实现已经从电路板级发展到芯片级。可编程器件的迅速发展使得数字系统的实现更为灵活，系统的可靠性更高，功耗更低，整个系统的体积更小。可编程器件实现数字系统离不开EDA软件的应用。EDA已经成为进行数字系统设计必须掌握的技术，同时这也是培养学生解决实际工程问题，进行实践创新的一种重要手段。

# 第1章　数字逻辑基础

**本章导学**

　　数字逻辑是数字电子技术的逻辑学基础,是分析设计数字系统的理论依据。本部分内容以用二进制数描述数字逻辑为基础,介绍了数制与编码及其相互转换的方法;基本的逻辑关系与逻辑运算;逻辑代数的基本公式和规则;逻辑函数的不同表示方法及其相互转换;逻辑函数的代数化简法和卡诺图化简法等知识。

## 1.1　数制与码制

　　数制就是计数的规则或体制。同一个数可以采用不同的进位数制来计量。日常生活中,人们习惯采用十进制数计数,而在数字电路中,广泛采用二进制数。

　　数码不仅可以表示数量的大小,还可以表示某种信息、操作命令及不同的事物等,这时的数码叫做代码。编制代码时所遵循的规则,即编码方案,叫做码制。

### 1.1.1　常用数制

**1. 十进制**

　　十进制是人们最常用的一种数制。它采用 0～9 十个数码计数,低位和相邻高位之间的进位关系是"逢十进一"。任意一个十进制数可表示为

$$(D)_{10} = \sum_{i=-m}^{n-1} a_i \times 10^i \tag{1-1}$$

　　式(1-1)中,$a_i$ 是第 $i$ 位的系数,它可以是 0～9 中的任意数码,$n$ 表示整数部分的位数,$m$ 表示小数部分的位数,下标 10 为十进制的进位基数;$10^i$ 表示数码在不同位置的大小,称为位权。通常把式(1-1)的表示形式称为按权展开式或多项式表示法。例如:

$$(357.28)_{10} = 3 \times 10^2 + 5 \times 10^1 + 7 \times 10^0 + 2 \times 10^{-1} + 8 \times 10^{-2}$$

　　从计数电路的角度来看,采用十进制是不方便的。因为要构成计数电路,必须把电路的状态跟计数符号对应起来,十进制有十个符号,电路就必须有十个能严格区别的状态与之对应,这样将在技术上带来许多困难,而且也不经济,因此在计数电路中一般不直接采用十进制。

**2. 二进制**

　　二进制采用 0、1 两个数码计数,计数的基数是 2。低位和相邻高位之间的进位关系是

"逢二进一"。任意一个二进制数可表示为

$$(D)_2 = \sum_{i=-m}^{n-1} a_i \times 2^i \qquad (1-2)$$

式(1-2)中，$a_i$ 是第 $i$ 位的系数，它可以是 0、1 中的任意数码，$n$ 表示整数部分的位数，$m$ 表示小数部分的位数，下标 2 为二进制的进位基数；$2^i$ 表示数码在不同位置的大小，称为位权。应用权的概念，可以把一个二进制数按权展开。例如：

$$(1011.01)_2 = 1 \times 2^3 + 0 \times 2^2 + 1 \times 2^1 + 1 \times 2^0 + 0 \times 2^{-1} + 1 \times 2^{-2}$$

根据二进制的特点，目前数字电路普遍采用二进制，因为在数字电路中通常只有两个不同状态，这两个状态刚好可以用二进制中的两个符号来表示。例如：继电器的闭合和断开，晶体管的饱和与截止等。只要规定一种状态代表"1"，另一种状态代表"0"，就可以表示二进制数。二进制的运算规则简单，为数字系统的分析与设计带来极大方便。

**3. 八进制和十六进制**

二进制的缺点是位数太多，书写和阅读都不方便，容易出错。在数字系统中采用八进制和十六进制作为二进制的缩写形式。

八进制采用 0～7 八个数码计数，计数的基数是 8。低位和相邻高位之间的进位关系是"逢八进一"。

十六进制采用 0～9 及 A、B、C、D、E、F 十六个数码计数，计数的基数是 16。低位和相邻高位之间的进位关系是"逢十六进一"。不管是八进制还是十六进制都可以像十进制和二进制那样按权展开。

## 1.1.2 不同数制间的转换

把一种数制转换成为另一种数制称为数制之间的转换。

**1. $N$ 进制数转换为十进制数**

$N$ 进制数转换为十进制数的方法为按权展开，用十进制运算法则求和，即可得到相应的十进制数。其通式为

$$(D)_N = \sum_{i=-m}^{n-1} a_i \times N^i$$

其中 $N$ 可以为 2（二进制）、8（八进制）、16（十六进制）等等。

**【例 1-1】** 将二进制数 $(1101.101)_2$ 转换为十进制数。

**解**：将二进制数按权展开如下：

$(1101.101)_2 = 1 \times 2^3 + 1 \times 2^2 + 0 \times 2^1 + 1 \times 2^0 + 1 \times 2^{-1} + 0 \times 2^{-2} + 1 \times 2^{-3} = (13.625)_{10}$

其他进制数转换为十进制的方法与上类似，如下例。

**【例 1-2】** 将十六进制数 $(EB47)_{16}$ 转换为十进制数。

$(EB47)_{16} = 14 \times 16^3 + 11 \times 16^2 + 4 \times 16^1 + 7 \times 16^0 = (60231)_{10}$

**2. 十进制数转变为 $N$ 进制数**

将十进制数转变为 $N$ 进制数时，要将其整数部分和小数部分分别转换，再将结果合并为目的数制形式。

（1）整数部分的转换

整数部分的转换采用除基取余法。即用目的数制的基数去除十进制整数,第一次除得的余数为目的数的最低位,所得到的商再除以该基数,所得余数为目的数的次低位,依次类推,直到商为 0 时,所得余数为目的数的最高位。

（2）小数部分的转换

小数部分的转换采用乘基取整法。即用该小数乘目的数制的基数,第一次乘得的结果的整数部分为目的数小数的最高位,其小数部分再乘基数,所得的结果的整数部分为目的数小数的次最高位,依次类推,直到小数部分为 0 或达到要求精度为止。

**注意:**整数部分除基取余数按倒序排列;小数部分乘基取整数按顺序排列。

**【例 1-3】**将十进制数 $(46.375)_{10}$ 转换为二进制数。

**解:**对于整数部分,采用除 2 取余法有

即整数部分为 $(46)_{10}=(101110)_2$。

对于小数部分,采用乘 2 取整法有

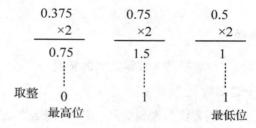

所以 $(46.375)_{10}=(101110.011)_2$。

**3. 非十进制之间的转换**

（1）二进制转换为八进制、十六进制

由于八进制的基数 $8=2^3$,十六进制的基数 $16=2^4$,因此一位八进制所能表示的数值恰好相当于 3 位二进制数能表示的数值,而一位十六进制与 4 位二进制数能表示的数值正好相当,所以将二进制数转换成八进制数和十六进制数转换可按如下规则进行:

从小数点起向左右两边按 3 位（或 4 位）分组,不满 3 位（或 4 位）的,加 0 补足,每组以其对应的八进制（或十六进制）数码代替,即 3 位合 1 位（或 4 位合 1 位）,顺序排列即为变换后的等值八进制（或十六进制）数。

**【例 1-4】**$(101111.01010011)_2=(\qquad)_8=(\qquad)_{16}$

**解:**从小数点起向两边每 3 位合 1 位,不足 3 位的加 0 补足,则得相应的八进制数

$(\underline{101}\ \underline{111}.\underline{001}\ \underline{100}\ \underline{110})_2=(57.246)_8$

从小数点起向两边每 4 位合 1 位,不足 4 位的加 0 补足,则得相应的十六进制数

$(101111.01010011)_2=(\underline{0010}\ \underline{1111}.\underline{0101}\ \underline{0011}\ \underline{1000})_2=(2F.53)_{16}$

（2）八进制、十六进制转换为二进制

可按如下规则进行：从小数点起，对八进制数，1 位用 3 位二进制数代替；对十六进制数，1 位用 4 位二进制数代替。例如：

$(4\quad 2.\quad 5)_8 = (100\quad 010.\quad 101)_2$

$(3\quad A.\quad E)_{16} = (0011\quad 1010.\quad 1110)_2$

### 1.1.3　码制

由于数字系统是以二值数字逻辑为基础的，因此其中数值、文字、符号、控制命令等信息都采用二进制形式的代码来表示。为了记忆和处理方便，在编制代码时应遵循一定的规则，这些规则就叫做码制。编码过程是比较灵活的，对同一信息，可采用多种编码方案。常见的二进制编码方式包括二－十进制码（即 BCD 码，Binary－Coded－Decimal）、可靠性编码（格雷码、奇偶校验码等）、字符编码（ASCII）等。

#### 1. BCD 码

用四位二进制数码表示一位十进制数的代码，称为二－十进制码，简称 BCD 码。四位二进制数有 16 种组合，而一位十进制数只需要 10 种组合，因此，用四位二进制码表示一位十进制数的组合方案有许多种，几种常用的 BCD 码如表 1-1 所示。

表 1-1　几种常用的 BCD 码

| 十进制数 | 8421 码 | 5421 码 | 2421 码 | 余 3 码 | 余 3 循环码 |
|---|---|---|---|---|---|
| 0 | 0000 | 0000 | 0000 | 0011 | 0010 |
| 1 | 0001 | 0001 | 0001 | 0100 | 0110 |
| 2 | 0010 | 0010 | 0010 | 0101 | 0111 |
| 3 | 0011 | 0011 | 0011 | 0110 | 0101 |
| 4 | 0100 | 0100 | 0100 | 0111 | 0100 |
| 5 | 0101 | 1000 | 1011 | 1000 | 1100 |
| 6 | 0110 | 1001 | 1100 | 1001 | 1101 |
| 7 | 0111 | 1010 | 1101 | 1010 | 1111 |
| 8 | 1000 | 1011 | 1110 | 1011 | 1110 |
| 9 | 1001 | 1100 | 1111 | 1100 | 1010 |

8421BCD 码是一种最常用的 BCD 码，它的四位二进制数各位的权从左至右分别为 8、4、2、1，而且每个代码的十进制数恰好就是它所代表的十进制数。8421BCD 码是一种有权码。例如：

$$(276.4)_{10} = (001001110110.0100)_{8421BCD}$$

余 3 码是在每组 8421BCD 码上加 0011 形成的，若把余 3 码的每组代码看成 4 位二进制数，那么每组代码均比相应的十进制数多 3，故称为余 3 码。例如：

$$(56)_{10} = (01010110)_{8421BCD} = (10001001)_{余3码}$$

BCD 码解决了人们习惯使用十进制计数和数字逻辑系统只能处理二值信息之间的

矛盾。

**2. 可靠性代码**

（1）奇偶校验码

奇偶校验码是计算机常用的一种可靠性编码，其主要用途是检查数据传送过程中数码 1（或 0）的个数的奇偶性是否整整。奇偶校验码由信息位和校验位两部分组成。信息位就是要传送的二进制信息，校验位仅有一位，可以放在信息位的前面或者后面。

当信息位的代码中有奇数个 1 时，校验位为 0，有偶数个 1 时校验位为 1，即每一码组中信息位和校验位的 1 的个数之和总为奇数，称为奇校验码。

当信息位的代码中有偶数个 1 时，校验码为 0，有奇数个 1 时校验码为 1，即每一码组中信息位和校验位的 1 的个数之和总为偶数，称为偶校验码。奇偶校验只能检测出一位错码，但无法测定哪一位出错，也不能自行纠正错误。若两位同时出现错误，则奇偶校验码无法检测出错误，但这种出错概率极小，且奇偶校验码容易实现，故被广泛应用。

（2）格雷码（葛莱码、循环码）

格雷码是按照相邻性原则编排的无权码，即任意两个相邻的代码只有一位二进制数不同，而且首尾两个码也具有相邻性，所以格雷码也称循环码。

**3. ASCII 码**

在数字电路设备特别是计算机中，除了需要传送数字，常常还需要传送如字母、字符以及控制信号等这样的信息，因此，就需要采用一种符号——数字编码。目前最普遍采用的是美国标准信息交换码——ASCII 码。

# 1.2　逻辑函数与逻辑运算

## 1.2.1　算术运算与逻辑运算

### 1. 算术运算

当两个二进制数码表示两个数量大小时，它们之间可以进行数值运算，这种运算称为算术运算。其运算方法与十进制的运算方法相同，规则是相邻两位数值之间的进位规则为"逢二进一"。例如：

$(1001)_2 + (0011)_2 = (1100)_2$　　　$(1001)_2 - (0011)_2 = (0110)_2$

$(1001)_2 \times (0011)_2 = (11011)_2$　　　$(1001)_2 \div (0011)_2 = (0011)_2$

在数字电路中，带符号的数码表示方法主要包括两部分：一是符号位，二是数值位。最高位的数码表示符号位。规定：正数的最高位用 0 表示，负数的最高位用 1 表示。带符号二进制数有 3 种表示方法：原码表示法、反码表示法、补码表示法。

（1）原码表示法

最高位为符号位，其余 $n-1$ 位表示数的绝对值。$N$ 位二进制原码所能表示的十进制数范围为 $-(2^{N-1}-1) \sim +(2^{N-1}-1)$。

（2）反码表示法

正数的反码与原码相同，负数的反码只需将其对应的数值位按位求反即可得到。$N$ 位二进制反码所能表示的十进制数范围为 $-(2^{N-1}-1)\sim+(2^{N-1}-1)$。

（3）补码表示法

正数的补码与它的原码、反码均相同，负数的补码等于它的反码末位加 1，即负数的补码等于其对应正数的补码按位求反（包括符号位）再末位加 1。$N$ 位二进制反码所能表示的十进制数范围为 $-2^{N-1}\sim+(2^{N-1}-1)$。

**【例 1-5】** 写出 $+13$ 和 $-13$ 的八位二进制原码、反码和补码。

$(+13)_{原码}=(+0001101)_2=00001101$

$(+13)_{反码}=(+0001101)_2=00001101$

$(+13)_{补码}=(+0001101)_2=00001101$

$(-13)_{原码}=(+0001101)_2=10001101$

$(-13)_{反码}=(+0001101)_2=11110010$

$(-13)_{补码}=(+0001101)_2=11110011$

**2. 逻辑运算**

数字系统中的信号被抽象表示为逻辑变量，信号之间的相互关系被抽象表示为逻辑运算。把逻辑变量的运算结果称为逻辑函数。逻辑变量可用大写字母 $A,B,C,\cdots\cdots X,Y,Z$ 来表示。一个逻辑变量只有两种可能的取值：0、1，这两个取值称为逻辑值，在逻辑代数里，它们并不表示数量的大小，仅仅表示两种对立的逻辑状态。如开关的开和关、指示灯的亮和灭、命题的真与假等。

### 1.2.2　三种基本逻辑函数

**1. 与逻辑**

只有当决定事件某一结果的全部条件同事具备，这个结果才会发生，这种因果关系称为与逻辑。与逻辑又称为逻辑乘或逻辑与。与逻辑关系可用图 1-1(a)所示串联开关控制电路模型表示。显然，要使灯亮，开关 $A$、$B$ 必须同时闭合，只要有一个开关没有闭合，灯就不亮，因此，开关 $A$、$B$ 与灯 $F$ 之间的逻辑关系就是与逻辑关系，实现与逻辑关系的运算为与运算，可以表示为

$$F=A \cdot B=AB \tag{1-3}$$

式(1-3)中"·"称为与或逻辑乘，读作 $A$ 与 $B$ 或 $A$ 逻辑乘 $B$，在不发生误解时，符号"·"可以省略。与逻辑运算的对象要有两个或两个以上的变量。

表 1-2　与逻辑真值表

| $A$ | $B$ | $F$ |
|---|---|---|
| 0 | 0 | 0 |
| 0 | 1 | 0 |
| 1 | 0 | 0 |
| 1 | 1 | 1 |

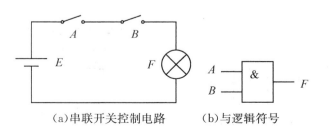

(a)串联开关控制电路　　(b)与逻辑符号

**图 1-1　与逻辑运算**

能实现与运算的逻辑电路称为与门电路,简称与门,其逻辑符号如图 1-1(b)所示。若以 $A$、$B$ 表示开关的状态,且以 1 表示开关闭合,0 表示开关断开;以 $F$ 表示灯的状态,且以 1 表示灯亮,0 表示灯灭,则可以列出以 1、0 表示的与逻辑关系的图表,如表 1-2 所示。这种图表叫做逻辑状态表,又称真值表。

关系与逻辑的波形图如图 1-2 所示。

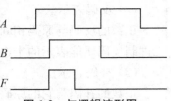

图 1-2　与逻辑波形图

### 2. 或逻辑

当决定某一结果的各个条件中,只要有一个或更多的条件满足,结果就会发生,这种因果关系称为或逻辑。或逻辑又称为逻辑加或逻辑或。或逻辑关系可用图 1-3(a)所示并联开关控制电路模型表示。要使灯亮,开关 $A$、$B$ 任何一个闭合,灯就能亮;只有所有开关全部断开时,灯才不亮。这里开关 $A$、$B$ 与灯 $F$ 之间的逻辑关系就是或逻辑关系,实现或逻辑关系的运算为或运算,可以表示为

$$Y=A+B \tag{1-4}$$

式(1-4)中,符号"+"为或运算符号,读作 $A$ 或 $B$,或读作 $A$ 逻辑加 $B$。或逻辑运算的对象要有两个或两个以上的变量。

能实现或运算的逻辑电路称为或门,其逻辑符号如图 1-3(b)所示。或逻辑真值表如表 1-3 所示。

**表 1-3　或逻辑真值表**

| $A$ | $B$ | $Y$ |
|---|---|---|
| 0 | 0 | 0 |
| 0 | 1 | 1 |
| 1 | 0 | 1 |
| 1 | 1 | 1 |

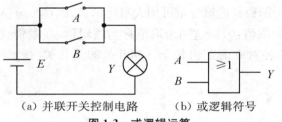

(a) 并联开关控制电路　　(b) 或逻辑符号

图 1-3　或逻辑运算

### 3. 非逻辑

当条件具备时,结果不发生,条件不具备时,结果就发生,这种因果关系称为非逻辑。非逻辑又称为逻辑非、逻辑求反。非逻辑关系可用图 1-4(a)所示单开关控制电路模型表示。当开关 $A$ 闭合时,灯 $Y$ 灭;当开关 $A$ 断开时,灯 $Y$ 亮。这里开关 $A$ 与灯 $Y$ 之间的逻辑关系就是非逻辑的关系。实现非逻辑关系的运算称为非运算,可表示为

$$Y=\overline{A} \tag{1-5}$$

式(1-5)中,字母 $A$ 上的一横为非运算符号,读作"非"或"反"。非逻辑运算的对象可以是一个变量。

能实现非运算的逻辑电路称为非门或反相器,其逻辑符号如图 1-4(b)所示。非逻辑真值表如表 1-4 所示。

**表 1-4　非逻辑真值表**

| $A$ | $Y$ |
|---|---|
| 0 | 1 |
| 1 | 0 |

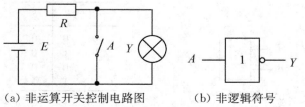

(a) 非运算开关控制电路图　　(b) 非逻辑符号

图 1-4　非逻辑运算

### 1.2.3　复合逻辑函数

在实际逻辑运算中,除了与、或、非三种基本运算之外,还经常使用一些其他的基本逻辑运算,如与非、或非、与或非、异或、同或等。这些逻辑运算是由两种或两种以上的基本逻辑运算复合而成,因此称为复合逻辑运算。

（1）与非逻辑

与非逻辑运算是由与逻辑运算和非逻辑运算组合而成,其逻辑表达式为:$Y=\overline{AB}$,运算顺序为:先进行与运算,再进行非运算。与非逻辑符号如图 1-5 所示,真值表如表 1-5 所示。由真值表可见,只有逻辑变量全部为 1 时,函数才为 0。

表 1-5　与非逻辑真值表

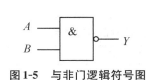

图 1-5　与非门逻辑符号图

| A | B | Y |
|---|---|---|
| 0 | 0 | 1 |
| 0 | 1 | 0 |
| 1 | 0 | 0 |
| 1 | 1 | 0 |

（2）或非逻辑

或非逻辑运算是由或逻辑运算和非逻辑运算组合而成,其逻辑表达式为:$Y=\overline{A+B}$,运算顺序为:先进行或运算,再进行非运算。或非逻辑符号如图 1-6 所示,真值表如表 1-6 所示。由真值表可见,逻辑变量全部为 0,函数才为 1。

表 1-6　或非逻辑真值表

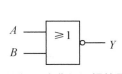

图 1-6　或非门逻辑符号

| A | B | Y |
|---|---|---|
| 0 | 0 | 1 |
| 0 | 1 | 1 |
| 1 | 0 | 1 |
| 1 | 1 | 0 |

（3）与或非逻辑

与或非逻辑运算是由与逻辑运算、或逻辑运算和非逻辑运算组合而成,其逻辑表达式为:$Y=\overline{AB+CD}$,运算顺序是:先进行与运算,再进行或运算,最后进行非运算。其逻辑符号如图 1-7 所示。

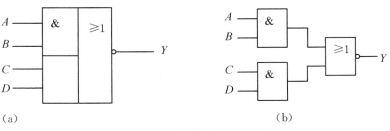

（a）　　　　　　　　　　　　　　　　　（b）

图 1-7　与或非门逻辑符号

（5）异或逻辑

异或运算的逻辑关系为：输入逻辑变量 $A$、$B$ 不同时，输出函数 $Y$ 的值为 1，否则为 0，其逻辑表达式为：$Y=\overline{A}B+A\overline{B}=A\oplus B$。其逻辑符号如图 1-8 所示，真值表如表 1-7 所示。

表 1-7　异或逻辑真值表

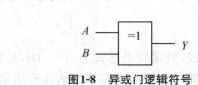

图 1-8　异或门逻辑符号

| $A$ | $B$ | $Y$ |
| --- | --- | --- |
| 0 | 0 | 0 |
| 0 | 1 | 1 |
| 1 | 0 | 1 |
| 1 | 1 | 0 |

（6）同或逻辑

同或运算的逻辑关系为：输入逻辑变量 $A$、$B$ 相同时，输出函数 $Y$ 的值为 1，否则为 0，其逻辑表达式为：$Y=AB+\overline{A}\overline{B}=A\odot B$。其逻辑符号如图 1-9 所示，真值表如表 1-8 所示。

表 1-8　同或逻辑真值表

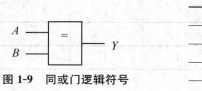

图 1-9　同或门逻辑符号

| $A$ | $B$ | $Y$ |
| --- | --- | --- |
| 0 | 0 | 1 |
| 0 | 1 | 0 |
| 1 | 0 | 0 |
| 1 | 1 | 1 |

# 1.3　逻辑代数基础

## 1.3.1　逻辑代数的基本公式

逻辑代数的基本公式是学习数字电子电路的必要基础。表 1-9 给出了逻辑常量之间以及逻辑常量与逻辑变量之间的运算公式。表 1-10 给出了逻辑代数的基本定律，其中交换律、结合律、分配律与普通代数规律相同。吸收律和反演律（摩根定律）是逻辑代数的特殊规律，它们可以利用基本公式推导或真值表得到证明。

表 1-9　逻辑代数的基本公式

| 与运算 | 或运算 | 非运算 |
| --- | --- | --- |
| $0 \cdot 0=0$ | $0+0=0$ | |
| $0 \cdot 1=0$ | $0+1=1$ | $\overline{1}=0$ |
| $1 \cdot 0=0$ | $1+0=1$ | $\overline{0}=1$ |
| $1 \cdot 1=1$ | $1+1=1$ | |
| $A \cdot 0=0$ | $A+0=A$ | |
| $A \cdot 1=A$ | $A+1=1$ | $\overline{\overline{A}}=A$ |
| $A \cdot A=A$ | $A+A=A$ | |
| $A \cdot \overline{A}=0$ | $A+\overline{A}=1$ | |

表 1-10 逻辑代数的基本定律

| 交换律 | $A \cdot B = B \cdot A \quad A+B = B+A$ | |
|---|---|---|
| 结合律 | $(A \cdot B) \cdot C = A \cdot (B \cdot C)$ <br> $(A+B)+C = A+(B+C)$ | 与普通代数规律相同 |
| 分配律 | $A \cdot (B+C) = A \cdot B + A \cdot C$ <br> $(A+B) \cdot C = A \cdot B + A \cdot C$ <br> $A+B \cdot C = (A+B) \cdot (A+C)$ | |
| 吸收律 | $A \cdot B + A\overline{B} = A \quad A+A\overline{B} = A$ <br> $A+\overline{A}B = A+B$ <br> $AB+\overline{A}C+BC = AB+\overline{A}C$ | 逻辑代数的特殊规律,不同于普通代数 |
| 反演律 | $\overline{A \cdot B} = \overline{A} + \overline{B} \quad \overline{A+B} = \overline{A} \cdot \overline{B}$ | |

【例 1-6】用公式法证明吸收律中的公式。

$$AB+\overline{A}C+BC = AB+\overline{A}C$$

解:$AB+\overline{A}C+BC = AB+\overline{A}C+(A+\overline{A})BC$

$\qquad = AB+\overline{A}C+ABC+\overline{A}BC$

$\qquad = (AB+ABC)+(\overline{A}C+\overline{A}BC)$

$\qquad = AB(1+C)+\overline{A}C(1+B)$

$\qquad = AB+\overline{A}C$

左边=右边,等式得证。

### 1.3.2 逻辑代数的常用规则

逻辑代数有 3 个重要规则:代入规则、对偶规则和反演规则。

**1. 代入规则**

对于任何逻辑等式,以任意一个逻辑变量或逻辑函数同时取代等式两边的某个变量后,等式仍然成立。这就是代入规则。利用代入定理可以方便地将前面定义的各种逻辑运算和表 1-10 中的公式推广到多变量。

【例 1-7】用代入规则将反演律公式$\overline{A+B} = \overline{A} \cdot \overline{B}$ 及 $\overline{A \cdot B} = \overline{A} + \overline{B}$ 推广到三变量的形式。

解:分别用$(B+C)$、$(B \cdot C)$取代等式中的变量 $B$,由代入定理,有

$$\overline{A+(B+C)} = \overline{A} \cdot \overline{(B+C)} = \overline{A} \cdot \overline{B} \cdot \overline{C}$$

$$\overline{A \cdot (B \cdot C)} = \overline{A} + \overline{B \cdot C} = \overline{A} + \overline{B} + \overline{C}$$

这就是反演律的三变量形式。同理反演律可以推广到多个变量。

**2. 对偶规则**

对于任意一个逻辑表达式 $Y$,如果将其中的所有"·"换成"+","+"换成"·","0"换成"1","1"换成"0",就得到了一个新的函数表达式 $Y'$,该表达式 $Y'$ 和原表达式 $Y$ 互为对偶式。如果两个逻辑函数相等,则它们的对偶表达式也相等。这就是对偶定理。

例如,若 $Y=\overline{AB+CD}$,则 $Y'=\overline{(A+B)(C+D)}$;若 $Y=AB+\overline{C+D}$,则 $Y'=(A+B)\overline{CD}$。

对偶式有这样的性质:一个逻辑式是另一个逻辑式的对偶式,则他们互为对偶式;如果连个逻辑表达式相等,则它们的对偶式也相等。

为了证明两个逻辑式相等,也可以通过证明它们的对偶式相等来完成,因为有些情况下证明他们的对偶式相等更加容易。

**【例 1-8】** 试证明表 1-10 中的分配律公式:$A+BC=(A+B)(A+C)$。

**解:** 首先写出等式两边的对偶式,得到 $A(B+C)$ 和 $AB+AC$

根据乘法分配律可知,这两个对偶式是相等的。由对偶定理即可确定原来的两式一定相等。

在求对偶表达式时,应该注意保持原有的计算次序不变,必要时应在对偶式中加上括号。

由对偶表达式的定义可知,与运算和或运算是具有对偶关系的两个运算。相应的,与非运算和或非运算也是对偶的。不太直观的是,异或运算和同或运算也是互为对偶关系的运算。对偶式和原函数只是表达形式上的对偶关系,在逻辑关系上没有内在联系。

**3. 反演规则**

对于任意一个逻辑表达式 $Y$,如果将其中的所有"·"换成"+","+"换成"·","0"换成"1","1"换成"0",原变量换成反变量,反变量换成原变量,则得到的结果就是 $\overline{Y}$。这个规律叫做反演规则。利用反演规则可以比较容易地求出一个原函数的反函数。

**【例 1-9】** 利用反演规则,求逻辑函数 $Y$ 的反函数。

(1) $Y_1=A(B+C)+\overline{C}D$ 　　　　(2) $Y_2=\overline{\overline{A\overline{B}+\overline{D}}+C+\overline{C}}$

**解:** 由反演规则可直接写出函数 $Y$ 的反函数

$\overline{Y_1}=(\overline{A}+\overline{B}\cdot\overline{C})(C+\overline{D})$

$\overline{Y_2}=\overline{\overline{(A+B)}D\overline{C}C}$

在使用反演定理时应注意以下几点:

(1) 保持原函数的运算次序,先与后或,必要时适当地加入括号。

(2) 不属于单个变量上的非号应保留不变。

(3) 函数式中有"⊕"和"⊙"运算符,求反函数时,要将运算符"⊕"换成"⊙","⊙"换成"⊕"。

### 1.3.3　逻辑函数的代数化简法

通常逻辑函数表达式越简单,实现它的逻辑电路也就越简单,其可靠性也相对较高,所以在进行逻辑设计时,通常要找出逻辑函数的最简形式。逻辑函数的代数化简法就是利用逻辑代数的基本公式和定理来进行化简。常用的逻辑代数化简法有并项法、吸收法、配项法、消去法。

**1. 并项法**

利用公式 $A+\overline{A}=1$,将两项合并为一项,并消去一个变量。例如:

$$Y=\overline{A}B\,\overline{C}+A\,\overline{B}\,\overline{C}+AB\overline{C}+A\,\overline{B}C$$

$$=(A+\overline{A})B\overline{C}+(\overline{C}+C)A\overline{B}$$
$$=B\overline{C}+A\overline{B}$$

也可以将两个变量的组合看作一个变量,例如:

$$Y=\overline{A}B\overline{C}+A\overline{C}+\overline{B}\ \overline{C}$$
$$=(\overline{A}B+A+\overline{B})\overline{C}$$
$$=(\overline{A}B+\overline{\overline{A+\overline{B}}})\overline{C}$$
$$=(\overline{A}B+\overline{A}B)\overline{C}$$
$$=\overline{C}$$

（2）吸收法

利用公式 $A+AB=A$,消去多余的项。例如:

$$Y=A\overline{C}+AB\overline{C}D(E+F)=A\overline{C}+A\overline{C}BD(E+F)=A\overline{C}$$
$$Y=\overline{A}+\overline{A\ \overline{BC}}(B+\overline{AC}+D)+BC=\overline{A}+(\overline{A}+BC)(B+\overline{ACD})+BC$$
$$=(\overline{A}+BC)+(\overline{A}+BC)(B+\overline{ACD})=\overline{A}+BC$$

即:如果乘积项是另外一个乘积项的因子,则另外一个乘积项是多余的。

（3）消去法

利用公式 $A+\overline{A}B=A+B$,消去多余的变量。例如:

$$Y=AB+\overline{A}C+\overline{B}C=AB+(\overline{A}+\overline{B})C=AB+\overline{AB}C=AB+C$$
$$Y=A\overline{B}+C+\overline{A}\ \overline{C}D+B\overline{C}D=A\overline{B}+C+\overline{C}(\overline{A}+B)D=A\overline{B}+C+(\overline{A}+B)D$$
$$=A\overline{B}+C+\overline{A\ \overline{B}}D=A\overline{B}+C+D$$

即:如果一个乘积项的反是另一个乘积项的因子,则这个因子是多余的。

（4）配项法

在不能直接利用公式化简时,可根据公式 $A+\overline{A}=1$,$A+A=A$ 为某一项配上其所缺的变量,以便用其它方法进行化简。例如:

$$Y=ABC+AB\overline{C}+A\overline{B}C+\overline{A}BC$$
$$=(ABC+AB\overline{C})+(ABC+A\overline{B}C)+(ABC+\overline{A}BC)$$
$$=AB+AC+BC$$
$$Y=A\overline{B}+B\overline{C}+\overline{B}C+\overline{A}B=A\overline{B}+B\overline{C}+(A+\overline{A})\overline{B}C+\overline{A}B(C+\overline{C})$$
$$=A\overline{B}+B\overline{C}+A\overline{B}C+\overline{A}\ \overline{B}C+\overline{A}BC+\overline{A}B\overline{C}$$
$$=A\overline{B}(1+C)+B\overline{C}(1+\overline{A})+\overline{A}C(\overline{B}+B)$$
$$=A\overline{B}+B\overline{C}+\overline{A}C$$

在化简复杂的逻辑函数时,往往需要灵活、交替地综合运用上述方法,才能得到最后的化简结果。

【例 1-10】化简逻辑函数 $Y=\overline{A}BC+\overline{B}D+\overline{A}B\ \overline{C}+\overline{C}D+BC$。

解: $Y=\overline{A}BC+\overline{B}D+\overline{A}B\ \overline{C}+\overline{C}D+BC$
$$=\overline{A}B(C+\overline{C})+(\overline{B}+\overline{C})D+BC$$
$$=\overline{A}B+\overline{BC}D+BC$$
$$=\overline{A}B+D+BC$$

# 1.4　逻辑函数的表示方法及相互转换

逻辑函数的常用表示方法有逻辑真值表、逻辑表达式、逻辑图和卡诺图四种。不同的描述方法仅是表述的形式不同而已,它们在本质上是相通的。而且各种表示方法之间是可以相互转换的。

## 1.4.1　逻辑函数的建立及三种基本表示方法

### 1. 逻辑真值表

逻辑真值表是指将逻辑函数输入变量的所有可能取值及其对应的输出变量数值对应列出构成的表格,简称真值表。其特点是:直观地反映了变量取值组合和函数值的关系,便于把一个实际问题抽象为一个数学问题。对于一个功能确定的逻辑函数,其真值表是唯一的。因此,利用真值表可以检验两个看上去不一样的逻辑表达式是否相等。

【例 1-11】某一火灾报警电路由 $A$、$B$、$C$ 三个传感器组成,当其中任意两个或两个以上的传感器有报警信号时,报警电路发出声光报警。试列出其真值表。

**解:**设传感器 $A$、$B$、$C$ 为输入变量,当有报警信号时用 1 表示,无报警信号时用 0 表示;声光报警信号为输出变量,用 $Y$ 表示,有声光报警信号时用 1 表示,无声光报警信号时用 0 表示。由题意可列出真值表如表 1-11 所示。

表 1-11　例 1-11 真值表

| $A$ | $B$ | $C$ | $Y$ | $A$ | $B$ | $C$ | $Y$ |
|---|---|---|---|---|---|---|---|
| 0 | 0 | 0 | 0 | 1 | 0 | 0 | 0 |
| 0 | 0 | 1 | 0 | 1 | 0 | 1 | 1 |
| 0 | 1 | 0 | 0 | 1 | 1 | 0 | 1 |
| 0 | 1 | 1 | 1 | 1 | 1 | 1 | 1 |

### 2. 逻辑表达式

将输出与输入之间的逻辑关系写成与、或、非的运算组合形式,就得到了逻辑函数的表达式。同一个逻辑函数其表达式不是唯一的,常见的逻辑形式有 5 种:与或表达式、或与表达式、与非－与非表达式、或非－或非表达式、与或非表达式。下面是一个三变量逻辑函数的五种常用表达式。

$$Y=\overline{A}B+AC \qquad\text{与或表达式}$$

$$Y=(A+B)(\overline{A}+C) \qquad\text{或与表达式}$$

$$Y=\overline{\overline{A}B \cdot \overline{AC}} \qquad\text{与非－与非表达式}$$

$$Y=\overline{\overline{\overline{A}+B}+\overline{\overline{A}+C}} \qquad\text{或非－或非表达式}$$

$$Y=\overline{\overline{A}\ \overline{B}+A\overline{C}} \qquad\text{与或非表达式}$$

逻辑函数不同形式之间大多可以通过反演律来进行转换,但是与或表达式和或与表达式之间的转换不能简单的通过反演律来实现。

**3. 逻辑图**

将逻辑函数中各变量之间的与、或、非等逻辑关系用图形符号表示出来,就可以画出表示逻辑关系的逻辑图。逻辑图与数字电路器件有直观的对应关系,便于构成实际的数字电路。

**4. 各种描述方法之间的相互转换**

上述表示逻辑函数的方法各有特点,适合于不同场合。它们之间存在内在的联系,可以方便地相互转换。

(1)由真值表写出逻辑函数表达式。

一般方法为:首先由真值表中找出使逻辑函数输出为 1 的对应输入变量取值组合,然后写出函数值为 1 的输入组合对应的乘积项,把变量值为 1 的写成原变量,变量值为 0 的写成反变量,最后将所有乘积项进行逻辑加,即得到逻辑函数表达式。

【例 1-12】某逻辑函数真值表如表 1-11 所示,试写出该逻辑函数的表达式。

**解**:由表 1-11 可见,使 $Y=1$ 的输入组合有 $ABC$ 为 011、101、110 和 111,对应的逻辑乘为 $\overline{A}BC$、$A\overline{B}C$、$AB\overline{C}$、$ABC$,所以逻辑函数表达式为

$$Y=\overline{A}BC+A\overline{B}C+AB\overline{C}+ABC$$

(2)由逻辑函数表达式列真值表

将输入变量取值的所有状态组合逐一列出,并将输入变量组合取值代入表达式,求出函数值,列成表,即为真值表。

(3)由逻辑函数表达式画逻辑图

用逻辑图符号代替函数表达式中的运算符号,即可画出逻辑图。

【例 1-13】已知逻辑表达式 $Y=\overline{A}B+A\overline{B}$,求逻辑图。

**解**:从逻辑表达式可知,该逻辑函数由两个非逻辑,两个与逻辑,一个或逻辑构成。将式中所有的逻辑运算用图形符号代替,并依据运算优先顺序把这些图形符号连接起来,就得到了要求的逻辑图,如图 1-10 所示。

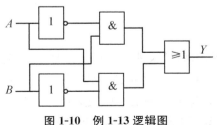

图 1-10　例 1-13 逻辑图

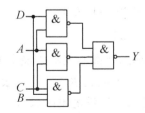

图 1-11　例 1-14 逻辑图

(4)由逻辑图写逻辑函数表达式

从输入端开始逐级写出每个逻辑图形符号对应的逻辑运算,直至输出,就可以得到逻辑函数表达式。

【例 1-14】写出图 1-11 所示逻辑电路的逻辑函数表达式。

**解**:$Y_1=\overline{AD}$　　$Y_2=\overline{AC}$　　$Y_3=\overline{BCD}$

$$Y=\overline{Y_1 \cdot Y_2 \cdot Y_3}=\overline{\overline{AD} \cdot \overline{AC} \cdot \overline{BCD}}=AD+AC+BCD$$

### 1.4.2 逻辑函数的最小项及最小项表达式

**1. 最小项**

在一个逻辑函数的与 - 或表达式中,每一个乘积项(与项)都包含了全部输入变量,每个输入变量或以原变量形式,或以反变量形式在乘积项中出现,并且仅仅出现一次,则这个乘积项称为该函数的最小项。

例如 $A$、$B$、$C$ 三个变量的最小项有 $\overline{A}\ \overline{B}\ \overline{C}$、$\overline{A}\ \overline{B}C$、$\overline{A}B\overline{C}$、$\overline{A}BC$、$A\ \overline{B}\ \overline{C}$、$A\ \overline{B}C$、$AB\overline{C}$、$ABC$,共计 8 个($2^3$ 个)。$n$ 变量的最小项应有 $2^n$ 个。如果两个最小项中只有一个变量为互反变量,其余变量均相同,则称这两个最小项具有相邻性。

为了叙述和书写方便,最小项通常用符号 $m_i$ 表示,$i$ 是最小项的编号,是一个十进制数。确定 $i$ 的方法是:首先将最小项中的变量按 $A$、$B$、$C$、$D$……的顺序排列好,然后将最小项中的原变量用 1 表示,反变量用 0 表示,这时最小项表示的二进制数所对应的十进制数就是该最小项的编号。例如对三变量的最小项来说,$ABC$ 可用 $m_7$ 来表示,$\overline{A}BC$ 可用 $m_3$ 来表示,如表 1-12 所示。

表 1-12　三变量最小项表

| $A$ | $B$ | $C$ | 最小项 | 编号 | $A$ | $B$ | $C$ | 最小项 | 编号 |
|---|---|---|---|---|---|---|---|---|---|
| 0 | 0 | 0 | $\overline{A}\ \overline{B}\ \overline{C}$ | $m_0$ | 1 | 0 | 0 | $A\overline{B}\ \overline{C}$ | $m_4$ |
| 0 | 0 | 1 | $\overline{A}\ \overline{B}C$ | $m_1$ | 1 | 0 | 1 | $A\overline{B}C$ | $m_5$ |
| 0 | 1 | 0 | $\overline{A}B\overline{C}$ | $m_2$ | 1 | 1 | 0 | $AB\overline{C}$ | $m_6$ |
| 0 | 1 | 1 | $\overline{A}BC$ | $m_3$ | 1 | 1 | 1 | $ABC$ | $m_7$ |

可以证明最小项有如下的重要性质:

a. 对于输入变量的任意取值,有且只有一个最小项值为 1。

b. 具有相邻性的两个最小项之和可以合并成一项,并消去一对因子。

c. 任意两个最小项的乘积必为 0。

d. 全部最小项的和必为 1。

**2. 最小项表达式**

任何一个逻辑函数都能表示成最小项之和的形式,而且这种表示形式是唯一的,这就是标准与或式,也叫最小项表达式。它的表示形式有变量型、$m$ 型和 $\Sigma m$ 型三种。

**【例 1-15】** 已知三变量逻辑函数将 $Y=AC+AB$,写出 $Y$ 的最小项表达式。

**解**:$Y=AC+BC=A(B+\overline{B})C+(A+\overline{A})BC=\overline{A}BC+A\overline{B}C+ABC$(变量型)

还可以写成:$Y=m_3+m_5+m_7$($m$ 型)

$$Y=\sum m(3,5,7)(\Sigma m \text{ 型})$$

### 1.4.3 逻辑函数的卡诺图表示法

所谓卡诺图就是将 $n$ 变量的全部最小项各用一个小方格表示,最小项按循环码(即相邻两组之间只有一个变量取值不同的编码)规则排列组成的方格图。图 1-12(a)、(b)、(c)分别为 2 变量函数、3 变量函数和 4 变量函数的卡诺图。

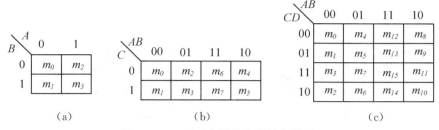

图 1-12　二到四变量最小项的卡诺图

任何一个逻辑函数都可以设法用卡诺图来表示。首先把逻辑函数化为最小项之和的形式,然后在卡诺图上与这些最小项对应的位置上填入 1,在其余的位置上填入 0,就得到了表示该逻辑函数的卡诺图。也就是说,任何一个逻辑函数都等于它的卡诺图中填入 1 的那些最小项之和。

【例 1-16】试填出 $Y = \overline{A}B\overline{C} + \overline{A}CD + A\overline{B} + \overline{C}D$ 的卡诺图。

**解:** 将逻辑函数 $Y$ 可写成最小项之和的形式。

$$Y = \overline{A}B\overline{C} + \overline{A}CD + A\overline{B} + \overline{C}D$$
$$= \overline{A}B\overline{C}(D + \overline{D}) + \overline{A}(B + \overline{B})CD + A\overline{B}(C + \overline{C})(D + \overline{D}) + A(B + \overline{B})\overline{C}D$$
$$= \overline{A}B\overline{C}\ \overline{D} + \overline{A}B\overline{C}D + \overline{A}BCD + \overline{A}\ \overline{B}CD + A\overline{B}\ \overline{C}\ \overline{D} + A\overline{B}\ \overline{C}D + A\overline{B}C\overline{D} + A\overline{B}CD$$
$$\quad + AB\overline{C}D$$
$$= \sum m(3,4,5,7,8,9,10,11,13)$$

将以上最小项在卡诺图对应的位置上填入 1,在其余的位置上填入 0,就得到了表示该逻辑函数的卡诺图。如图 1-13 所示。

| $AB$＼$CD$ | 00 | 01 | 11 | 10 |
|---|---|---|---|---|
| 00 | 0 | 0 | 1 | 0 |
| 01 | 1 | 1 | 1 | 0 |
| 11 | 0 | 1 | 0 | 0 |
| 10 | 1 | 1 | 1 | 1 |

图 1-13　例 1-16 图

# 1.5　逻辑函数的卡诺图化简法

## 1.5.1　利用卡诺图化简逻辑函数的原理

卡诺图化简的依据是相邻的最小项可以合并,并消去多余变量,从而达到化简的目的。

一般,2 个相邻的最小项可以合并为一项,并消去一对因子,合并后的结果中只包含这两个最小项的公共因子。如图 1-17(a)所示。图中 $A\overline{B}C\overline{D}(m_{10})$ 和 $A\overline{B}CD(m_{11})$ 相邻,故可合并为

$$A\overline{B}C\overline{D}+A\overline{B}CD=A\overline{B}C(D+\overline{D})=A\overline{B}C$$

合并后将 $D$ 和 $\overline{D}$ 一对因子消掉了,只剩下公共因子 $A\overline{B}C$。

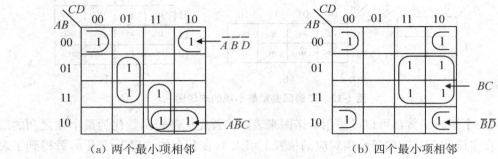

(a) 两个最小项相邻          (b) 四个最小项相邻

**图 1-17　相邻最小项合并**

4 个相邻的最小项排列成一个矩形,可以合并为一项,并消去两对因子,合并后的结果中只包含这两个最小项的公共因子。如图 1-17(b)所示。图中 $\overline{A}BC\overline{D}(m_6)$、$\overline{A}BCD(m_7)$、$ABC\overline{D}(m_{14})$、$ABCD(m_{15})$ 相邻,故可合并得到

$$\overline{A}BC\overline{D}+\overline{A}BCD+ABC\overline{D}+ABCD=\overline{A}BC(D+\overline{D})+ABC(D+\overline{D})$$
$$=\overline{A}BC+ABC=(A+\overline{A})BC=BC$$

合并后将 $A$、$\overline{A}$ 和 $D$、$\overline{D}$ 两对因子消掉了,只剩下公共因子 $BC$。

由此,可得,$2^n$ 个相邻的最小项可以合并为一项,并消去 $n$ 对因子,合并后的结果中只包含这两个最小项的公共因子。

### 1.5.2　逻辑函数卡诺图化简法的基本步骤

用卡诺图化简逻辑函数时可按如下的步骤进行:

(1) 将逻辑函数化为最小项之和形式。

(2) 画出逻辑函数的卡诺图。

(3) 合并卡诺图中的相邻最小项。

(4) 将合并化简后的各与项进行逻辑加,便为所求的逻辑函数最简与一或式。

合并相邻最小项时应按以下原则进行:

(1) 只有相邻的 1 方格才能合并,而且每个包围圈只能包含 $2^n$ 个 1 方格($n=0,1,2\cdots$)。

(2) 在新画的包围圈中必须有未被圈过 1 的方格,否则该包围圈是多余的。

(3) 包围圈的个数尽量少,这样逻辑函数的与项就少。

(4) 画包围圈时应遵从由少到多的顺序圈。

(5) 包围圈尽量大,这样消去的变量就多,与门输入端的数目就少。

**【例 1-17】** 用卡诺图化简逻辑函数。

$$Y=\overline{A}BC+A\overline{B}C+AB\overline{C}+ABC$$

**解:** (1) 原逻辑函数的最小项表达式为

$$Y=\sum m(3,5,6,7)$$

（2）画出三变量的卡诺图，如图 1-18 所示。

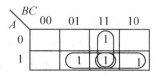

**图 1-18　例 1-17 的卡诺图化简**

（3）合并卡诺图中的相邻最小项。根据卡诺图化简的原则画出包围圈，如图 1-18所示。

（4）将合并化简后的各与项进行逻辑加，得所求的逻辑函数最简与一或式。
$$Y=AB+BC+AC$$

**【例 1-18】** 用卡诺图化简逻辑函数。
$$Y=\overline{A}\ \overline{B}\ \overline{D}+B\overline{C}D+BC+C\overline{D}+\overline{B}\ \overline{C}\ \overline{D}$$

**解：**（1）原逻辑函数的最小项表达式为
$$\begin{aligned}Y&=\overline{A}\ \overline{B}\ \overline{D}+B\overline{C}D+BC+C\overline{D}+\overline{B}\ \overline{C}\ \overline{D}\\&=\overline{A}\ \overline{B}\ \overline{C}\ \overline{D}+\overline{A}\ \overline{B}C\overline{D}+\overline{A}B\overline{C}D+\overline{A}BCD+\overline{A}BC\overline{D}\\&\quad+AB\overline{C}D+ABCD+ABC\overline{D}+A\overline{B}\ \overline{C}\overline{D}+A\overline{B}C\overline{D}\\&=\sum m(0,2,5,6,7,8,11,13,14,15)\end{aligned}$$

（2）画出四变量的卡诺图，如图 1-19 所示。

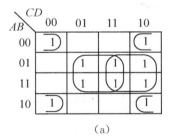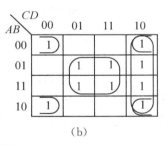

　　　　　　（a）　　　　　　　　　　　　　　　　（b）

**图 1-19　例 1-18 卡诺图**

（3）合并卡诺图中的相邻最小项。根据卡诺图化简的原则画出包围圈，如图 1-19（a）、（b）所示。

（4）将合并化简后的各与项进行逻辑加，得所求的逻辑函数最简与一或式。

按图（a）写出化简结果为 $Y=\overline{B}\ \overline{D}+BD+BC$，按图（b）写出化简结果为 $Y=\overline{B}\ \overline{D}+BD+C\overline{D}$。

两个化简结果都是最简表达式，但却不相同，说明逻辑函数的卡诺图是惟一的，但其最简表达式不是惟一的。

### 1.5.3　具有无关项的逻辑函数及其化简

在一些逻辑函数中，变量的取值组合不是任意的，需要加上一定的限制条件。譬如我们前面提到的 BCD 码，由于对应的是十进制数码，因此只是采用了 0000～1111 这 16 种组合里面的 10 种。如果我们设计一个输入信号为 BCD 码的电路，必然有 6 种输入取值组合是不会出现的，这种不会出现的变量取值组合对应的最小项称为约束项。还有一些实际逻辑问题,其输入变量的某些组合出现时,输出逻辑值可以是任意的,不影响电路的功能。将其对应的最小项称为任意项。

通常将约束项和任意项统称为逻辑函数的无关项。无关项在逻辑表达式中用$\sum d(\cdots)$表示,在卡诺图上用"Φ"或"×"表示,化简时既可代表 0,也可代表 1。在化简包含无关项的逻辑函数时,由于无关项可以加进去,也可以去掉,都不会对逻辑函数的功能产生影响,因此利用无关项可进一步化简逻辑函数。

【例 1-19】用卡诺图化简逻辑函数。

$$Y(A,B,C,D) = \sum m(5,6,7,8,9) + \sum d(10,11,12,13,14,15)$$

**解:**根据题意画出卡诺图,如图 1-20 所示。将函数包含的最小项(用 1 表示)和约束项(用×表示)填入对应方格。利用无关项的特点,将无关项看做 1,我们可画出如图 1-20(a)所示的包围圈,并得到逻辑函数的最简形式为 $Y(A,B,C,D)=A+BD+BC$。

| $AB \backslash CD$ | 00 | 01 | 11 | 10 |
|---|---|---|---|---|
| 00 | 0 | 0 | 0 | 0 |
| 01 | 0 | 1 | 1 | 1 |
| 11 | × | × | × | × |
| 10 | 1 | 1 | × | × |

(a)

| $AB \backslash CD$ | 00 | 01 | 11 | 10 |
|---|---|---|---|---|
| 00 | 0 | 0 | 0 | 0 |
| 01 | 0 | 1 | 1 | 1 |
| 11 | × | × | × | × |
| 10 | 1 | 1 | × | × |

(b)

**图 1-20　例 1-19 中带无关项的逻辑函数卡诺图**

如果设计中不考虑无关项(即将其对应的最小项看做 0),只是针对记为 1 的最小项,如图 1-20(b)化简的结果为:

$$Y(A,B,C,D)=\overline{A}BD+\overline{A}BC+A\overline{B}\ \overline{C}$$

显然该逻辑关系比考虑无关项的结果复杂。可见,无关项在设计里面可灵活地加以使用,可帮助我们简化逻辑关系,降低设计成本。

# 本章习题

1-1　将下列十进制数转换成二进制数和十六进制数。

(1) $(39)_{10}$　　　(2) $(24.52)_{10}$　　　(3) $(0.57)_{10}$　　　(4) $(46.75)_{10}$

1-2　将下列二进制数转换为十进制数和十六进制数。

(1) $(101101001)_2$　　　　　　(2) $(100110011)_2$

(3) $(10010.0011)_2$　　　　　　(4) $(11.101)_2$

1-3　将下列十进制数分别表示为 8421BCD 码和余 3 码。

95，36.24，　28，　65.7

1-4　证明下列等式成立。

(1) $(A+B)(\bar{A}+C)(B+C)=(A+B)(\bar{A}+C)$

(2) $AB+\bar{B}C+AC=AB+\bar{B}C$

(3) $A+\overline{\bar{A}(B+C)}=A+\bar{B}+\bar{C}$

(4) $A(\bar{A}+B)+B(B+C)+B=B$

(5) $(A+\bar{C})(B+D)(B+\bar{D})=AB+B\bar{C}$

(6) $A\oplus B\oplus C=ABC+A\bar{B}\ \bar{C}+\bar{A}B\ \bar{C}+\bar{A}\ \bar{B}C$

(7) $A\bar{B}+\bar{A}B=(\bar{A}+\bar{B})(A+B)$

1-5　求下列函数的对偶式 $Y'$ 及反函数 $\bar{Y}$。

(1) $Y=\overline{A\bar{B}}+CD$　　　　　　　　(2) $Y=AB+\overline{\bar{C}+D}$

(3) $Y=(A\bar{D}+BC)\overline{CD}\cdot\overline{A\bar{C}}$　　　　(4) $Y=A\bar{B}+B\bar{C}+C(\bar{A}+D)$

1-6　用公式法将下列函数化简成最简与或表达式。

(1) $Y=\bar{A}\ \bar{B}C+\bar{A}BC+ABC+AB\bar{C}$　　(2) $Y=ABC+\bar{A}B+AB\bar{C}$

(3) $Y=\bar{A}\ \bar{B}\ \bar{C}+AC+B+C$　　　　(4) $Y=A\bar{B}+B\bar{C}+A\bar{B}\ \bar{C}+\bar{A}BC$

(5) $Y=\bar{C}\ \bar{D}+CD+\overline{CD}+C\bar{D}$　　　　(6) $Y=\overline{AB}+B\bar{C}+AC$

(7) $Y=\bar{B}+AB+A\bar{B}CD$　　　　　　(8) $Y=A+\overline{\bar{B}+\overline{CD}}+\overline{AD}\ \bar{B}$

(9) $Y=\overline{AB\bar{C}+\bar{A}+BC}\cdot AB$　　　(10) $Y=\bar{A}B+\bar{A}D+\bar{A}\ \bar{B}\ \bar{D}+ABCD$

1-7　列出逻辑函数 $Y=AB+\bar{B}C+A\bar{C}D$ 的真值表。

1-8　画出下列各函数(不再化简)的逻辑图。

(1) $Y=AB+BC+CA$　　　　　　(2) $Y=A\bar{B}(\bar{A}+B+C)$

(3) $Y=\overline{\overline{ABA}+\overline{AB}}$　　　　　　　　(4) $Y=(\bar{A}\ \bar{B}+BC)(A+C)$

(5) $Y=(\bar{A}+B)(A+\bar{B})$　　　　　　(6) $Y=(\overline{AB}+BC)(A+C)$

1-9　写出图 1-21 所示图的逻辑函数式并化简成最简与或式。

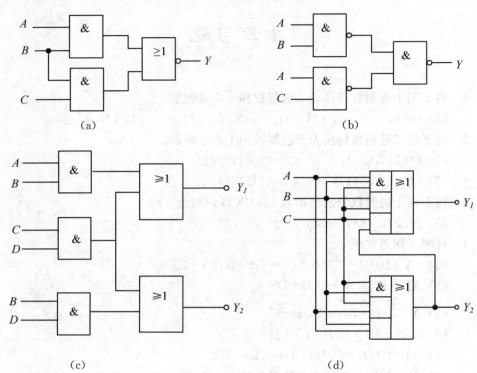

图 1-21　习题 1-9 逻辑图

1-10　下列函数式化为最小项表达式。

(1) $Y = \overline{A}B + \overline{B}C + A\overline{C}$

(2) $Y = \overline{\overline{AB} \cdot \overline{BC}}$

(3) $Y = AB + \overline{\overline{BC}(\overline{C} + \overline{D})}$

(4) $Y = A\overline{B} + (\overline{B} + C)(A + \overline{C})$

1-11　试画出用与非门和反相器实现下列函数的逻辑图。

(1) $Y = AB + BC + AC$

(2) $Y = AB + BC + AC = \overline{AB\overline{C} + A\overline{B}C + \overline{A}BC}$

(3) $Y = (\overline{A} + B)(A + \overline{B})C + \overline{B}C$

(4) $Y = A\overline{BC} + \overline{A}\,\overline{B} + \overline{\overline{A}\,\overline{B} + BC}$

1-12　用卡诺图化简法将下列函数化为最简与或形式。

(1) $Y = ABC + ABD + \overline{C}\,\overline{D} + A\overline{B}C + \overline{A}C\overline{D} + A\overline{C}D$

(2) $Y = \overline{A}\,\overline{B} + B\overline{C} + \overline{A} + \overline{B} + ABC$

(3) $Y = A\overline{B}\,\overline{C} + \overline{A}\,\overline{B} + \overline{A}D + C + BD$

(4) $Y(A, B, C) = \sum(m_1, m_3, m_5, m_7)$

(5) $Y(A, B, C, D) = \sum(m_0, m_1, m_2, m_5, m_8, m_9, m_{10}, m_{12}, m_{14})$

(6) $Y(A, B, C) = \sum(m_1, m_4, m_7)$

1-13 用卡诺图化简下列具有约束条件的逻辑函数。

(1) $\begin{cases} Y(A,B,C) = \sum m(0,2,4,5,6) \\ \qquad ABC = 0 \end{cases}$

(2) $Y(A,B,C,D) = \sum m(0,2,3,4,11,12) + \sum d(1,5,10,14)$

(3) $Y(A,B,C,D) = \sum m(2,3,7,10,11,14) + \sum d(5,15)$

(4) $Y(A,B,C,D) = \sum m(0,1,4,6,9,13) + \sum d(2,3,5,7,11,15)$

(5) $Y(A,B,C,D) = \sum m(0,2,4,5,7,8) + \sum d(10,11,12,13,14,15)$

(6) $Y(A,B,C,D) = \sum m(0,2,3,4,6,12) + \sum d(7,8,10,14)$

# 第2章 集成逻辑门电路

**本章导学**

　　本章主要介绍集成电路的基本知识。通过本章的学习,要了解二极管、三极管及MOS管的开关特性。了解集成逻辑门电路的工作原理,理解相应集成芯片的使用方法。理解 TTL 逻辑门电路的电压传输特性,掌握输入端负载特性的应用;理解 COMS门电路与 TTL 门电路的区别及使用。掌握 OC 门、三态门、CMOS 传输门的逻辑功能和使用方法。教学重点是掌握常用门电路的逻辑功能与电气特性;传输门、三态门、集电极开路门的电路结构特点与应用。

## 2.1　概述

　　前面介绍了由二极管、三极管、电阻等分立元件构成的基本逻辑门电路。这些内容有助于分析各种基本门电路的原理和逻辑功能。但由于分立元件门电路存在着体积大、可靠性差等缺点,在实际应用中已被集成逻辑门电路所取代。把一个逻辑门电路的所有元件和连线都制作在一块很小的半导体基片上,这样制成的逻辑门电路成为集成逻辑门电路。与分立元件门电路相比,集成门电路除了具有高可靠性、微型化等优点外,更为突出的优点是转换速度快、而且输入和输出的高、低电平取值相同,便于多级串联。

　　按照制造工艺不同,集成电路可分为双极型集成门电路和单极型集成门电路两大类。双极型集成门电路参与导电的粒子有多数载流子和少数载流子(电子、空穴)两种,所以称为双极型。其中 TTL 集成门电路(Transistor—Transistor Logic)是目前双极型集成电路中用得最多的一种。单极性集成门电路指的是 MOS 集成门电路(Metal-Oxide-Semiconductor),因为 MOS 管只有一种多数载流子参与导电,故称为单极型。

# 2.2　TTL集成逻辑门电路

## 2.2.1　半导体二极管、三极管的开关特性

### 1. 二极管的开关特性

由于二极管具有单向导电性,即外加正向电压大于二极管开始导通的死区电压时,二极管导通;外加反向电压时截止,所以它相当于一个受外加电压极性控制的开关。图 2-1(a)为二极管开关电路。假定输入信号的高电平 $u_{iH}=5$ V,低电平 $u_{iL}=0$ V,二极管 D 为理想元件。当 $u_i=u_{iH}$ 时,二极管 D 导通,$I$ 不等于 0,相当于开关闭合,如图 2-1(b)所示,此时 $u_o=u_{iH}=5$ V。当 $u_i=u_{iL}$ 时,二极管 D 截止,$I\approx0$,相当于开关断开,如图 2-1(c)所示,此时 $u_o=0$ V。

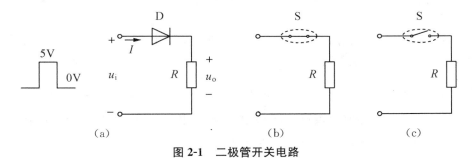

**图 2-1　二极管开关电路**

在近似的开关电路分析中,二极管可以当作一个理想开关来分析;但在严格的电路分析或者在高速开关电路中,二极管则不能当作一个理想开关。下面着重讨论二极管从正向导通到反向截止的转换过程。

当作用在二极管两端的电压由正向导通电压 $U_F$ 转为反向截止电压 $U_R$ 时,在理想情况下二极管应该立即由导通转为截止,电路中只存在极小的反向电流。但实际过程如图 2-2 所示。当对图 2-2(a)所示二极管开关电路加入一个如图 2-2(b)所示的输入电压时,电路中电流变化过程如图 2-2(c)所示。

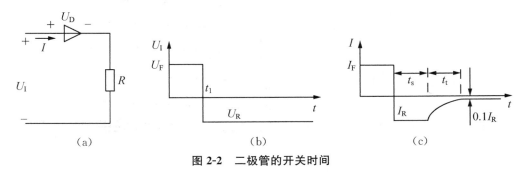

**图 2-2　二极管的开关时间**

$0\sim t_1$ 时刻,输入正向导通电压 $U_F$,二极管导通,由于二极管导通时电阻很小,所以电路

中的正向电流 $I_F$ 基本取决于输入电压和电阻 $R$，即 $I_F \approx \dfrac{U_F}{R}$。

$t_1$ 时刻，输入电压由正向电压 $U_F$ 转为反向电压 $U_R$，在理想情况下二极管应该立即截止，电路中只有极小的反向电流。但实际情况是先由正向的 $I_F$ 变到一个很大的反向电流 $I_R$ $\approx \dfrac{U_R}{R}$，该电流维持一段时间 $t_s$ 后才开始逐渐下降，经过一段时间 $t_t$ 后下降到一个很小的数值 $0.1I_R$（接近反向饱和电流 $I_s$），这时二极管才进入反向截止状态。其中，$t_s$ 称为存储时间；$t_t$ 称为渡越时间；$t_{re}=t_s+t_t$ 称为反向恢复时间，既二极管从正向导通到反向截止所需要的时间。

产生 $t_{re}$ 的主要原因是由于二极管在正向导通时，P 区的多数载流子空穴大量流入 N 区，N 区的多数载流子自由电子大量流入 P 区，在 P 区和 N 区中分别存储了大量的电子和空穴，统称为存储电荷。当 $U_1$ 由 $U_F$ 跃变为负值 $U_R$ 时，上述存储电荷不会立刻消失，在反向电压的作用下形成了较大的反向电流 $I_R$，随着存储电荷的不断消散，反向电流也随之减少，最终二极管转为截止。

厂家产品手册上给出的反向恢复时间是在一定的工作条件下测得的，一般开关管的反向恢复时间在纳秒（ns）数量级。

二极管从反向截止到正向导通的时间称为开通时间。由于 PN 结在正向电压作用下空间电荷区迅速变窄，正向电阻很小，因而它在导通过程中及导通以后，正向压降都很小，故电路中的正向电流 $I_F \approx \dfrac{U_F}{R}$。而且加入输入电压 $U_F$ 后，回路电流几乎是立即达到 $I_F$ 的最大值。所以说二极管的开通时间很短，对开关速度影响很小。相对反向恢复时间而言可以忽略不计。二极管的开关速度主要由反向恢复时间决定。

**2. 三极管的开关特性**

由三极管的输出特性可知，晶体三极管有截止、放大和饱和三种工作状态，在一般模拟电路中，三极管通常工作在放大状态，在数字电路中，在大幅度脉冲信号作用下，三极管也可以作为电子开关，而且三极管易于构成功能更强的开关电路，因此它的应用比开关二极管更广泛。

三极管的输出特性曲线如图 2-3 所示。

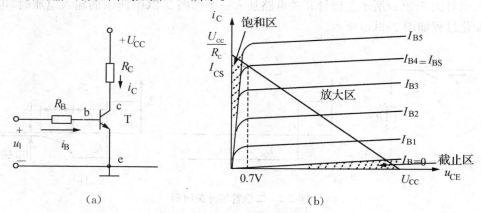

图 2-3　三极管的输出特性曲线

（1）当输入电压 $u_I$ 小于三极管的门限电压 $U_{th}$ 时，$I_B = I_{CBO} \approx 0$，$I_C = I_{CEO} \approx 0$，$U_{CE} \approx U_{CC}$，三极管工作在截止区。此时电路的特点是电流很小，集电极回路中的 c、e 之间近似开路，相当于开关断开。

（2）当输入电压 $u_I$ 为正值且大于 $U_{th}$ 时，三极管导通，工作在放大区，$I_C = \beta I_B$。若减小基极电阻 $R_B$，则 $I_B$ 逐渐增加，$I_C$ 逐渐增加，$U_{CE} = U_{CC} - I_C R_C$ 逐渐减小。三极管在模拟电路中就工作在这种状态，起到放大作用。

（3）保持 $u_I$ 不变，减小 $R_B$，使 $U_{CE} = 0.7\,\text{V}$，此时集电结由反偏变为零偏，称为临界饱和状态。此时的集电极电流称为集电极饱和电流，用 $I_{CS}$ 表示，基极电流称为基极临界饱和电流，用 $I_{BS}$ 表示，有

$$I_{CS} = \frac{U_{CC} - 0.7\,\text{V}}{R_C} \approx \frac{U_{CC}}{R_C}$$

$$I_{BS} = \frac{I_{CS}}{\beta} = \frac{U_{CC}}{\beta R_C}$$

若再减小 $R_B$，$I_B$ 会继续增加，但 $I_C$ 已接近最大值 $U_{CC}/R_C$，不会再随 $I_B$ 的增加按 $\beta$ 关系增加，当 $I_B > I_{BS}$ 时，三极管进入饱和状态，发射结正偏，集电结正偏。饱和时的 $U_{CE}$ 电压称为饱和压降 $U_{CES}$，其典型值为：$U_{CES} \approx 0.3\,\text{V}$。

三极管工作在饱和区的特点是 $U_{CES}$ 很小，集电极回路中的 c、e 之间近似短路，相当于开关闭合。

同二极管一样，给三极管加上脉冲信号，三极管时而截止，时而饱和导通。三极管在两种状态之间相互转换时，其内部电荷也有一个"消散"和"建立"的过程，也需要一定的时间。

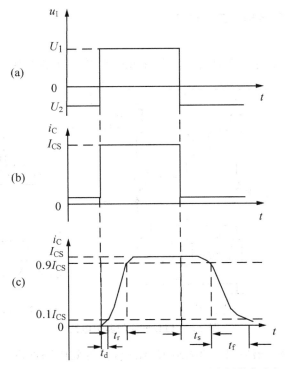

　　（a）输入电压波形　　　（b）理想的集电极电流波形　　　（c）实际的集电极电流波形

**图 2-4　三极管的开关特性**

如在图 2-3(a)所示电路的输入端加入一个如图 2-4(a)所示的理想方波信号,其幅值在 $U_1 \sim U_2$ 之间变化,则输出电流 $i_C$ 的实际波形和理想波形分别如图 2-4(b)和(c)所示。可见 $i_C$ 的波形已不是和输入波形一样的理想方波,上升沿和下降沿都变得缓慢了。为描述其转换过程,引入如下 4 个开关参数:

延迟时间 $t_d$——从输入信号 $u_i$ 正跃变的瞬间开始到 $i_C$ 上升到 $0.1 I_{CS}$ 所需的时间。

上升时间 $t_r$——集电极电流从 $0.1 I_{CS}$ 上升到 $0.9 I_{CS}$ 所需的时间。

存储时间 $t_s$——从输入信号 $u_i$ 负跃变的瞬间到集电极电流 $i_C$ 下降到 $0.9 I_{CS}$ 所需的时间。

下降时间 $t_f$——集电极电流从 $0.9 I_{CS}$ 下降到 $0.1 I_{CS}$ 所需的时间。

其中:$t_d$ 和 $t_r$ 之和称为开通时间 $t_{ON}$;它反映了三极管从截止到饱和所需的时间;$t_s$ 和 $t_f$ 之和称为关闭时间 $t_{OFF}$。它反映了三极管从饱和到截止所需的时间。

三极管的开启时间和关闭时间总称为三极管的开关时间,一般为几个纳秒到几十纳秒。对于工作在饱和区的管子来说,通常都有 $t_{OFF} > t_{ON}$,所以三极管的关闭时间对电路的开关速度影响很大,关闭时间越小,电路的开关速度越高。

### 2.2.2　TTL 集成门电路的工作原理与电气特性

TTL(Transistor—Transistor Logic)集成电路,即晶体管—晶体管逻辑集成电路。由于 TTL 集成电路具有结构简单、稳定可靠、工作速度范围很宽等优点,它的生产历史最长,品种繁多,所以 TTL 集成电路是被广泛应用的数字集成电路之一。本节通过对 TTL 与非门典型电路的介绍,熟悉 TTL 与非门有关参数等。

**1. TTL 与非门电路结构和工作原理**

(1) 电路结构

图 2-5 是 TTL 与非门的典型电路。它由输入级、中间级、输出级三部分构成。

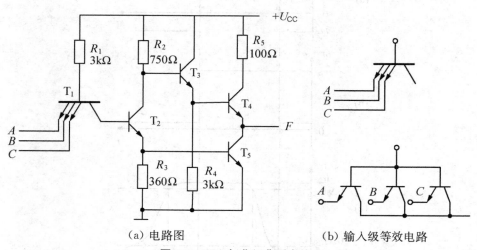

（a）电路图　　　　　　　　　（b）输入级等效电路

**图 2-5　TTL 与非门典型电路**

输入级由多发射极三极管 $T_1$ 和电阻 $R_1$ 组成,其等效电路如图 2-5(b)所示,它相当于把多个三极管的集电极和基极分别并接在一起,完成“与非”门的逻辑功能。

中间级由三极管 $T_2$ 和电阻 $R_2$、$R_3$ 组成,它的作用是从 $T_2$ 管的发射极和集电极同时输出两个相位相反的信号,为后级提供较大的驱动电流,以增强输出级的负载能力,同时控制输出级工作。

输出级由三极管 $T_3$、$T_4$、$T_5$ 和电阻 $R_4$、$R_5$ 组成互补输出电路。$T_3$ 管和 $T_4$ 管为两级射极跟随器,$T_5$ 是倒相器,倒相器和射极跟随器串接,组成推拉式的输出级,这样不仅可以提高 TTL 电路的开关速度,还增强了带负载能力。

(2) 工作原理

因为该电路的输出高低电平分别为 3.6 V 和 0.3 V,所以在下面的分析中假设输入高低电平也分别为 3.6 V 和 0.3 V。

当输入全为高电平 3.6 V 时,$T_2$、$T_5$ 导通,此时 $T_1$ 的基极电位被钳位在 $U_{B1} = U_{BC1} + U_{BE2} + U_{BE5} = (0.7 + 0.7 + 0.7)V = 2.1\,V$,此时 $T_1$ 的发射结反偏,而集电结正偏,称为倒置放大工作状态。电源通过 $R_1$ 和 $T_1$ 的集电极向 $T_2$ 提供足够的基极电流,使 $T_2$ 饱和,$T_2$ 的集电极电平为 $U_{C2} = U_{CE2} + U_{CE5} = (0.3 + 0.7)V = 1\,V$。即 $U_{B3} = 1\,V$,$T_3$ 导通,但 $T_4$ 截止。同时 $T_2$ 的发射极电流在 $R_3$ 上产生的压降又为 $T_5$ 提供足够的基极电流,使 $T_5$ 也饱和,所以输出电平为 $U_F = 0.3\,V$,即输出为低电平 0。

当输入端中有一个或几个接低电平 0.3 V 时,$T_1$ 发射结导通,$T_1$ 的基极电位被钳位到 $U_{B1} = (0.3 + 0.7)V = 1\,V$。不足以使 $T_2$、$T_5$ 管导通,故 $T_2$、$T_5$ 处于截止状态。由于 $T_2$ 截止,其集电极电平很高,足以使 $T_3$ 和 $T_4$ 导通,所以输出端的电平为 $U_F = U_{CC} - R_2 I_{B3} - U_{BE3} - U_{BE4}$,因为 $I_{B3}$ 很小,可以忽略,电源电压 $U_{CC} = 5\,V$,故 $U_F = (5 - 0.7 - 0.7)V = 3.6\,V$,即输出为高电平 1。

综合上面两方面的结果可知,该电路满足与非的逻辑功能,是一个与非门。

**2. TTL 与非门的电气特性**

(1) 电压传输特性

TTL 与非门的输出电压 $u_o$ 随输入电压 $u_i$ 之间的关系称为电压传输特性,如图 2-6 所示。它反映了电路的静态特性。该曲线可以分成四段。

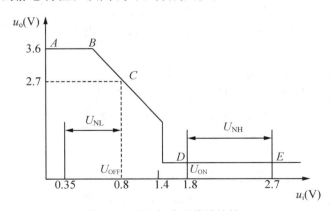

**图 2-6  TTL 与非门传输特性**

$AB$ 段,由于输入电压 $u_i < 0.6\,V$,属于低电平范围,$T_2$、$T_5$ 处于截止状态,输出 $u_o$ 保持高电平 $u_o \approx 3.6\,V$。这一段称为特性曲线截止区。

$BC$ 段,由于 $0.6\,V < u_i < 1.3\,V$,$1.3\,V < u_{B1} < 2.0\,V$,$T_2$ 开始导通($T_5$ 仍然截止),$T_2$ 的集电极电流增大,其集电极电压 $u_{C2}$ 减小,输出电压 $u_o$($u_o = U_{C2} - U_{BE3} - U_{BE4}$)也随输入电压

的增大而线性降低,故这一段称为特性曲线的线性区。

CD 段,当输入电压上升到 1.4 V 左右时,$u_{B1}$ 约为 2.1 V,这时 $T_2$ 和 $T_5$ 将同时导通,$T_4$ 截止,输出电位急剧地下降为低电平,故 CD 段称为转折区。转折区中点对应的输入电压称为阈值电压或门槛电压,用 $U_{TH}$ 表示,分析电路时一般取其值为 1.4 V。称为特性曲线的过渡区。

DE 段,当输入电压 $u_i > 1.4$ V 以后,$T_5$ 处于深度饱和状态,输出电压维持低电平不变。称为特性曲线的饱和区。

(2) 主要参数

从使用的角度说,除了解门电路的电路原理、逻辑功能外,还必须了解门电路的主要参数。根据电压传输特性,可以得到 TTL 与非门的一些重要参数。

① 输出高电平 $V_{OH}$ 和输出低电平 $V_{OL}$

$V_{OH}$ 是指当输入端有一个(或几个)接低电平,输出端空载时的输出电平。$V_{OH}$ 的典型值为 3.6 V,标准高电平 $V_{SH} = 2.4$ V。

$V_{OL}$ 是指输入全为高电平时的输出电平,对应图 2-6 中 D 点右边平坦部分的电压值,$V_{OL}$ 的典型值是 0.3 V,标准低电平 $V_{SL} = 0.4$ V。

② 关门电平 $V_{OFF}$ 和开门电平 $V_{ON}$

关门电平是指保证输出为高电平时的最大输入低电平。它表示使与非门关断所需的最大输入电平。只要 $V_i < V_{off}$,$V_o$ 就是高电压,在产品手册中常称为输入低电平电压,用 $V_{IL(max)}$ 表示。从电压传输特性曲线上看 $V_{IL(max)}(V_{off}) \approx 1.3$ V,产品规定 $V_{IL(max)} = 0.8$ V。

在额定负载下,确保输出为低电平时的输入电平称为开门电平。它表示使与非门开通时的最小输入电平。只要 $V_i > V_{ON}$,$V_o$ 就是低电压,在产品手册中常称为输入高电平电压,用 $V_{IH(min)}$ 表示。从电压传输特性曲线上看 $V_{IH(min)}(V_{ON})$ 略大于 1.3 V,产品规定 $V_{IH(min)} = 2$ V。

③ 空载功耗

与非门的空载功耗是当与非门空载时的电源总电流 $I_{CL}$ 与电源电压 $U_{CC}$ 的乘积。当输出为低电平时的功耗为空载导通功耗 $P_{ON}$,当输出为高电平时的功耗称为空载截止功耗 $P_{OFF}$。$P_{ON}$ 总比 $P_{OFF}$ 大。

④ 输入低电平电流 $I_{IL}$ 与输入高电平电流 $I_{IH}$

输入低电平电流 $I_{IL}$ 是指当门电路的输入端接低电平时,从门电路输入端流出的电流。产品规定 $I_{IL} < 1.6$ mA。输入高电平电流 $I_{IH}$ 是指当门电路的输入端接高电平时,流入输入端的电流。产品规定 $I_{IH} < 40$ μA。

⑤ 平均传输延迟时间 $t_{pd}$

在 TTL 电路中,由于晶体管存在开关延迟时间以及受电路结构和电路元件的影响,使信号通过门电路时存在一定的时间延迟。在与非门输入端加上一个方波电压,输出电压波形要滞后输入电压。如图 2-7 所示,从输入波形上升沿的中点到输出波形下降沿的中点之间的时间延迟称为导通延迟时间 $t_{d(ON)}$,从输入波形下降沿中点到输出波形上升沿中点之间的时间延迟称为

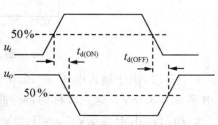

图 2-7 平均传输延迟时间的定义

截止延迟时间 $t_{d(\text{OFF})}$。$t_{d(\text{ON})}$ 和 $t_{d(\text{OFF})}$ 的平均值称为平均传输延迟时间 $t_{pd}$，即 $t_{pd}=$
$\dfrac{t_{d(\text{ON})}+t_{d(\text{OFF})}}{2}$。此值表示电路的开关速度，越小越好。一般 TTL 与非门传输延迟时间 $t_{pd}$ 的
值为几纳秒～十几个纳秒。

（3）噪声容限

由以上参数可知，TTL 门电路的输入、输出高低电平不是一个值，而是一个范围。即它
的输入信号允许一定的容差，称为噪声容限。门电路的噪声容限反映它的抗干扰能力，其值
越大则抗干扰能力越强。噪声容限分为输入高电平噪声容限 $V_{NH}$ 和输入低电平噪声容限
限 $V_{NL}$。

低电平噪声容限 $V_{NL}$ 是指在保证输出高电平的条件下，输入端低电平上允许叠加的最
大正向干扰电压。其计算公式为：$V_{NL}=V_{OFF}-V_{OL(\text{max})}$。

高电平噪声容限 $V_{NH}$ 是指在保证输出低电平的条件下，输入端高电平允许叠加的最大
负向干扰电压。其计算公式为：$V_{NL}=V_{OH(\text{min})}-V_{ON}$。

通过以上结论可看出，二值数字逻辑中的"0"和"1"都是允许有一定的容差的，这也是数
字电路的一个突出的特点。

（4）输入端负载特性

在实际使用门电路时，有时需要在 TTL 与非门输入端与地之间或者输入端与信号的低
电平之间接入电阻 $R_I$。由于这个电阻上存在输入电流，必然会对输入电压 $v_I$ 产生影响。门
电路输入电压 $v_I$ 与输入端对地外接电阻 $R_I$ 的关系称为输入端负载特性。图 2-8 是 TTL 与
非门的输入电路和输入负载特性曲线。

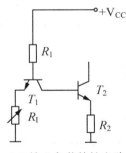 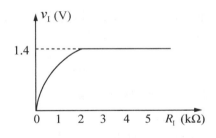

（a）输入负载特性电路图　　　　　（b）输入负载特性曲线

**图 2-8　输入端负载特性**

由图 2-8(a)可得 $v_I$ 与 $R_I$ 的如下关系式

$$v_I=\frac{R_I}{R_1+R_I}(V_{CC}-v_{BE1}) \tag{2-1}$$

上式表明，在 $R_I\leqslant R_1$ 的条件下，$v_I$ 几乎与 $R_I$ 成正比。但是当 $v_I$ 上升到 1.4 V 以后，$T_2$
和 $T_5$ 的发射结将同时导通，$V_{B1}$ 被钳位在 2.1 V 左右，此时 $v_I$ 将不再随 $R_I$ 的增大而变化，
二者将不按式 2-1 的规律变化，特性曲线趋近于 $v_I=1.4$ V 的一条水平线。

由以上分析可知，输入电阻的大小会影响非门的输出状态。保证非门输出为低电平时，允
许的最小电阻，称为开门电阻，用 $R_{ON}$ 表示。由特性曲线可知 $R_{ON}$ 为 2 kΩ。保证非门输出为高
电平时，允许的最大电阻，称为关门电阻，用 $R_{OFF}$ 表示。由特性曲线可见对应 $v_I$ 为 0.8 V 时的
$R_{OFF}$ 大约为 700～800 Ω。当 $R_I=\infty$ 时，即输入端开路(悬空)，也即相当于输入高电平。

（5）输出负载特性

TTL 门电路输出电压与输出电流之间的关系称为输出特性。根据门电路输出高、低电平时，TTL 门电路的带负载能力，分以下两种情况讨论。

①低电平输出特性

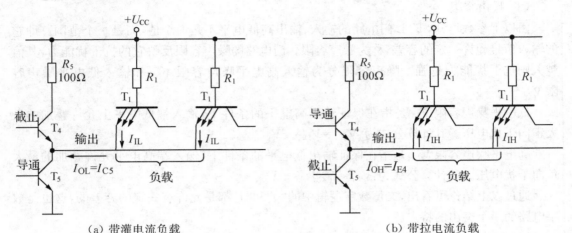

（a）带灌电流负载　　　　　　　　　　　　　　（b）带拉电流负载

**图 2-9　TTL 与非门的带负载能力**

当前级与非门输出为低电平 $V_{OL}$ 时，$T_4$ 截止，$T_5$ 饱和导通。如图 2-9(a)所示，每个负载门都会有 $I_{IL}$ 的电流流向 $T_5$ 的集电极，好像负载向与非门灌入电流，所以称为灌电流，用 $I_{OL}$ 表示，即 $T_5$ 的集电极电流 $I_{C5}$。当负载门个数增多时，$I_{OL}$ 增加，$V_{OL}$ 会升高。由于 TTL 与非门的最大输出低电平 $V_{OL(max)} = 0.4$ V，所以把输出低电平上升到 0.4 V 所对应的负载电流称为最大灌入电流，记为 $I_{OL(max)}$。超过此电流，输出将脱离低电平范围。由此可得出，输出低电平时所能驱动同类门的个数为：

$$N_{OL} = \frac{I_{OL(max)}}{I_{IL}} \quad （取整数） \tag{2-2}$$

$N_{OL}$ 称为输出低电平时的扇出系数。

②高电平输出特性

当前级与非门输出为高电平 $V_{OH}$ 时，$T_4$ 导通，$T_5$ 截止。如图 2-9(b)所示，这时将有负载电流流出 $T_4$ 的集电极，好像是负载从与非门拉走电流，此电流称为拉电流，记为 $I_{OH}$。前级与非门要向每个负载门提供 $I_{IH}$ 的电流，当负载门的个数增加，$I_{OH}$ 增大，即驱动门的 $T_4$ 管发射极电流 $I_{E4}$ 增加，$R_5$ 上的压降增加。当 $I_{E4}$ 增加到一定的数值时，$T_4$ 进入饱和，输出高电平降低。由于 TTL 与非门的最小输出高电平 $V_{OH(min)} = 2.4$ V，所以把输出高电平下降到 2.4 V 所对应的负载电流称为最大拉电流，记为 $I_{OH(max)}$。超过此电流，输出将脱离高电平范围。由此可得出，输出高电平时所能驱动同类门的个数为：

$$N_{OH} = \frac{I_{OH(max)}}{I_{IH}} \quad （取整数） \tag{2-3}$$

$N_{OH}$ 称为输出高电平时的扇出系数。

一般 $N_{OL} \neq N_{OH}$，常取两者中的较小值作为门电路的扇出系数，用 $N_O$ 表示。

**【例 2-1】**试计算 T100 系列与非门带同类门的扇出数。已知 $I_{OL} = 16$ mA，$I_{IL} = 1$ mA，$I_{OH} = 0.4$ mA，$I_{IH} = 0.04$ mA。

**解：** 由式(2-2)可计算低电平输出时的扇出系数

$$N_{OL} = \frac{I_{OL(max)}}{I_{IL}} = \frac{16 \text{ mA}}{1 \text{ mA}} = 16$$

由式(2-3)可计算高电平输出时的扇出系数

$$N_{OH} = \frac{I_{OH(max)}}{I_{IH}} = \frac{0.4 \text{ mA}}{0.04 \text{ mA}} = 10。$$

所以 $T100$ 系列与非门带同类门的扇出数：$N_O = 10$。

### 2.2.3　集成芯片的数据手册所含主要信息举例

所有的芯片在出厂时都会配有详细的芯片数据手册。对于门电路，主要包括逻辑功能，电气参数等。只要满足设计要求的芯片都可以选用。以下以 74LS00 为例，介绍数据手册中较为重要的信息。

#### 1. 型号的组成及符号的意义

表 2-1　集成电路器件型号的组成及各部分符号的意义

| 第 0 部分 | | 第 1 部分 | | 第 2 部分 | 第 3 部分 | | 第 4 部分 | |
|---|---|---|---|---|---|---|---|---|
| 用字母表示器件符合国家标准 | | 用字母表示器件的类型 | | 用阿拉伯数字和字母表示器件系列品种 | 用字母表示器件的工作温度范围 | | 用字母表示器件的封装 | |
| 符号 | 意义 | 符号 | 意义 | | 符号 | 意义 | 符号 | 意义 |
| C | 中国制造 | T | TTL 电路 | TTL 分为： | C | 0—70℃⑤ | F | 多层陶瓷扁平封装 |
| | | H | HTL 电路 | 54/74＊＊＊① | G | −25—70℃ | B | 塑料扁平封装 |
| | | E | ECL 电路 | 54/74H＊＊＊② | L | −25—85℃ | H | 黑瓷扁平封装 |
| | | C | CMOS | 54/74L＊＊＊③ | E | −40—85℃ | D | 陶瓷双列直插封装 |
| | | M | 存储器 | 54/74S＊＊＊ | R | −55—85℃ | J | 黑瓷双列直插封装 |
| | | $\mu$ | 微型继电器 | 54/74LS＊＊＊④ | M | −55—125℃⑥ | P | 黑瓷双列直插封装 |
| | | F | 线性放大器 | 54/74AS＊＊＊ | … | | S | 塑料单列直插封装 |
| | | W | 稳压器 | 54/74ALS＊＊＊ | | | T | 塑料封装 |
| | | D | 音响、电视电路 | 54/74F＊＊＊ | | | K | 金属圆壳封装 |
| | | B | 非线性电路 | CMOS 分为： | | | C | 金属菱形封装 |
| | | J | 接口电路 | 4000 系列 | | | E | 陶瓷芯片载体封装 |
| | | AD | A/D 转换器 | 54/74HC＊＊＊ | | | G | 塑料芯片载体封装 |
| | | DA | D/A 转换器 | 54/74HCT＊＊＊ | | | … | 网格针栅陈列封装 |
| | | SC | 通信专用电路 | … | | | SOIC | 小引线封装 |
| | | SS | 敏感电路 | | | | PCC | 塑料芯片载体封装 |
| | | SW | 钟表电路 | | | | LCC | 陶瓷芯片载体封装 |
| | | SJ | 机电仪表电路 | | | | | |
| | | SF | 复印机电路 | | | | | |
| | | … | | | | | | |

注:① 74:国际通用 74 系列(民用);54:国际通用 54 系列(军用)

② H:高速

③ L:低速

④ LS:低功耗

⑤ C:只出现在 74 系列

⑥ M:只出现在 54 系列

集成电路的封装形式主要有金属圆壳式、扁平式及最通用的双列直插式等。国产半导体集成电路型号命名法如表 2-1 所示。

例有一集成电路的符号为:

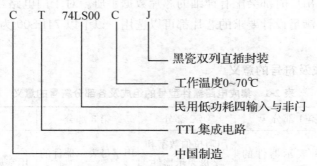

在使用集成电路前,必须认真查对集成电路的引脚,确认电源、地、输入、输出、控制等端的引脚号,以免因错接而损坏器件。引脚排列的一般规律为:

圆型集成电路:识别时,面向引脚正视,从定位销顺时针方向依次为 1,2,3,4⋯,圆形多用于模拟集成电路。

扁平和双列直插型集成电路:识别时,将方字符号标记正放(一般集成电路上有一圆点或有一缺口,将缺口或圆点置于左方),由顶部俯视,从左下脚起,按逆时针方向,依次为 1,2,3,4⋯,扁平型多用于数字集成电路,双列直插型广泛应用于模拟和数字集成电路。

74LS00 是一个两输入与非门芯片,内部有四个与非门。其逻辑功能如图 2-10 所示。可以根据设计需要,选择使用器件的个数,也可以根据器件功能反过来进行合理的逻辑设计。

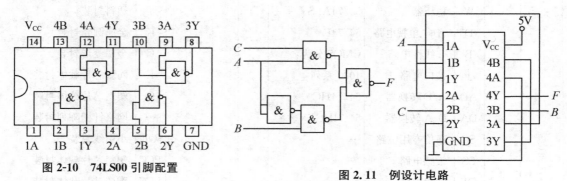

图 2-10  74LS00 引脚配置

图 2.11  例设计电路

【例 2-2】请使用尽量简单的电路实现逻辑功能 $F = \overline{A}B + AC$。

解:按原逻辑结构,需选用一个非门、两个与门和一个或门。如将原逻辑进行转化,用

$\overline{\overline{A}B \cdot \overline{AC}}$ 来代替则可用同一种逻辑(与非)来实现,正好是四个门电路,用一片 74LS00 就可

以了,硬件简单,成本低,电路如图 2-11 所示。

### 2. 电气参数

在数据手册中还会给出不同温度下的交直流参数。表 2-2 是 74LS00 的交流参数。根据所给参数数据,可以推算出是否满足信号的频率要求、设计的实时性要求及功耗等。如果只需有逻辑功能要求,这些参数一般不需仔细研究。

表 2-2　74LS00 的交流参数

| 符号 | 参数 | 测试条件 $V_{CC}$ | — | 数值 | | | | | | 单位 |
| --- | --- | --- | --- | --- | --- | --- | --- | --- | --- | --- |
| | | | | $TA=25$ ℃ | | | $-40\sim85$ ℃ | | $-55\sim125$ ℃ | |
| | | (V) | | 最小 | 典型 | 最大 | 最小 | 最大 | 最小 | 最大 | |
| $t_{TLH}/t_{THL}$ | 输出过渡时间 | 2.0 | | — | 30 | 75 | — | 95 | — | 110 | ns |
| | | 4.5 | | — | 8 | 15 | — | 19 | — | 22 | |
| | | 6.0 | | — | 7 | 13 | — | 16 | — | 19 | |
| $t_{PLH}/t_{PHL}$ | 传递延迟时间 | 2.0 | | — | 27 | 75 | — | 95 | — | 110 | ns |
| | | 4.5 | | — | 9 | 15 | — | 19 | — | 22 | |
| | | 6.0 | | — | 8 | 13 | — | 16 | — | 19 | |

在数据手册中厂商还会给出器件的工作条件。表 2-3 就是在这种推荐范围内的直流电气参数

表 2-3　74LS00 直流电气参数。

| 符号 | 参数 | 测试条件 $V_{CC}$ | — | 数值 | | | | | | | 单位 |
| --- | --- | --- | --- | --- | --- | --- | --- | --- | --- | --- | --- |
| | | | | $TA=25$℃ | | | $-40\sim85$℃ | | $-55\sim125$℃ | | |
| | | (V) | | 最小 | 典型 | 最大 | 最小 | 最大 | 最小 | 最大 | |
| $V_{IH}$ | 输入高电平电压 | 2.0 | | 1.5 | — | — | 1.5 | — | 1.5 | — | V |
| | | 4.5 | | 3.15 | — | — | 3.15 | — | 3.15 | — | |
| | | 6.0 | | 4.2 | — | — | 4.2 | — | 4.2 | — | |
| $V_{IL}$ | 输入低电平电压 | 2.0 | | — | — | 0.5 | — | 0.5 | — | 0.5 | — |
| | | 4.5 | | — | — | 1.35 | — | 1.35 | — | 1.35 | V |
| | | 6.0 | | — | — | 1.8 | — | 1.8 | — | 1.8 | |
| $V_{OH}$ | 输出高电平电压 | 2.0 | | 1.9 | 2.0 | — | 1.9 | — | 1.9 | — | V |
| | | 4.5 | $I_O=-20\ \mu A$ | 4.4 | 4.5 | — | 4.4 | — | 4.4 | — | |
| | | 6.0 | | 5.9 | 6.0 | — | 5.9 | — | 5.9 | — | |
| | | 4.5 | $I_O=-4.0$ mA | 4.18 | 4.31 | — | 4.13 | — | 4.10 | — | |
| | | 6.0 | $I_O=-5.2$ mA | 5.68 | 5.8 | — | 5.63 | — | 5.60 | — | |

续表

| 符号 | 参数 | 测试条件 | | 数值 | | | | | | | 单位 |
|---|---|---|---|---|---|---|---|---|---|---|---|
| | | $V_{CC}$ | — | $TA=25℃$ | | | $-40\sim85℃$ | | $-55\sim125℃$ | | |
| | | (V) | | 最小 | 典型 | 最大 | 最小 | 最大 | 最小 | 最大 | |
| $V_{OL}$ | 输出低电平电压 | 2.0 | $I_O=20\ \mu A$ | — | 0.0 | 0.1 | — | 0.1 | — | 0.1 | V |
| | | 4.5 | | — | 0.0 | 0.1 | | 0.1 | | 0.1 | |
| | | 6.0 | | — | 0.0 | 0.1 | | 0.1 | | 0.1 | |
| | | 4.5 | $I_O=4.0\ mA$ | — | 0.17 | 0.26 | | 0.33 | | 0.40 | |
| | | 6.0 | $I_O=5.2\ mA$ | | 0.18 | 0.26 | | 0.33 | | 0.40 | |
| $I_I$ | 输入漏电流 | 6.0 | $V_I=V_{CC}$ or GND | — | — | ±0.1 | — | ±1 | — | ±1 | $\mu A$ |
| $I_{CC}$ | 静态电源电流 | 6.0 | $V_I=V_{CC}$ or GND | — | — | 1 | | 10 | | 20 | $\mu A$ |

在数据手册中,还有芯片、引脚等多维度的尺寸,可以方便印制电路板的设计。此外,手册中还有器件参数测量的测试电路,参数随电源电压、温度、负载等工作条件变化对应的曲线,如果设计电路还有更复杂的环境要求,设计者就应该更仔细地研究选用芯片的数据手册了。

**3. TTL 典型电气特性**

表 2-4 给出了几个不同系列的 TTL 门电路典型电气特性参数,但是不同厂家,甚至不同测试条件下,这些参数也可能不尽相同,所以具体应用中,还应该参考厂家的器件数据手册。

表 2-4　TTL 门电路系列的电气特性

| 符号 | 参数描述 | 单位 | 74S | 74LS | 74AS | 74ALS | 74F |
|---|---|---|---|---|---|---|---|
| $t_{PLH}/t_{PHL}$ | 传播延时 | ns | 3 | 9 | 1.7 | 4 | 3 |
| — | 单位门功耗 | mW | 19 | 2 | 8 | 1.2 | 4 |
| — | 延时—功耗积 | pJ | 57 | 18 | 13.6 | 4.8 | 12 |
| $V_{ILmax}$ | 最大输入低电平 | V | 0.8 | 0.8 | 0.8 | 0.8 | 0.8 |
| $V_{IHmin}$ | 最小输入高电平 | V | 2 | 2 | 2 | 2 | 2 |
| $V_{OLmax}$ | 最大输出低电平 | V | 0.5 | 0.5 | 0.5 | 0.5 | 0.5 |
| $V_{OHmin}$ | 最小输出高电平 | V | 2.7 | 2.7 | 2.7 | 2.7 | 2.7 |
| $I_{ILmax}$ | 低电平输入电流 | mA | −2 | −4 | −0.5 | −0.2 | −0.6 |
| $I_{IHmax}$ | 高电平输入电流 | mA | 0.05 | 0.02 | 0.02 | 0.02 | 0.02 |
| $I_{OLmax}$ | 低电平输出电流 | mA | 20 | 8 | 20 | 8 | 20 |
| $I_{OHmax}$ | 高电平输出电流 | mA | −1 | −0.4 | −2 | −0.4 | −1 |

TTL 系列电压逻辑标准如图 2-12 所示。TTL 器件都是 5 V 电源供电,2 V～5 V 之间,是高电平,0 V～0.8 V 是低电平,0.8 V～2.0 V 是不允许出现的电平区间。2.0 V～2.7 V 和 0.5 V～0.8 V 之间的区域分别代表高、低电平的直流噪声容限。TTL 器件对低电平噪声更加敏感,只有 0.3 V。

在器件手册中,除了表 2-4 的这些数据外,往往还会给出不同测试电路及不同条件下的更为详尽的信息。

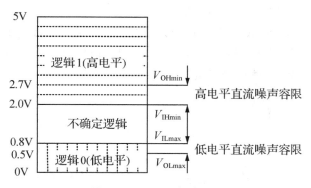

**图 2-12　TTL 逻辑电平**

## 2.2.4　特殊 TTL 门电路及应用

### 1. 集电极开路的门电路(OC 门)

前面所讲的 TTL 门电路不允许输出端直接相连,因为这些具有推拉式输出级门电路,无论是输出高电平还是输出低电平,其输出电阻都很小。假如把这样的两个门电路的输出端并联,当一个门输出高电平,而另一个门输出低电平时,必定有一个很大的电流从截至门流到导通门,如图 2-13 所示,可能会使这两个门损坏。

为了实现 TTL 与非门的线与,即将几个门的输出端直接相连,制成了集电极开路

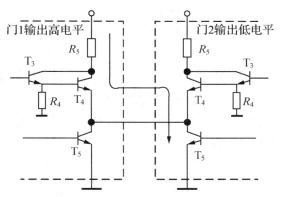

**图 2-13　两个 TTL 与非门输出端并联**

TTL 电路,简称 OC(Open Collector gate)电路或 OC 门。图 2-14 所示为该电路的内部结构和逻辑符号。

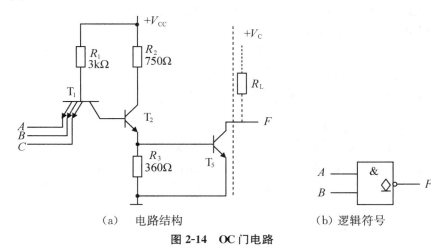

（a）　电路结构　　　　　　　　　　（b）　逻辑符号

**图 2-14　OC 门电路**

由图 2-14(a)可见，OC 门是将 TTL 与非门的 $T_3$、$T_4$ 及电阻 $R_4$、$R_5$ 去掉，保持 $T_5$ 管集电极开路得到的。使用时需要外加正电源 $U_{CC}$ 和集电极负载电阻 $R_L$。只要外加电源电压和负载电阻选择合适，就能保证输出的高低电平符合要求，且能保证输出级三极管的负载电流不过大，OC 门正常工作，使 OC 门输出端可以直接连在一起。下面对 $R_L$ 的选值进行分析。

假定有 $n$ 个 OC 门的输出端并联，后面接 $m$ 个普通的 TTL 与非门作为负载，如图 2-15 所示，则 $R_L$ 的选择按以下两种情况考虑：

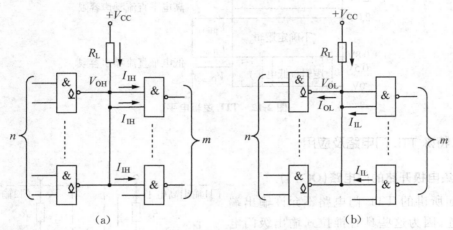

图 2-15　外接上拉电阻 $R_L$ 的选择

当所有的 OC 门都截止时，输出 $V_O$ 应为高电平，如图 2-15(a)所示。此时 $R_L$ 不能太大，如果太大，则其上压降太大，输出高电平就会太低。因此 $R_L$ 的最大值要保证输出电压为 $V_{OH(min)}$，由

$$V_{CC} - V_{OH(min)} = (nI_{OH} + mI_{IH}) \cdot R_{L(max)}$$

得：
$$R_{L(max)} = \frac{V_{CC} - V_{OH(min)}}{nI_{OH} + mI_{IH}}$$

式中，$V_{OH(min)}$ 是 OC 门输出高电平的下限值，$I_{IH}$ 是负载门的输入高电平电流。

当 OC 门中至少有一个导通时，输出 $V_O$ 应为低电平。从最不利情况考虑，即只有一个 OC 门导通，如图 2-15(b)所示。此时 $R_L$ 不能太小，如果太小，则灌入导通的那个 OC 门的负载电流超过 $I_{OL(max)}$，就会使 OC 门的 $T_5$ 管脱离饱和，导致输出低电平上升。因此 $R_L$ 的最小值要保证输出电压为 $V_{OL(max)}$，由

$$I_{OL(max)} = \frac{V_{CC} - V_{OL(max)}}{R_{L(min)}} + m \cdot I_{IL}$$

得：
$$R_{L(min)} = \frac{V_{CC} - V_{OL(max)}}{I_{OL(max)} - m \cdot I_{IL}}$$

式中，$V_{OL(max)}$ 是 OC 门输出低电平的上限值，$I_{OL(max)}$ 是 OC 门输出低电平时的灌电流能力，$I_{IL}$ 是负载门的输入低电平电流，$m$ 是负载门输入端的个数。

综合以上两种情况，$R_L$ 可由下式确定。一般，$R_L$ 应选 1 kW 左右的电阻。
$$R_{Lmin} \leqslant R_L \leqslant R_{Lmax}$$

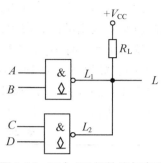

2 个 OC 门实现线与时的电路如图 2-16 所示。此时的逻辑关系为：

$$L = L_1 \cdot L_2 = \overline{AB} \cdot \overline{CD} = \overline{AB + CD}$$

即在输出线上实现了与运算，通过逻辑变换可转换为与或。

除了可以实现线与功能以外，OC 门还可以用做驱动器。用它来驱动高电压、小电流的负载。如发光二极管、指示灯、继电器和脉冲变压器等。图 2-17 是用来驱动发光二极管的电路。OC门还可以实现逻辑电平的转换。在数字系统的接口部分（与外部设备相联接的地方）需要有电平转换的时候，常用 OC 门来完成。如图 2-18 把上拉电阻接到 10 V 电源上，这样在 OC 门输入普通的 TTL 电平，而输出高电平就可以变为 10 V。

图 2-16　两个 OC 门的线与电路

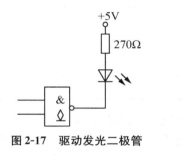

图 2-17　驱动发光二极管

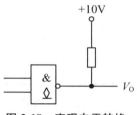

图 2-18　实现电平转换

## 2. 三态输出与非门电路

三态输出与非门简称三态门（three state output gate），是指输出不仅可以出现高、低电平两种状态，还可以出现第三种状态——高阻状态。高阻输出状态可以减轻总线负载和相互干扰。

图 2-19(a)所示是一个简单的三态门电路，它是在图 2-5 所示的 TTL 与非门电路中多加了一个二极管 D，并且将一个输入端变成控制端或称使能端 E。

当使能端 $E = 1$ 时，二极管反偏，三态门的输出状态将完全取决于数据输入端 $A$、$B$ 的状态，这时电路和一般与非门无区别，即 $F = \overline{AB}$，这种状态称为三态"与非"门工作状态。

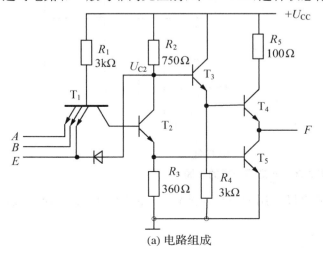

(a) 电路组成

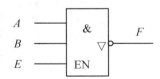

(b) 高电平使能三态门符号

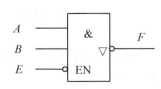

(c) 低电平使能三态门符号

图 2-19　三态 TTL 门

当使能端 $E=0$ 时，由于 $T_1$ 导通而使 $T_2$、$T_5$ 截止，同时二极管 D 导通使 $T_3$ 和 $T_4$ 也截止。此时输出端 $F$ 相当于开路，电路处于高阻状态。在这种状态下，输入 $A$、$B$ 是低电平还是高电平对输出端的状态无任何影响。

这种 $E=1$ 时为正常工作状态的三态门称为高电平有效的三态门，逻辑符号如图 2-19(b)。如果将图 2-19(a) 中的使能端 $E$ 与二极管之间加一个非门，则使能端 $E=0$ 时为正常工作状态，$E=1$ 时为高阻状态，这种三态门称为低电平有效的三态门，逻辑符号如图 2-19(c)。图 2-19(a) 所示 TTL 三态与非门的真值表如表 2-5 所示。

表 2-5　高电平有效的三态输出与非门的逻辑状态表

| 控制端 $E$ | 输入端 | | 输出端 $F$ |
|---|---|---|---|
| | $A$ | $B$ | |
| 1 | 0 | 0 | 1 |
| 1 | 0 | 1 | 1 |
| 1 | 1 | 0 | 1 |
| 1 | 1 | 1 | 0 |
| 0 | $\times$ | $\times$ | 高阻 |

三态门在计算机总线结构中有着广泛的应用。图 2-20(a) 所示为三态门组成的单向总线。可实现信号的分时传送。哪个门的使能端 $E$ 为 1，该门相应的数据就被送上总线传出去。若某一时刻同时有两个门的控制输入端为 1，那么总线传送信息就会出错。图(b) 所示为三态门组成的双向总线。当 $E$ 为高电平时，$G_1$ 正常工作，$G_2$ 为高阻态，输入数据 $D_1$ 经 $G_1$ 反相后送到总线上；当 $E$ 为低电平时，$G_2$ 正常工作，$G_1$ 为高阻态，总线上的数据 $D_O$ 经 $G_2$ 反相后输出 $\overline{D_O}$。这样就实现了信号的分时双向传送。

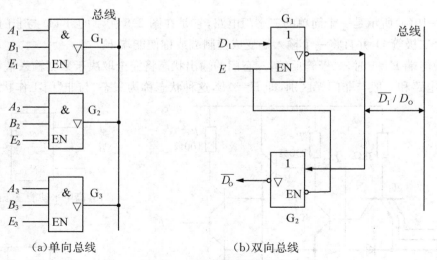

（a）单向总线　　　　　　（b）双向总线

图 2-20　三态门组成的总线

三态门不需要外接负载，门的输出极采用的是推拉式输出，输出电阻低，因而开关速度比 OC 门快。

# 2.3　CMOS 集成逻辑门电路

MOS 逻辑门电路是继 TTL 之后发展起来的另一种应用广泛的数字集成电路。由于它功耗低,工作电流电压范围宽、工艺简单、输入阻抗高、抗干扰能力强、带负载能力强、集成度高等一系列优点,其应用领域十分广泛,几乎所有的大规模、超大规模数字集成器件都采用 MOS 工艺。就其发展趋势看,MOS 电路特别是 CMOS 电路有可能超越 TTL 成为占统治地位的逻辑器件。

## 2.3.1　MOS 管工作原理及其开关特性

MOS 管是 MOSFET 的简称,即金属－氧化物半导体场效应晶体管。按照制造工艺和材料不同,可分为 N 沟道和 P 沟道两类,简称 NMOS 管和 PMOS 管,根据其未导通时是否就有导电沟道,又可将 NMOS 管和 PMOS 管细分为增强型和耗尽型。本节以 N 沟道增强型 MOS 管为例,分析其开关特性。

NMOS 管结构如图 2-21 所示。该类场效应管以一块掺杂浓度较低、电阻率较高的 P 型硅半导体薄片作为衬底,利用扩散工艺制作两个高掺杂的 $N^+$ 区,引出两个电极,分别作为源极 S 和漏极 D,然后在 P 型硅表面制作一层很薄的二氧化硅绝缘层,引出一个电极,作为栅极 G。通常将衬底与源极接在一起使用。这样,栅极和衬底各相当于一个板极,中间是绝缘层,形成电容。当栅－源电压变化时,将改变衬底靠近绝缘层处感应电荷的多少,从而控制漏极电流的大小。

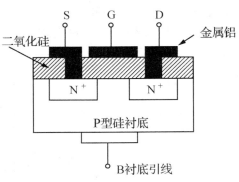

图 2-21　增强型 NMOS 管的结构示意图

由于栅极与源极、漏极均无电接触,故称"绝缘栅极",图 2-22(a)、(b)分别是增强型 NMOS 和 PMOS 的符号,图 2-22(c)、(d)是耗尽型 NMOS 和 PMOS 的符号。

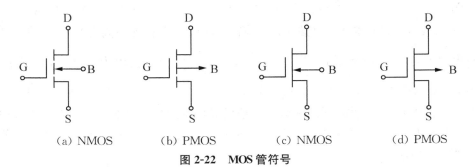

(a) NMOS　　　(b) PMOS　　　(c) NMOS　　　(d) PMOS

图 2-22　MOS 管符号

MOS 管是一个受输入电压控制的器件。由于"绝缘栅极",所以输入电阻很大($10^{10}$ Ω 以上),输入电流可以看作为零。

图 2-23(a)、(b)所示分别为增强型 NMOS 管的转移特性和输出特性曲线。与三极管的输出特性曲线一样,MOS 管的输出特性也有三个工作区域:可变电阻区、恒流区及夹断区。

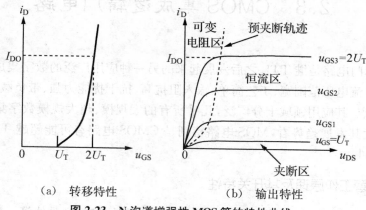

(a) 转移特性          (b) 输出特性

**图 2-23 N 沟道增强性 MOS 管的特性曲线**

在输出特性曲线上,把 $u_{GS}$ 小于开启电压 $U_T$ 的区域称为夹断区,这时,由于漏极和源极之间没有导电沟道,漏极电流 $i_D \approx 0$,漏源极之间的电阻非常大,一般在 1 MΩ 以上。在虚线的左侧,在一定的输入电压 $u_{GS}$ 下,输出电流随输入电压 $u_{DS}$ 而线性变化,其电压与电流的比值近似于一个常数,不同的 $u_{GS}$ 对应不同的等效电阻。所以这个区域称为"可变电阻区"。虚线右侧,一旦输入电压 $u_{GS}$ 确定,输出电流不再随着源漏极电压改变,这个区域被称为"恒流区"。

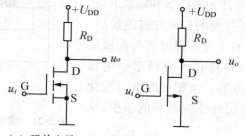

(a) 开关电路    (b) 间化开关电路

**图 2-24 NMOS 管开关电路**

在图 2-24(a)所示的 NMOS 开关电路(为了便于与已学过的 NPN 三极管进行比较理解,常采用 2-24(b)的简化开关电路)中,当输入电压 $u_i > U_T$(即为高电平)时,MOS 管导通,若漏极电阻 $R_D \gg r_{on}$(MOS 管的导通电阻),$u_o = \dfrac{U_{DD}}{R_D + r_{on}} r_{on}$,输出为低电平,相当于开关闭合。当 $u_i < U_T$(即为低电平)时,MOS 管截止,$i_D \approx 0$,输出 $u_o$ 为高电平,相当于开关断开,其输出电压近似为 $U_{DD}$。这样,漏源间就成了被栅极控制的电子开关。(严格地说,MOS 管工作在开关状态时,$u_i$ 的值除大于 $U_T$ 外,还应同时满足栅漏电压 $u_{GD} > U_T$,使 MOS 管工作在漏极特性的恒流区)。

NMOS 管工作时,管内只有一种载流子—电子参与导电,因此没有双极性晶体管饱和工作时有存储电荷效应的问题,这正是开关时间上 MOS 电路优于晶体管电路的方面。但是相对来说,NMOS 管工作时,其导通电阻 $r_{on}$(几百欧)要比双极性晶体管饱和工作时大,为了能够得到所要求的输出低电平的值,漏极负载电阻 $R_D$ 的值要大于 $r_{on}$ 的值 10～20 倍以上,这样,当考虑输出端的负载电容 $C_o$(包括下一级 MOS 管的输入电容和分布电容)时,NMOS 管从导通转为截止,负载电容 $C_o$ 的充电时间将很大。例如,$R_D=100$ kΩ,$C_o=1$ pF,充电时间常数 $\tau=R_D C_o=100×10^3×1×10^{-12}=100$ ns,这就使得 MOS 电路在开关时间上一般要比晶体管电路大。

同样,PMOS 管在数字电路中也可以看成是一个开关,只是 PMOS 管导通的输入控制电压 $u_{GS}$ 是负电压而已。

### 2.3.2　CMOS 反相器的工作原理与电气特性

CMOS 集成电路,即互补—对称式金属—氧化物—半导体电路,它的最基本逻辑单元是 CMOS 反相器,其电路如图 2-25 所示,它是由一个增强型 NMOS 管 $T_N$ 和一个 PMOS 管 $T_P$ 按互补对称形式连接而成。

两管的栅极相连作为反相器的输入端,漏极相连作为输出端,两个管的衬底与各自的源极相连。CMOS 反相器要求电源电压大于两个管子开启电压之和,即 $U_{DD}=(U_{TN}+|U_{TP}|)$。

当输入电压 $u_i$ 为低电平时,NMOS 管 $T_N$ 截止,而 PMOS 管 $T_P$ 导通,因此反相器输出 $u_o$ 为高电平,即 $u_{OH}=U_{DD}$。

当输入电压 $u_i$ 为高电平时,$T_N$ 导通,$T_P$ 截止,因此反相器输出 $u_o$ 为低电平,即 $u_{OL}=0$ V。可见此电路实现了逻辑"非"功能。

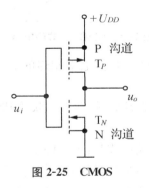

图 2-25　CMOS

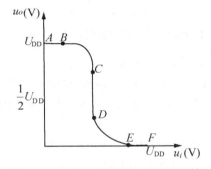

图 2-26　CMOS 反相器电压传输特性

通过 CMOS 反相器电路原理分析可知,无论输入是高电平还是低电平,CMOS 反相器中总是一个管子截止,另一个导通,流过电源的电流仅是截止管的沟道泄漏电流,近似为 0,所以静态功耗很小。又由于两个管子的导通电阻较小,所以,CMOS 反相器输出电压的上升时间和下降时间都比较小,电路的工作速度大大提高。

CMOS 反相器的电压传输特性如图 2-26 所示。当输入电压很高或者很低的时候,$T_N$ 和 $T_P$ 必定是一个导通,一个截止,输出为高电平 $U_{DD}$ 或 0 V,对应于曲线的 AB 段和 EF 段。

BC 段:$u_i>U_{TN}$,$T_N$ 开始导通,但工作在饱和区,$T_P$ 仍工作在可变电阻区的导通状态。这时有一较小的电流流过两管,$u_o$ 开始下降。

CD 段:$u_i$ 增大到 $U_{TR}$ 时,$T_N$ 和 $T_P$ 都工作在饱和区,有较大电流流过两管,此时只要 $u_i$ 有一个较小的变化,$u_o$ 就会有一个很大的变化,所以 CD 段曲线最陡,称为特性转换区,$U_{TR}$ 称为状态转移电压。由于电压传输特性曲线的转折点大约为 $\frac{1}{2}U_{DD}$,干扰信号必须大于或等

于 $\frac{1}{2}U_{DD}$ 才能导致状态改变,所以说 CMOS 门电路具有极强的抗干扰能力。

$DE$ 段:$u_i$ 继续增大,$T_N$ 进入非饱和区,$u_o$ 迅速减少,流过两管的电流开始下降。

### 2.3.3 其他 CMOS 门电路

**1. CMOS 与非门和或非门电路**

图 2-27 是两输入端 CMOS 与非门电路,其中包括两个串联的 NMOS 管 $T_{N1}$ 和 $T_{N2}$,两个并联的 PMOS 管 $T_{P1}$ 和 $T_{P2}$,每个输入端($A$ 或 $B$)都直接连到配对的 NMOS 管(驱动管)和 PMOS(负载管)的栅极。$T_{P1}$ 和 $T_{N1}$ 漏极相连,作为输出 $F$。PMOS 管 $T_{P1}$ 和 $T_{P2}$ 的源极与电源连接,NMOS 管 $T_{N2}$ 源极接地。

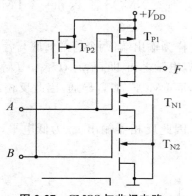
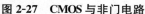

图 2-27　CMOS 与非门电路

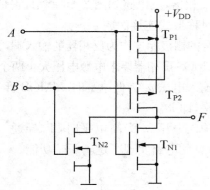

图 2-28　CMOS 或非门电路

当输入端 $A$、$B$ 中只要有一个或一个以上是低电平时,与低电平相连的 NMOS 管就会截止,与它相连的 PMOS 管导通,输出 $F$ 为高电平。

当输出端 $A$、$B$ 都是高电平时,两个串联的 NMOS 管都导通,两个并联的 PMOS 管都截止,输出 $F$ 为低电平。

上述电路符合与非逻辑关系,故为与非门。其逻辑关系式为:$F=\overline{A \cdot B}$

图 2-28 是两输入端 CMOS 或非门电路,其中包括两个并联的 NMOS 管 $T_{N1}$ 和 $T_{N2}$,两个串联的 PMOS 管管 $T_{P1}$ 和 $T_{P2}$,两个输入端 $A$、$B$ 仍接至 NMOS 管和 PMOS 管的栅极。$T_{N1}$ 和 $T_{P2}$ 漏极相连,作为输出 $F$。PMOS 管 $T_{P1}$ 的源极与电源连接,NMOS 管 $T_{N1}$ 和 $T_{N2}$ 源极接地。

当输入端 $A$、$B$ 中只要有一个或一个以上为高电平时,与高电平相连的 NMOS 管就会导通,与它相连的 PMOS 管就会截止,输出 $F$ 为低电平。

当输入 $A$、$B$ 都是低电平时,两个并联的 NMOS 管都截止,两个串联的 PMOS 管都导通,输出 $F$ 为高电平。

上述电路符合或非逻辑关系,故为或非门。其逻辑关系式为:$F=\overline{A+B}$

**2. CMOS 缓冲器**

远距离传输中,信号会衰减,可以用缓冲器将信号再生放大。实际应用中,有一种 CMOS 缓冲器被称为三态门,即输出有高电平,低电平和高阻状态。在高阻的的状态下,三态门相当于短路。CMOS 三态门实现的方法很多,现举两例说明。

图 2-29(a)示电路为控制端低电平有效的 CMOS 三态输出非门,其中 $A$ 是输入端,$\overline{EN}$ 是控制端,$F$ 是输出端。

当 $\overline{EN}=0$ 时,$T_{P2}$ 和 $T_{N2}$ 同时导通,$T_{N1}$ 和 $T_{P1}$ 组成的非门正常工作,输出 $F=\overline{A}$。

当 $\overline{EN}=1$ 时,$T_{P2}$ 和 $T_{N2}$ 同时截止,输出 $L$ 对地和对电源都相当于开路,为高阻状态。

所以,这是一个低电平有效的三态门,逻辑符号如图 2-29(b)所示。

图 2-30(a)示电路为控制端高电平有效的 CMOS 三态门。

当 $EN=0$ 时,与非门输出为 1,或非门输出为 0,两个输出 MOS 管均截止,输出为高阻状态,使信号与后面的电路隔断开来。

当 $EN=1$ 时,与非门和或非门的输出都和输入信号 $A$ 的逻辑相反,所以在输出级,两个栅极相当于连在一起,等效成一个 CMOS 反相器,输出端 $F$ 得到与 $A$ 相同的逻辑。

所以,这是一个高电平有效的三态门,逻辑符号如图 2-30(b)所示。

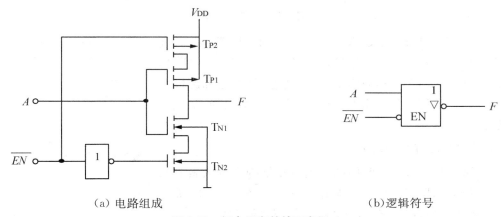

（a）电路组成　　　　　　　　　（b)逻辑符号

**图 2-29　低电平有效的三态门**

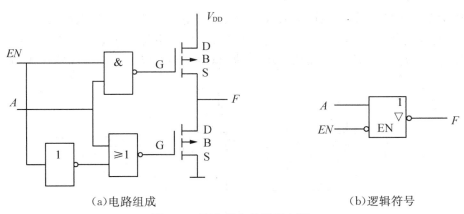

（a)电路组成　　　　　　　　　（b)逻辑符号

**图 2-30　高电平有效的三态门**

### 3. CMOS 传输门

CMOS 传输门是一种传输信号的可控开关电路。由一只 NMOS 管 $T_N$ 和一只 PMOS 管 $T_P$ 按闭环互补形式连接而成的,电路及逻辑符号如图 2-31(a)、(b)所示,$C$ 和 $\overline{C}$ 为控制端,使用时总是加互补的信号。

当控制信号 $C=1$、$\overline{C}=0$ 时，两 MOS 管都导通，输入和输出之间相当于开关闭合，$u_o=$ $u_i$；当控制信号 $C=0$、$\overline{C}=1$ 时，两 MOS 管都截止，输入和输出之间相当于开关断开，输出端呈现高阻态。

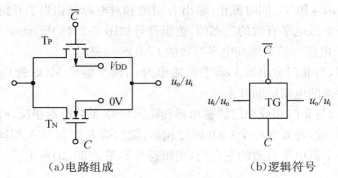

（a）电路组成　　　　　（b）逻辑符号

图 2-31　CMOS 传输门

由 CMOS 倒相器和 CMOS 传输门可构成模拟开关。这种模拟开关常用于 CMOS 触发器和 A/D 转换器中，电路如图 2-32 所示。由于 MOS 管的结构对称性，即漏极和源极可以互换，所以该传输门的输入端和输出端也可以互换，实现双向传输。

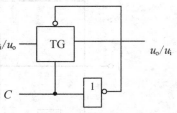

图 2-32　CMOS 双向模拟开关

**4. 漏极开路门（OD 门）**

与 OC 门一样，CMOS 门的输出电路结构也可以做成漏极开路的形式，用于实现线与逻辑。OD 门的输出结构经常用在输出缓冲/驱动器当中，用于输出电平的变换，以及满足吸收大负载电流的需要。

图 2-33 是两输入与非缓冲/驱动器 CD40107 的逻辑图，它的输出电路是一只漏极开路的 N 沟道增强型 MOS 管。在输出为低电平的条件下，它能吸收的最大负载电流达 50 mA。

如果输入信号的高电平 $V_{IH}=V_{DD1}$，而输出端外接电源为 $V_{DD2}$，则输出的高电平将为 $V_{OH}\approx V_{DD2}$。这样就把 $V_{DD1}$—0 的输入信号高、低电平转换成了 0—$V_{DD2}$ 的输出电平了。

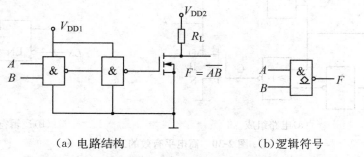

（a）电路结构　　　　　（b）逻辑符号

图 2-33　两输入与非缓冲/驱动器 CD40107 的内部结构图

# 2.4　集成门电路的应用

## 2.4.1　CMOS 器件和 TTL 器件的接口

为了发挥各类逻辑门电路的特点,实际的数字系统常常有 TTL 和 CMOS 两种器件并存的情况,从而也就出现两种门电路之间的接口问题。两种不同类型的集成电路相互连接,驱动门必须要为负载门提供合乎标准的高、低电平和足够的驱动电流,即必须同时满足下列条件:

驱动门　负载门

$$V_{OH(min)} \geqslant V_{IH(min)}$$

$$V_{OL(max)} \leqslant V_{IL(max)}$$

$$I_{OH(max)} \geqslant nI_{IH}(n \text{ 为高电平输入端的个数})$$

$$I_{OL(max)} \geqslant mI_{IL}(m \text{ 为低电平输入门的个数})$$

几种常见 TTL 与 CMOS 门电路的输入、输出参数见表 2-6。

表 2-6　常用系列门电路主要参数

| 参数 | $t_{pd}$ | $P$ | $U_{OH(min)}$ | $U_{OL(max)}$ | $I_{OH(max)}$ | $I_{OL(max)}$ | $U_{IH(min)}$ | $U_{IL(max)}$ | $I_{IH(max)}$ | $I_{IL(max)}$ |
|---|---|---|---|---|---|---|---|---|---|---|
| 单位 | ns | mW | V | V | mA | mA | V | V | $\mu$A | mA |
| 74 | 10 | 10 | 2.4 | 0.4 | 0.4 | 16 | 2 | 0.8 | 40 | 1.6 |
| 74H | 6 | 22 | 2.4 | 0.5 | 20 | 20 | 2 | 0.8 | 50 | 2 |
| 74S | 3 | 19 | 2.7 | 0.5 | 1 | 20 | 2 | 0.8 | 50 | 2 |
| 74LS | 9.5 | 2 | 2.7 | 0.5 | 0.5 | 8 | 2 | 0.8 | 20 | 0.4 |
| CC4000 | 300 | $(5\sim15) \times 10^{-3}$ | 4.95 | 0.05 | 0.51 | 0.51 | 3.5 | 1.5 | 0.1 | $0.1 \times 10^{-3}$ |
|  | 150 |  | 9.95 | 0.05 |  |  | 7 | 3 | 0.1 | $0.1 \times 10^{-3}$ |
| 74HC | 10 | $1 \times 10^{-3}$ | 4.4 | 0.1 | 4 | 4 | 3.5 | 1 | 0.1 | $0.1 \times 10^{-3}$ |
| 74HCT |  |  | 4.4 | 0.1 | 4 | 4 | 2 | 0.8 | 0.1 | $0.1 \times 10^{-3}$ |

下面分别讨论 TTL 驱动 CMOS 和 CMOS 驱动 TTL 的情况

**1. TTL 门驱动 CMOS 门**

由于 TTL 门的 $I_{OH(max)}$ 和 $I_{OL(max)}$ 远远大于 CMOS 门的 $I_{IH}$ 和 $I_{IL}$,所以 TTL 门驱动 CMOS 门时,主要考虑 TTL 门的输出电平是否满足 CMOS 输入电平的要求。

(1) TTL 门驱动 CMOS4000 系列和 74HC 系列。

当都采用 5 V 电源时,TTL 的 $V_{OH(min)}$ 为 2.4 V 或 2.7 V,而 CMOS4000 系列和 74HC 系列电路的 $V_{IH(min)}$ 为 3.5 V,显然不满足要求。这时可在 TTL 电路的输出端和电源之间,接一上拉电阻 $R_P$,如图 2-34(a)所示。$R_P$ 的阻值取决于负载器件的数目及 TTL 和 CMOS

器件的电流参数，一般在几百欧到几千欧间。

当 CMOS 门电路电源电压较高时，应使用 OC 门作驱动电路，同时使用上拉电阻 $R_P$，如图 2-34(b)所示。

（2）TTL 门驱动 74HCT 系列。

74HCT 系列与 TTL 器件电压兼容。它的输入电压参数为 $V_{IH(min)}=2.0$ V，而 TTL 的输出电压参数为 $V_{OH(min)}$ 为 2.4 V 或 2.7 V，因此两者可以直接相连，不需外加其他器件。

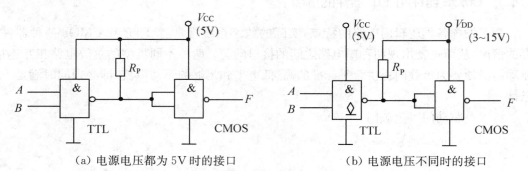

（a）电源电压都为 5V 时的接口　　　　　　（b）电源电压不同时的接口

**图 2-34　TTL 驱动 CMOS 门电路**

### 2. CMOS 门驱动 TTL 门

当都采用 5 V 电源时，CMOS 门的 $V_{OH(min)}$ 大于 TTL 门的 $V_{IH(min)}$，CMOS 的 $V_{OL(max)}$ 小于 TTL 门的 $V_{IL(max)}$，两者电压参数相容。但是 CMOS 门的 $I_{OH}$、$I_{OL}$ 参数较小，所以，这时主要考虑 CMOS 门的输出电流是否满足 TTL 输入电流的要求。其解决方法有如下几种：

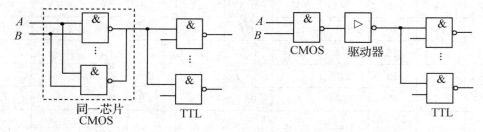

（a）并联使用提高带负载能力　　　　　　（b）用 CMOS 驱动器驱动 TTL 电路

**图 2-35　CMOS 驱动 TTL 门电路**

一是将同一芯片上的多个 CMOS 门电路并联使用，以提高驱动能力。如图 2-35(a)所示。

二是在 CMOS 门的输出端与 TTL 门的输入端之间加一 CMOS 驱动器。如图 2-35(b)所示。

三是采用晶体三极管增大驱动能力。

四是可采用 74HC、74HCT 系列 CMOS 门电路驱动。

【例 2.4】一个 74HC00 与非门电路能否驱动 4 个 7400 与非门？能否驱动 4 个 74LS00 与非门？

**解：**从表 2-4-1 中查出：74 系列门的 $I_{IL}=1.6$ mA，74LS 系列门的 $I_{IL}=0.4$ mA，4 个 74 门的 $I_{IL}$(总)$=4\times1.6=6.4$(mA)，4 个 74LS 门的 $I_{IL}$(总)$=4\times0.4=1.6$(mA)。而 74HC 系列门的 $I_{OL}=4$ mA，所以不能驱动 4 个 7400 与非门，可以驱动 4 个 74LS00 与非门。

**3. TTL 和 CMOS 电路带负载时的接口问题**

在工程实践中,常常需要用 TTL 或 CMOS 电路去驱动指示灯、发光二极管 LED、继电器等负载。

对于电流较小、电平能够匹配的负载可以直接驱动,图 2-36(a)所示为用 TTL 门电路驱动发光二极管 LED,这时只要在电路中串接一个约几百欧的限流电阻即可。图 2-36(b)所示为用 TTL 门电路驱动 5 V 低电流继电器,其中二极管 D 作保护,用以防止过电压。

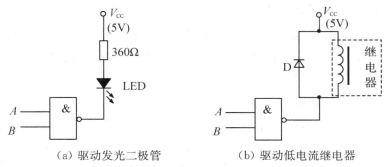

（a）驱动发光二极管　　　　（b）驱动低电流继电器

**图 2-36　门电路带小电流负载**

如果负载电流较大,可将同一芯片上的多个门并联作为驱动器,如图 2-37(a)所示。也可在门电路输出端接三极管,以提高负载能力,如图 2-37(b)所示。

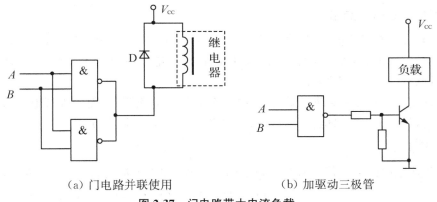

（a）门电路并联使用　　　　　（b）加驱动三极管

**图 2-37　门电路带大电流负载**

## 2.4.2　集成芯片使用的注意事项

使用集成电路时,除善于查阅有关手册,全面了解其主要性能指标外,还应注意以下一些问题。

**1. 多余输入端的处理**

多余输入端的处理应以不改变电路逻辑关系及稳定可靠为原则。通常采用下列方法。

其一,对于 TTL、CMOS 与非门及与门,多余输入端应接高电平,可直接或通过一个上拉电阻(1~3 kW)接电源正极,如图 2-38(a)所示;在前级驱动能力允许时,也可以与有用的输入端并联使用,如图 2-38(b)所示。

其二,对于或非门及或门,多余输入端应接低电平,比如直接接地,如图 2-39(a)所示;也可与有用的输入端并联使用,如图 2-39(b)所示。

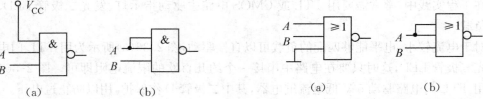

图 2-38　与门、与非门多余输入端的处理　　　　图 2-39　或门、或非门多余输入端的处理

从理论上讲,TTL 门电路输入端悬空相当于高电平。但在实际使用中,悬空的输入端容易接受外界干扰,导致电路工作可靠性差,一般不提倡;CMOS 门电路多余输入端不能悬空,否则,静电感应产生的高压,容易引起器件损坏。

**2. 多余的输出端的处理**

不用的输出端应该悬空处理,决不允许直接接到 $V_{DD}$ 或 $V_{SS}$。否则会产生过大的短路电流而使器件损坏。不同逻辑功能的 CMOS 电路的输出端也不能直接连到一起,否则导通的 P 沟道 MOS 场效应管和导通的 N 沟道 MOS 场效应管形成低阻通路,造成电源短路而引起器件损坏;逻辑功能相同的门电路,它们的输入端并联时,输出端可以并联。因此除三态门、OC 门外,TTL 集成电路的输出端不允许并联使用。如果将几个 OC 门电路的输出端并联,实现"线与"功能时,应在输出端与电源之间接入上拉电阻。

**3. TTL 和 CMOS 扇出**

TTL 电路是电阻性负载,如果负载增多,会使驱动门的输出电流增大,而驱动门的总输出电流超出其允许的最大值就会抬高驱动门的输出低电平或拉低输出高电平,使逻辑电平落入不允许的区域中,引起电路不可靠。

CMOS 电路,输入逻辑动态变化时,电容有充放电电流流过,而输入端电容对输出是有影响的。所以 CMOS 输出也不可以任意接很多负载,一般控制在 50 左右。

**4. 旁路电容**

数字集成电路的输入信号跳变时,往往伴随瞬间冲击电流,如果电源距离较远,电流供给延迟,电路可能会出现误动作。如果在集成电路旁接电容,即可提供所需冲击电流。旁路电容有两类:

1）每个集成芯片各用一个,容量为 $0.1\ \mu F$ 左右。

2）总电路用旁路电容,容量为几十到几百微法。

**5. 其他注意事项**

1）不要带电作业。

2）电源电压的极性不能接反。

3）门与门之间的连线尽可能短。

导线过长会造成信号的畸变。接地线通常用短而粗的导线,并使其可靠接地。此外,多路并行的输入线时,应注意相互间要有一定的距离或中间加地线进行屏蔽。否则传数字信号时,临近的平行线可能由于电磁耦合而互相干扰。

4）不允许在超过极限参数的条件下工作

电路在超过极限参数的条件下工作,就可能工作不正常,且容易引起损坏。TTL 集成电路的电源电压允许变化范围比较窄,一般在 4.5～5.5 V 之间,因此必须使用＋5 V 稳压电源;

5）防静电

由于 CMOS 电路输入阻抗高,容易受静电感应发生击穿,除电路内部设置保护电路外,在使用和存放时应注意静电屏蔽。

# 实验项目一　数字实验箱的使用及门电路测试与应用

**一、实验目的**

（1）熟悉电子课程设计实验箱的基本结构,掌握其使用方法。

（2）学习门电路逻辑功能的测试方法,通过门电路之间的转换掌握门电路的初步应用。

**二、实验原理**

1. 学习实验箱的基本使用方法。

多孔实验插座板是进行电路电子实验的关键部分,由于不需焊接,因此,元器件可以反复使用,利用率高,而且实验时操作方便。为了合理使用实验插座板,下面介绍一些接线技巧。

（1）为了便于布线和检查故障,最好所有和集成电路按同一方向插入,不要为了缩短导线长度而把集成电路倒插或反插。

（2）由于新的集成电路引脚往往不是直角而有些向外偏,因此,在插入前须先用摄子把引脚向内弯好,使 2 排间距离恰为 7.5 mm。拆卸集成电路应用 U 型夹或起拨器,夹住组件的两头,把组件拨出来。切勿用手拨组件,也可用摄子拨。因为一般组件在插座板上接插得很紧,如果用手拨,不但费力,而且易将管脚弄弯,甚至损坏。

（3）整齐的布线极为重要,它不但使检查、更换组件方便,而且使线路可靠。布线时,应在组件周围布线,并使导线不要跨过集成电路。同时应设法使引线尽量不去覆盖不用的孔,且应贴近插座表面。在布线密集的情况下,镊子对于嵌线和拆线是很有用的。在截取引线时,用小剪刀或斜嘴钳斜放着截取,使导线断面呈尖头。截取长度必须适当,引线两端绝缘皮可用小剪刀或剥线钳剥去 2～4 mm 为宜。一根引线经过多次使用后,线头易弯曲,以致很难插入插座板孔内,因此必须把它弄直,不然干脆把它剪去,重新剥出一个线头。

（4）布线的顺序通常是首先接电源线和地线,再把不用的输入端通过一只 1 kΩ 的电阻接到电源正极或地线上,然后接输入线、输出线及控制线。尤其在注意对那些尚未熟悉的集成电路,把它们接到电源和地线之前,必须反复核对管脚连接图,以免损坏组件。

2. TTL 与非门、或门、异或门的逻辑功能

3. 实现门电路逻辑功能转换的方法

（1）与非门组成非门:令 $B=1$,则 $Y=\overline{AB}=\overline{A \cdot 1}=\overline{A}$,或令 $B=A$,则 $Y=\overline{AB}=\overline{A \cdot A}=\overline{A}$,实现与非门到非门的转换。

（2）利用与非门组成与门：$Y=\overline{\overline{AB}}=AB$，因此，与非门的输出作为非门的输入即可。

（3）利用与非门组成或门：$Y=\overline{\overline{A}\cdot\overline{B}}=A+B$，因此将两个非门的输出作为与非门的输入即可。

### 三、实验用仪器与设备

（1）电子课程设计实验箱

（2）四 2 输入与非门 74LS00

（3）四 2 输入或门 74LS32

（4）四 2 输入异或门 74LS86

### 四、实验方法与步骤

（1）验证 TTL 集成逻辑门的逻辑功能

1）TTL 与非门 74LS00 逻辑功能的测试。（74LS00、74LS32、74LS86 引脚排列图见图 2-40）

将门电路的输入端接逻辑开关，输出端接发光二极管，测试其逻辑功能，并列出真值表。

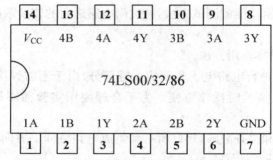

**图 2-40　74LS00、74LS32、74LS86 引脚排列图**

2）TTL 或门 74LS32 逻辑功能的测试。

将门电路的输入端接逻辑开关，输出端接发光二极管，测试其逻辑功能，并列出真值表。

3）TTL 异或门 74LS86 逻辑功能的测试。

将门电路的输入端接逻辑开关，输出端接发光二极管，测试其逻辑功能，并列出真值表。

（2）基本门之间的转换：测定其功能并列出真值表。

1）用"与非"门组成"非"门：搭接如图 2-41 电路，测真值表。

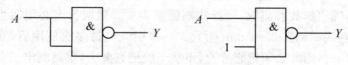

**图 2-41　"与非"门组成"非"门电路图**

2）用"与非"门组成"与"门：搭接如图 2-42 电路，测真值表。

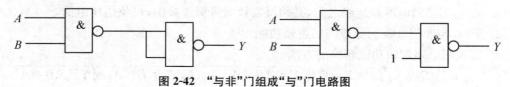

**图 2-42　"与非"门组成"与"门电路图**

3) 用"与非"门组成"或"门:搭接如图 2-43 电路,测真值表。

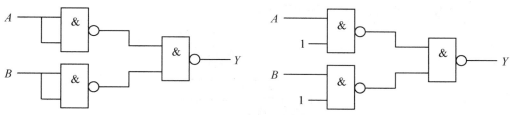

图 2-43　"与非"门组成"或"门电路图

**五、实验准备及预习要求**

复习 TTL 与非门有关内容,阅读 TTL 电路使用规则。

**六、实验注意事项**

实验前要看清芯片各管脚的位置;切忌电源极性接反,否则将会损坏集成块。

# 本章习题

2-1　晶体二极管作为开关应用时,呈现的瞬态开关特性与理想开关有哪些区别? 什么是反向恢复时间和正向恢复时间? 产生的原因是什么?

2-2　什么是三极管延迟时间、上升时间、存储时间和下降时间? 影响这些时间的因素有哪些?

2-3　TTL 与非门有哪些主要外部特性? TTL 与非门有哪些主要参数?

2-4　OC 门、三态输出门各有什么特点? 什么是线与? 什么是总线结构? 如何用三态输出门实现数据双向传输?

2-5　CMOS 反相器的电路结构? CMOS 反相器有哪些特点?

2-6　CMOS 集成门电路与 *TTL* 集成门电路相比各有什么特点?

2-7　CMOS 集成门和 *TTL* 集成门在使用时应注意哪些问题? 多余输入端应如何正确处理?

2-8　当 TTL 和 CMOS 两种门电路相互连接时,主要考虑哪几个电压和电流参数? 试列出这些参数,并对每一参数进行解释。

2-9　在图 2-44(a)所示电路中,$u_I$ 的波形如图 2-44(b)、(c)所示,试对应画出 $i_L$ 和 $u_D$ 的波形。(设 $u_I$ 的频率不高,幅度远大于 0.7 V)。

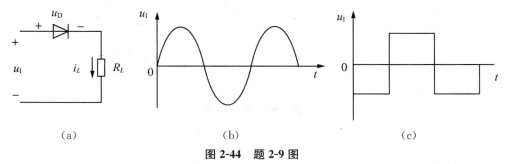

(a)　　　　　　　　　　(b)　　　　　　　　　　(c)

图 2-44　题 2-9 图

2-10　三极管电路如题图 2-45 所示，(1) 试说明图中 $R_2$ 及 $-10$ V 电压的作用。(2) T 在电路中的工作状态如何？(3) 求输出电压 $F$。

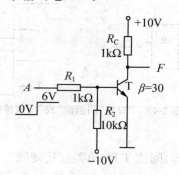

**图 2-45　题 2-10 图**

2-11　出高电平 $V_{OH} \geqslant 2.6$ V，最大拉出电流 $I_{OH} = 1$ mA，关门电平 $V_{OFF} = 0.9$ V，开门电平 $V_{ON} = 1.8$ V；输入低电平电流 $I_{IL} \leqslant 1.0$ mA，输入高电平电流 $I_{IH} \leqslant 80$ $\mu$A。试求该门电路的扇出系数 No。高电平噪声容限 $V_{NH}$ 和低电平噪声容限 $V_{NL}$。

2-12　指出图 2-46 电路中各门电路的输出状态(高电平、低电平、高阻态)。已知这些门电路都是 74 系列 TTL 电路。

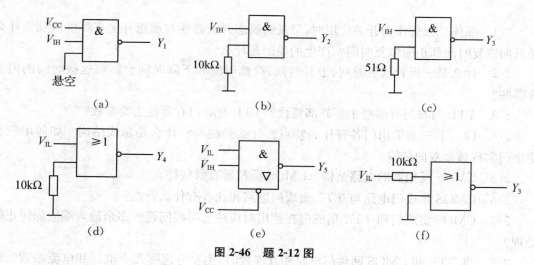

**图 2-46　题 2-12 图**

2-13　写出图 2-47 所示的 CMOS 电路的逻辑表达式。

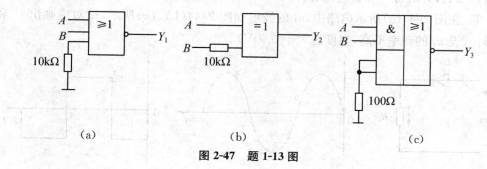

**图 2-47　题 1-13 图**

2-14　写出图 2-48 所示电路的输出 $Y$ 的逻辑表达式。

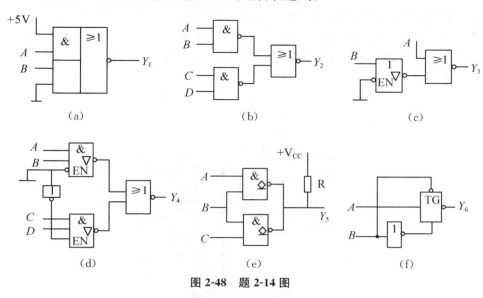

图 2-48　题 2-14 图

2-15　分析图 2-49 所示电路,哪些电路能正常工作,哪些不能。写出能正常工作电路输出信号的逻辑表达式。

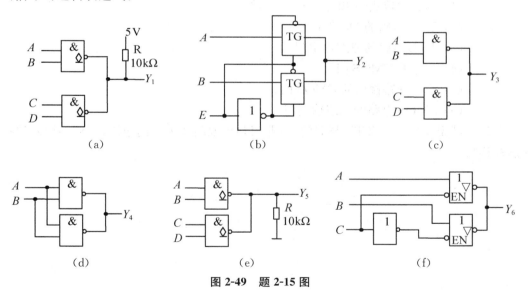

图 2-49　题 2-15 图

2-16　分析图示 2-50 电路的逻辑功能,若已知 $E$、$D_0$、$D_1$ 的波形如图 b 所示,试画出 $Y$ 的波形。

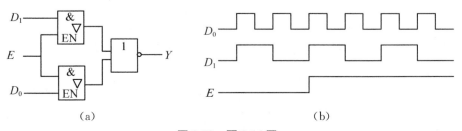

图 2-50　题 2-16 图

2-17　图 2-51 中,$G_1$、$G_2$ 为"线与"的两个 TTL OC 门,$G_3$、$G_4$、$G_5$ 为三个 TTL 与非门,若 $G_1$、$G_2$ 皆输出低电平时,允许灌入的电流 $I_{OL}$ 为 15 mA;$G_1$、$G_2$ 门皆输出高电平时允许的 $I_{OH}$ 小于 200 $\mu$A。$G_3$、$G_4$ 和 $G_5$ 它们的低电平输入电流为 $I_{IL} = 1.1$ mA,高电平输入电流 $I_{IH} = 5$ $\mu$A。$V_{CC} = 5$ V,要求 OC 门输出的高电平 $V_{OH} \geqslant 3.2$ V,低电平 $V_{OL} \leqslant 0.4$ V,求负载电阻 $R_L$ 应选多大。

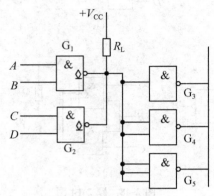

图 2-47　题 2-17 图

2-18　试说明下列各种门电路中哪些的输出端可以并联使用?

(1) 具有推拉式输出级的 TTL 电路;

(2) TTL 电路的 OC 门;

(3) TTL 电路的三态输出门;

(4) 普通的 CMOS 门;

(5) 漏极开路输出的 CMOS 门;

(6) CMOS 电路的三态输出门。

2-19　试说明用一个 TTL 与非门、或非门和异或门作为非门应用,它们的输入端各应该怎样连接。

# 第 3 章 组合逻辑电路

**本章导学**

本章主要介绍组合逻辑电路的分析与设计方法。在本章的学习中,要首先理解由门电路直接构成的小规模组合逻辑电路(SSI)的分析方法和设计方法。然后理解加法器、编码器、译码器、数据选择器、数据分配器和比较器等常用中规模集成组合电路(MSI)的功能与使用方法,在此基础上掌握 MSI 组合集成芯片的功能模块分析与设计方法。本章最后简单阐述了组合电路中存在的竞争冒险现象及消除的常用方法。

## 3.1 小规模组合电路的分析与设计方法

组合逻辑电路的分析,就是根据给定的组合逻辑电路,写出其逻辑函数表达式并化简,根据表达式评定电路设计的合理性、可靠性,指出原电路设计的不足之处,提出改进意见和改进方案,必要时列出真值表,分析逻辑功能,确定输出与输入的逻辑关系。

### 3.1.1 小规模组合逻辑电路的分析

**1. 小规模组合电路分析的一般步骤**

(1) 根据给出的逻辑电路图,先逐级写出逻辑函数表达式,最终写出输出与输入的逻辑函数表达式。

(2) 根据逻辑函数表达式列出真值表或波形图。

(3) 根据真值表或波形图分析电路的逻辑功能。

(4) 必要时可对电路进行简要的文字描述,或改进设计。

分析流程如图 3-1 所示

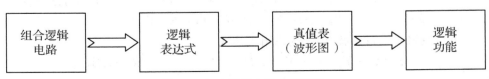

**图 3-1 组合逻辑电路分析流程**

**2. 小规模组合电路分析举例**

下面举例说明组合逻辑电路分析的过程。

【**例 3-1**】试分析如图 3-2 所示组合逻辑电路的逻辑功能。

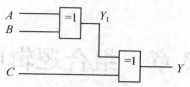

**图 3-2　例 3-1 的逻辑电路**

**解:**根据电路中每个逻辑门电路的功能,从输入到输出,逐级写出各逻辑门的函数表达式。设第一个异或门的输出为 $Y_1$,则

$$Y_1 = A \oplus B$$

因此,电路是输出逻辑函数表达式:

$$Y = Y_1 \oplus C = A \oplus B \oplus C$$

列写该逻辑函数的真值表,如表 3-1 所示。

**表 3-1　例 3-1 真值表**

| $A$ $B$ $C$ | $Y$ | $A$ $B$ $C$ | $Y$ |
|---|---|---|---|
| 0 0 0 | 0 | 1 0 0 | 1 |
| 0 0 1 | 1 | 1 0 1 | 0 |
| 0 1 0 | 0 | 1 1 0 | 0 |
| 0 1 1 | 0 | 1 1 1 | 1 |

从真值表分析电路的逻辑功能,当三个输入变量 $A$、$B$、$C$ 中取值为 1 个数为奇数时,逻辑电路的输出 $Y$ 为 1;否则,输出 $Y$ 均为 0。通常称该电路为"三变量的判奇电路"。

【**例 3-2**】试分析如图 3-3 所示组合逻辑电路的逻辑功能。

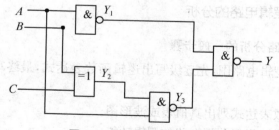

**图 3-3　例 3-2 的逻辑电路**

**解:**

(1) 从给出的逻辑图,由输入向输出的电路关系,写出各逻辑门的输出表达式:

$$Y_1 = \overline{AB}, \quad Y_2 = B \oplus C, \quad Y_3 = \overline{A \cdot Y_2}$$

(2) 进行逻辑变换,得到输出端的逻辑表达式:

$$Y = \overline{Y_1 \cdot Y_3} = \overline{Y_1} + \overline{Y_3} = AB + AY_2 = AB + A\overline{B}C + AB\overline{C}$$

（3）列写真值表如表 3-2 所示：

表 3-2　例 3-2 真值表

| $A$ $B$ $C$ | $Y$ | $A$ $B$ $C$ | $Y$ |
| --- | --- | --- | --- |
| 0　0　0 | 0 | 1　0　0 | 0 |
| 0　0　1 | 0 | 1　0　1 | 1 |
| 0　1　0 | 0 | 1　1　0 | 1 |
| 0　1　1 | 0 | 1　1　1 | 1 |

（4）由真值表可知，当 $A$ 为 0 时，输出函数值皆为 0；只有包含 $A$ 在内的两个或三个变量取值为 1 时，该逻辑电路的输出函数值才为 1。这类电路我们可以称为 $A$ 具有否决权的"三人表决电路"。

### 3.1.2　小规模逻辑电路的设计

小规模组合电路的设计是根据给定的逻辑功能要求或给出的逻辑函数，设计出能实现该逻辑功能的最佳方案，并画出逻辑电路图。

**1. 小规模组合电路设计基本步骤**

一般组合逻辑电路设计要求电路简单、所用器件少，并且尽量减少所用集成器件的种类，所以在设计中需要进行逻辑化简。设计过程一般包括以下步骤。

（1）根据命题的逻辑要求，确定好输入、输出变量及其赋值意义。

（2）根据逻辑关系建立真值表。

（3）根据真值表求得输出逻辑函数的"最小项之和"表达式。

（4）用代数法或卡诺图法化简逻辑函数，也可以直接由真值表画卡诺图化简。根据实际要求把函数表达式转换成需要的形式。

（5）根据逻辑函数表达式画出逻辑电路图。

设计流程见图 3-4 所示。

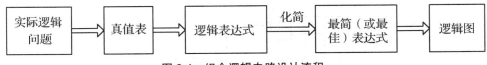

图 3-4　组合逻辑电路设计流程

**2. 组合逻辑电路设计举例**

【例 3-3】试用与非门设计一个三变量表决电路。当表决某一提案时，只有两个及以上人同意，该提案通过，否则该提案不通过。

**解**：分析逻辑规律，设定输入、输出变量及其赋值意义。根据题意，设 $A$、$B$、$C$ 分别代表参加表决的甲、乙、丙三个逻辑变量，表决结果用逻辑函数 $Y$ 表示；$A$、$B$、$C$ 逻辑变量取值为 0 表示反对，取值为 1 表示同意；逻辑函数 $Y$ 取值为 0 表示提案被否决，逻辑函数 $Y$ 取值为 1 表示提案通过。

根据逻辑功能建立真值表,见表 3-3。

表 3-3　例 3-3 真值表

| $A\ B\ C$ | $Y$ |
|---|---|
| 0　0　0 | 0 |
| 0　0　1 | 0 |
| 0　1　0 | 0 |
| 0　1　1 | 1 |
| 1　0　0 | 0 |
| 1　0　1 | 1 |
| 1　1　0 | 1 |
| 1　1　1 | 1 |

根据真值表求得输出逻辑函数的最小项表达式。(这一步也可以省略)

$$Y = \sum m(3,5,6,7)$$

用卡诺图化简上述逻辑函数,如图 3-5 所示。

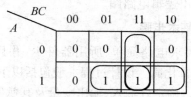

图 3-5　例 3-3 的卡诺图

根据卡诺图可得输出逻辑函数的最简与或表达式为:

$$Y = AB + AC + BC$$

因题中要求使用与非门实现这一逻辑功能,所以将其化为与非－与非的形式:

$$Y = \overline{\overline{AB + AC + BC}} = \overline{\overline{AB} \cdot \overline{AC} \cdot \overline{BC}}$$

根据逻辑函数表达式画出逻辑电路图,如图 3-6 所示。

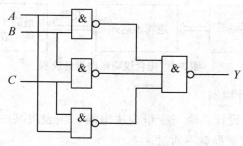

图 3-6　例 3-3 的逻辑电路图

【例 3-4】甲乙两个车间的产品要通过同一检验设备筛选,合格产品放行,不合格产品退回。要求甲车间产品要贴红色标签,乙车间产品贴黄色标签,贴绿色特别标签的特殊产品不分车间均可以放行,试用门电路设计一个监控产品放行的逻辑电路。

解:根据命题的逻辑规律,先选定输入、输出逻辑变量并赋值。设变量 $A$ 表示甲乙车间产品,1 表示甲车间产品、0 表示乙车间产品,设 $B$、$C$、$D$ 分别表示具有红、黄、绿标签,1 表示有标签,0 表示无标签。规定每个产品最多只能有 1 个标签。变量 $Y$ 表示监控放行结果。1 表示放行,0 表示退回。

根据命题的逻辑规律建立真值表,见表 3-4。

表 3-4　例 3-4 真值表

| $A$ | $B$ | $C$ | $D$ | $Y$ | $A$ | $B$ | $C$ | $D$ | $Y$ |
|---|---|---|---|---|---|---|---|---|---|
| 0 | 0 | 0 | 0 | 0 | 1 | 0 | 0 | 0 | 0 |
| 0 | 0 | 0 | 1 | 1 | 1 | 0 | 0 | 1 | 1 |
| 0 | 0 | 1 | 0 | 1 | 1 | 0 | 1 | 0 | 0 |
| 0 | 0 | 1 | 1 | $\times$ | 1 | 0 | 1 | 1 | $\times$ |
| 0 | 1 | 0 | 0 | 0 | 1 | 1 | 0 | 0 | 1 |
| 0 | 1 | 0 | 1 | $\times$ | 1 | 1 | 0 | 1 | $\times$ |
| 0 | 1 | 1 | 0 | $\times$ | 1 | 1 | 1 | 0 | $\times$ |
| 0 | 1 | 1 | 1 | $\times$ | 1 | 1 | 1 | 1 | $\times$ |

根据真值表,填卡诺图进行化简,如图 3-7。

化简后得表达式:

$$Y = AB + \overline{A}C + D$$

根据逻辑函数表达式画出逻辑电路图,如图 3-8 所示。

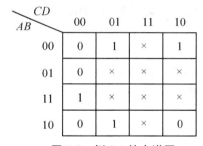

图 3-7　例 3-4 的卡诺图

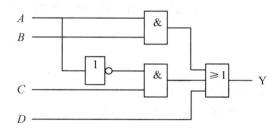

图 3-8　例 3-4 的逻辑电路

【例 3-5】设计一个自动控制系统中电动机工作故障指示电路,具体要求如下:

(1) 两台电动机同时工作时,绿灯亮;

(2) 一台电动机发生故障时,黄灯亮;

(3) 两台电动机同时发生故障时,红灯亮。

**解:**设逻辑变量 $A$、$B$ 分别表示两台电动机,0 表示电动机正常工作,1 表示电动机发生故障;变量 $Y_{绿}$、$Y_{黄}$、$Y_{红}$ 分别表示绿灯、黄灯、红灯;1 表示灯亮,0 表示灯灭。

根据命题规律建立真值表 如表 3-5 所示 。

表 3-5　例 3-5 真值表

| $A$ | $B$ | $Y_{绿}$ | $Y_{黄}$ | $Y_{红}$ |
|---|---|---|---|---|
| 0 | 0 | 1 | 0 | 0 |
| 0 | 1 | 0 | 1 | 0 |
| 1 | 0 | 0 | 1 | 0 |
| 1 | 1 | 0 | 0 | 1 |

根据真值表求得输出逻辑函数的表达式如下:

$$\begin{cases} Y_{绿} = \overline{A} \cdot \overline{B} \\ Y_{黄} = \overline{A}B + A\overline{B} = A \oplus B \\ Y_{红} = AB \end{cases}$$

由于上述逻辑函数的表达式都是最简表达式,所以不用再化简。

根据逻辑函数表达式画出逻辑电路图,如图 3-9 所示。

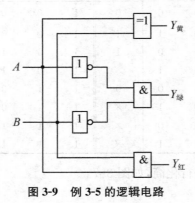

图 3-9　例 3-5 的逻辑电路

# 3.2　常用的中规模集成组合逻辑电路

在大量的数字电路中经常应用的组合逻辑电路有编码器、译码器、数据选择器、数值比较器、加法器等。将它们制作成集成逻辑器件,被广泛应用。下面介绍常用组合逻辑电路的工作原理和这些器件的使用方法。

### 3.2.1　编码器

编码是将事件、物品、信息、字母、数字、符号等对象编成一组代码的过程。

实现编码功能的数字电路称为编码器。按照编码方式不同,编码器可分为普通编码器和优先编码器;按照输出代码的不同,又可分为二进制编码器和非二进制编码器。

**1. 二进制编码器**

用 $n$ 位二进制代码对 $2^n$ 个对象进行编码的电路称为二进制编码器。

(1) 3 位二进制普通编码器

3 位二进制编码器有八个信号输入端,三个代码输出端,常称为 8 线-3 线编码器。图 3-10 是三位二进制编码器框图,它的输入是 $I_0 \sim I_7$ 八个高电平有效的编码信号,输出是三位二进制代码 $Y_2$、$Y_1$、$Y_0$。输出与输入的对应编码关系如表 3-10 所示。

表 3-6 编码器的功能表

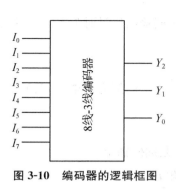

| 输入 | | | | | | | | 输出 | | |
|---|---|---|---|---|---|---|---|---|---|---|
| $I_0$ | $I_1$ | $I_2$ | $I_3$ | $I_4$ | $I_5$ | $I_6$ | $I_7$ | $Y_2$ | $Y_1$ | $Y_0$ |
| 1 | 0 | 0 | 0 | 0 | 0 | 0 | 0 | 0 | 0 | 0 |
| 0 | 1 | 0 | 0 | 0 | 0 | 0 | 0 | 0 | 0 | 1 |
| 0 | 0 | 1 | 0 | 0 | 0 | 0 | 0 | 0 | 1 | 0 |
| 0 | 0 | 0 | 1 | 0 | 0 | 0 | 0 | 0 | 1 | 1 |
| 0 | 0 | 0 | 0 | 1 | 0 | 0 | 0 | 1 | 0 | 0 |
| 0 | 0 | 0 | 0 | 0 | 1 | 0 | 0 | 1 | 0 | 1 |
| 0 | 0 | 0 | 0 | 0 | 0 | 1 | 0 | 1 | 1 | 0 |
| 0 | 0 | 0 | 0 | 0 | 0 | 0 | 1 | 1 | 1 | 1 |

图 3-10 编码器的逻辑框图

由功能表写出各输出的逻辑表达式并利用约束条件化简后得：

$$
\left.
\begin{aligned}
Y_2 &= \overline{\overline{I_4}\ \overline{I_5}\ \overline{I_6}\ \overline{I_7}} \\
Y_1 &= \overline{\overline{I_2}\ \overline{I_3}\ \overline{I_6}\ \overline{I_7}} \\
Y_0 &= \overline{\overline{I_1}\ \overline{I_3}\ \overline{I_5}\ \overline{I_7}}
\end{aligned}
\right\}
\tag{3-1}
$$

根据表达式,用门电路实现的逻辑电路,如图 3-11 所示。

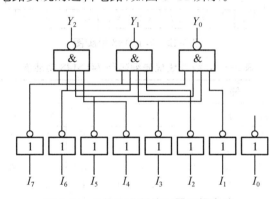

图 3-11 3 位二进制编码器逻辑电路

(2) 3 位二进制优先编码器 74LS148

前面介绍的是普通编码器,一次只允许输入一个编码信号。优先编码器将所有的输入信号规定了优先顺序,允许同时输入两个以上的编码信号。当多个输入信号同时输入时,只对其中优先级相对最高的一个信号进行编码,对级别相对低的输入信号不编码。

74LS148 是一种常用的集成 8 线-3 线优先编码器,其引脚图如图 3-12 所示。逻辑功能表如表 3-7 所示。

74LS148 优先编码器为 16 脚的集成芯片。其中 $\overline{I_0} \sim \overline{I_7}$ 是输入信号,低电平有效,$\overline{Y_2}\ \overline{Y_1}\ \overline{Y_0}$ 为编码输出,也是低电平有效,$\overline{S}$ 是使能输入端,$\overline{Y_S}$ 是使能输出端,$\overline{Y_{EX}}$ 为片优先编码输出端。

当使能输入 $\overline{S}=1$ 时,禁止编码,输出：$\overline{Y_2}\ \overline{Y_1}\ \overline{Y_0}$ 全为 1(如表 3-7 第一行所示)。

当使能输入 $\overline{S}=0$ 时允许编码,在 $\overline{I_0} \sim \overline{I_7}$ 输入中,$\overline{I_7}$ 优先级最高,其余依次为 $\overline{I_6}, \overline{I_5}, \overline{I_4}, \overline{I_3}, \overline{I_2}, \overline{I_1}, \overline{I_0}$ 等级排列。

$\overline{Y_S}$ 为使能输出端,它只在可编码($\overline{S}=0$)但本芯片没有编码信号输入时为 0(如表 3-7 第二行所示)。

$\overline{Y}_{EX}$为片优先编码输出端,它在可编码($\overline{S}=0$),且有编码输出信号时为 0 时;允许编码而无编码输入信号时为 1;不允许编码$\overline{S}=1$时,它也为 1。

74LS148 编码器工作原理:

1) $\overline{S}=1$ 时,则不论输入$\overline{I}_0\sim\overline{I}_7$八个端为何种状态$\overline{Y}_2$ $\overline{Y}_1$ $\overline{Y}_0$都为高电平,且$\overline{Y}_S=1$、$\overline{Y}_{EX}=1$

2) $\overline{S}=0$ 时

①:$\overline{I}_0\sim\overline{I}_7$ 均为高电平;$\overline{Y}_{EX}=1$ 时,$\overline{Y}_2$ $\overline{Y}_1$ $\overline{Y}_0$=111 不是编码输出。

②:在$\overline{I}_0=0$ 时,$\overline{Y}_{EX}=0$,$\overline{Y}_2$ $\overline{Y}_1$ $\overline{Y}_0$=111,是有效编码输出。

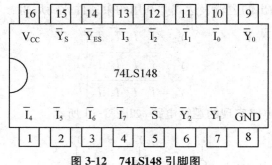

图 3-12　74LS148 引脚图

表 3-7　8 线-3 线优先编码器 74LS148 功能表

| 输入 | | | | | | | | | 输出 | | | | |
|---|---|---|---|---|---|---|---|---|---|---|---|---|---|
| $\overline{S}$ | $\overline{I}_0$ | $\overline{I}_1$ | $\overline{I}_2$ | $\overline{I}_3$ | $\overline{I}_4$ | $\overline{I}_5$ | $\overline{I}_6$ | $\overline{I}_7$ | $\overline{Y}_2$ | $\overline{Y}_1$ | $\overline{Y}_0$ | $\overline{Y}_{EX}$ | $\overline{Y}_S$ |
| 1 | × | × | × | × | × | × | × | × | 1 | 1 | 1 | 1 | 1 |
| 0 | 1 | 1 | 1 | 1 | 1 | 1 | 1 | 1 | 1 | 1 | 1 | 1 | 0 |
| 0 | × | × | × | × | × | × | × | 0 | 0 | 0 | 0 | 0 | 1 |
| 0 | × | × | × | × | × | × | 0 | 1 | 0 | 0 | 1 | 0 | 1 |
| 0 | × | × | × | × | × | 0 | 1 | 1 | 0 | 1 | 0 | 0 | 1 |
| 0 | × | × | × | × | 0 | 1 | 1 | 1 | 0 | 1 | 1 | 0 | 1 |
| 0 | × | × | × | 0 | 1 | 1 | 1 | 1 | 1 | 0 | 0 | 0 | 1 |
| 0 | × | × | 0 | 1 | 1 | 1 | 1 | 1 | 1 | 0 | 1 | 0 | 1 |
| 0 | × | 0 | 1 | 1 | 1 | 1 | 1 | 1 | 1 | 1 | 0 | 0 | 1 |
| 0 | 0 | 1 | 1 | 1 | 1 | 1 | 1 | 1 | 1 | 1 | 1 | 0 | 1 |

## 2. 二-十进制编码器

用二进制代码,编制十进制数 0、1、2、3、4、5、6、7、8、9 这 10 个信号代码的电路叫做二-十进制编码器。

### (1)普通二-十进制编码器

它的输入信号分别代表 0~9 这 10 个基数,输出是对应的 BCD 码。二—十进制编码器也有普通编码器和优先编码器之分。

8421BCD 码编码器是常见的一种二-十进制编码器。其编码如表 3-8 所示。

表 3-8 8421BCD 码编码器的编码表

| 十进制数 | $A_3$ | $A_2$ | $A_1$ | $A_0$ | 十进制数 | $A_3$ | $A_2$ | $A_1$ | $A_0$ |
|---|---|---|---|---|---|---|---|---|---|
| $0(I_0)$ | 0 | 0 | 0 | 0 | $5(I_5)$ | 0 | 1 | 0 | 1 |
| $1(I_1)$ | 0 | 0 | 0 | 1 | $6(I_6)$ | 0 | 1 | 1 | 0 |
| $2(I_2)$ | 0 | 0 | 1 | 0 | $7(I_7)$ | 0 | 1 | 1 | 1 |
| $3(I_3)$ | 0 | 0 | 1 | 1 | $8(I_8)$ | 1 | 0 | 0 | 0 |
| $4(I_4)$ | 0 | 1 | 0 | 0 | $9(I_9)$ | 1 | 0 | 0 | 1 |

8421BCD 码编码器逻辑电路如图 3-13 所示。

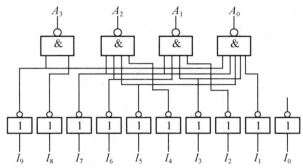

图 3-13 8421BCD 码编码器逻辑电路

（2）二-十进制优先编码器 74LS147

74LS147 是集成二-十进制优先编码器,其功能如表 3-9 所示。

表 3-9 二-十进制优先编码器 74LS147 功能表

| 输入 | | | | | | | | | | 输出 | | | |
|---|---|---|---|---|---|---|---|---|---|---|---|---|---|
| $I_0$ | $I_1$ | $I_2$ | $I_3$ | $I_4$ | $I_5$ | $I_6$ | $I_7$ | $I_8$ | $I_9$ | $Y_3$ | $Y_2$ | $Y_1$ | $Y_0$ |
| × | × | × | × | × | × | × | × | × | 0 | 0 | 1 | 1 | 0 |
| × | × | × | × | × | × | × | × | 0 | 1 | 0 | 1 | 1 | 1 |
| × | × | × | × | × | × | × | 0 | 1 | 1 | 1 | 0 | 0 | 0 |
| × | × | × | × | × | × | 0 | 1 | 1 | 1 | 1 | 0 | 0 | 1 |
| × | × | × | × | × | 0 | 1 | 1 | 1 | 1 | 1 | 0 | 1 | 0 |
| × | × | × | × | 0 | 1 | 1 | 1 | 1 | 1 | 1 | 0 | 1 | 1 |
| × | × | × | 0 | 1 | 1 | 1 | 1 | 1 | 1 | 1 | 1 | 0 | 0 |
| × | × | 0 | 1 | 1 | 1 | 1 | 1 | 1 | 1 | 1 | 1 | 0 | 1 |
| × | 0 | 1 | 1 | 1 | 1 | 1 | 1 | 1 | 1 | 1 | 1 | 1 | 0 |
| 0 | 1 | 1 | 1 | 1 | 1 | 1 | 1 | 1 | 1 | 1 | 1 | 1 | 1 |

74LS147 引脚图如图 3-14 所示。

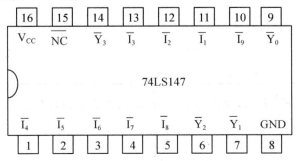

图 3-14 74LS147 逻辑框图

常用集成优先编码器还有 74348(三态输出)、40147、CD4532 等器件。

### 3.2.2 译码器

译码器具有将输入二进制代码转换成特定输出信号的功能,是编码的反过程。

常见的译码器有 3 线-8 线译码器、4 线-10 线、4 线-16 线译码器等。

**1. 二进制译码器**

将输入的二进制代码转换成对应的输出信号的电路,称作二进制译码器。

(1) 3 位二进制译码器

图 3-15 为 3 线-8 线译码器 74LS138 的逻辑符号,功能表如表 3-10 所示。

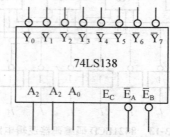

**图 3-15 74LS138 的逻辑符号**

图中,$A_2$、$A_1$、$A_0$ 为地址输入端,$A_2$ 为高位。$\overline{Y}_0 \sim \overline{Y}_7$ 为译出信号输出端,低电平有效。$E_C$ 和 $\overline{E}_A$、$\overline{E}_B$ 为使能端。由功能表可看出,只有当 $E_C$ 为高电平,$\overline{E}_A$、$\overline{E}_B$ 都为低电平时,该译码器才有有效译码信号输出;若有一个条件不满足,则译码器无译码输出,输出全为高电平。

**表 3-10 74LS138 逻辑功能表**

| 输入 | | | | | 输出 | | | | | | | |
|---|---|---|---|---|---|---|---|---|---|---|---|---|
| $E_C$ | $\overline{E}_A + \overline{E}_B$ | $\overline{A}_2$ | $\overline{A}_1$ | $\overline{A}_0$ | $\overline{Y}_0$ | $\overline{Y}_1$ | $\overline{Y}_2$ | $\overline{Y}_3$ | $\overline{Y}_4$ | $\overline{Y}_5$ | $\overline{Y}_6$ | $\overline{Y}_7$ |
| 0 | × | × | × | × | 1 | 1 | 1 | 1 | 1 | 1 | 1 | 1 |
| × | 1 | × | × | × | 1 | 1 | 1 | 1 | 1 | 1 | 1 | 1 |
| 1 | 0 | 0 | 0 | 0 | 0 | 1 | 1 | 1 | 1 | 1 | 1 | 1 |
| 1 | 0 | 0 | 0 | 1 | 1 | 0 | 1 | 1 | 1 | 1 | 1 | 1 |
| 1 | 0 | 0 | 1 | 0 | 1 | 1 | 0 | 1 | 1 | 1 | 1 | 1 |
| 1 | 0 | 0 | 1 | 1 | 1 | 1 | 1 | 0 | 1 | 1 | 1 | 1 |
| 1 | 0 | 1 | 0 | 0 | 1 | 1 | 1 | 1 | 0 | 1 | 1 | 1 |
| 1 | 0 | 1 | 0 | 1 | 1 | 1 | 1 | 1 | 1 | 0 | 1 | 1 |
| 1 | 0 | 1 | 1 | 0 | 1 | 1 | 1 | 1 | 1 | 1 | 0 | 1 |
| 1 | 0 | 1 | 1 | 1 | 1 | 1 | 1 | 1 | 1 | 1 | 1 | 0 |

当 $E_C$ 为高电平,$\overline{E}_A$、$\overline{E}_B$ 都为低电平时,根据功能表可以分析出 74LS138 各输出端的逻辑表达式(3-2)式所示:

$$\overline{Y_0} = \overline{\overline{A_2} \cdot \overline{A_1} \cdot \overline{A_0}} = \overline{m_0}$$

$$\overline{Y_1} = \overline{\overline{A_2} \cdot \overline{A_1} \cdot A_0} = \overline{m_1}$$

$$\overline{Y_2} = \overline{\overline{A_2} \cdot A_1 \cdot \overline{A_0}} = \overline{m_2}$$

$$\overline{Y_3} = \overline{\overline{A_2} \cdot A_1 \cdot A_0} = \overline{m_3}$$

$$\overline{Y_4} = \overline{A_2 \cdot \overline{A_1} \cdot \overline{A_0}} = \overline{m_4}$$ (3-2)

$$\overline{Y_5} = \overline{A_2 \cdot \overline{A_1} \cdot A_0} = \overline{m_5}$$

$$\overline{Y_6} = \overline{A_2 \cdot A_1 \cdot \overline{A_0}} = \overline{m_6}$$

$$\overline{Y_7} = \overline{A_2 \cdot A_1 \cdot A_0} = \overline{m_7}$$

（2）用 3 线-8 线译码器 74LS138 实现组合逻辑函数

74LS138 的每个输出端是一项最小项的非，而逻辑函数可以用最小项表示为标准与或式，利用这个特点，可以利用 74LS138 译码器和适当的门电路实现组合逻辑电路的设计。

【例 3-6】试用 74LS138 译码器和与非门实现以下逻辑函数：

$$F(A,B,C) = \sum m(1,2,4,7)$$

**解**：因为当译码器的使能端有效时，每个输出端是一个三变量的最小项，而要实现的组合逻辑函数也是三变量的函数，因此只要将函数的输入变量加到译码器的地址输入端，并在输出端引入与非门门电路，便可以实现逻辑函数，具体实现方法如下：

$$F(A,B,C) = \sum m(1,2,4,7) = m_1 + m_2 + m_4 + m_7$$

$$F(A,B,C) = \overline{\overline{m_1} \cdot \overline{m_2} \cdot \overline{m_4} \cdot \overline{m_7}}$$

如果 $ABC = A_2 A_1 A_0$，则

$$F(A,B,C) = \overline{\overline{Y_1} \cdot \overline{Y_2} \cdot \overline{Y_3} \cdot \overline{Y_4}}$$

所以可以用 74LS138 和与非门实现，逻辑图如图 3-16 所示。

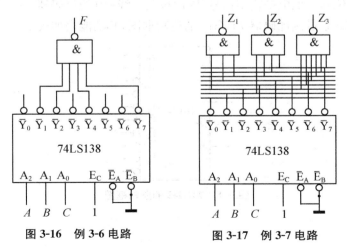

图 3-16　例 3-6 电路　　　　图 3-17　例 3-7 电路

【例 3-7】试用 74LS138 译码器和与非门实现如下逻辑函数：

$$\begin{cases} Z_1 = A \cdot \overline{B} + \overline{A}B \cdot \overline{C} \\ Z_2 = AB + \overline{B}C \\ Z_3 = A\overline{B} + B \end{cases}$$

**解:**

首先将逻辑函数转换成最小项之和形式。

$$\begin{cases} Z_1 = A\overline{B}C + A\overline{B}\ \overline{C} + \overline{A}B \cdot \overline{C} = m_2 + m_4 + m_5 \\ Z_2 = ABC + AB\overline{C} + A\overline{B}C + \overline{A}\ \overline{B}C = m_1 + m_5 + m_6 + m_7 \\ Z_3 = A\overline{B}C + A\overline{B}\ \overline{C} + \overline{A}B\ \overline{C} + \overline{A}BC + AB\overline{C} + ABC \\ \quad = m_2 + m_3 + m_4 + m_5 + m_6 + m_7 \end{cases}$$

再转换成与非-与非式。

$$\begin{cases} Z_1 = \overline{\overline{m_2} \cdot \overline{m_4} \cdot \overline{m_5}} \\ Z_2 = \overline{\overline{m_1} \cdot \overline{m_5} \cdot \overline{m_6} \cdot \overline{m_7}} \\ Z_3 = \overline{\overline{m_2} \cdot \overline{m_3} \cdot \overline{m_4} \cdot \overline{m_5} \cdot \overline{m_6} \cdot \overline{m_7}} \end{cases}$$

如果 $ABC = A_2A_1A_0$,则

$$\begin{cases} Z_1 = \overline{\overline{Y_2} \cdot \overline{Y_4} \cdot \overline{Y_5}} \\ Z_2 = \overline{\overline{Y_1} \cdot \overline{Y_5} \cdot \overline{Y_6} \cdot \overline{Y_7}} \\ Z_3 = \overline{\overline{Y_2} \cdot \overline{Y_3} \cdot \overline{Y_4} \cdot \overline{Y_5} \cdot \overline{Y_6} \cdot \overline{Y_7}} \end{cases}$$

所以可以用 74LS138 和与非门实现,逻辑图如图 3-17 所示。

**2. 二-十进制译码器**

二-十进制译码器也称 BCD 译码器,它的功能是将输入的十组 BCD 码(四位二进制代码)译成十组(十位)高、低电平输出信号,因此也叫 4 线-10 线译码器。

图 3-18 是二-十进制译码器 74LS42 的逻辑框图,其功能表如表 3-11 所示。

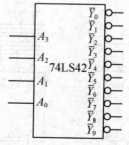

**图3-18 74LS42 的逻辑框图**

表 3-11　二-十进制译码器 74LS42 的功能表

| | 输入 | | | | 输出 | | | | | | | | | |
|---|---|---|---|---|---|---|---|---|---|---|---|---|---|---|
| | $A_3$ | $A_2$ | $A_1$ | $A_0$ | $\overline{Y_0}$ | $\overline{Y_1}$ | $\overline{Y_2}$ | $\overline{Y_3}$ | $\overline{Y_4}$ | $\overline{Y_5}$ | $\overline{Y_6}$ | $\overline{Y_7}$ | $\overline{Y_8}$ | $\overline{Y_9}$ |
| 0 | 0 | 0 | 0 | 0 | 0 | 1 | 1 | 1 | 1 | 1 | 1 | 1 | 1 | 1 |
| 1 | 0 | 0 | 0 | 1 | 1 | 0 | 1 | 1 | 1 | 1 | 1 | 1 | 1 | 1 |
| 2 | 0 | 0 | 1 | 0 | 1 | 1 | 0 | 1 | 1 | 1 | 1 | 1 | 1 | 1 |
| 3 | 0 | 0 | 1 | 1 | 1 | 1 | 1 | 0 | 1 | 1 | 1 | 1 | 1 | 1 |
| 4 | 0 | 1 | 0 | 0 | 1 | 1 | 1 | 1 | 0 | 1 | 1 | 1 | 1 | 1 |
| 5 | 0 | 1 | 0 | 1 | 1 | 1 | 1 | 1 | 1 | 0 | 1 | 1 | 1 | 1 |
| 6 | 0 | 1 | 1 | 0 | 1 | 1 | 1 | 1 | 1 | 1 | 0 | 1 | 1 | 1 |
| 7 | 0 | 1 | 1 | 1 | 1 | 1 | 1 | 1 | 1 | 1 | 1 | 0 | 1 | 1 |
| 8 | 1 | 0 | 0 | 0 | 1 | 1 | 1 | 1 | 1 | 1 | 1 | 1 | 0 | 1 |
| 9 | 1 | 0 | 0 | 1 | 1 | 1 | 1 | 1 | 1 | 1 | 1 | 1 | 1 | 0 |
| 伪码 | 1 | 0 | 1 | 0 | 1 | 1 | 1 | 1 | 1 | 1 | 1 | 1 | 1 | 1 |
| | 1 | 0 | 1 | 1 | 1 | 1 | 1 | 1 | 1 | 1 | 1 | 1 | 1 | 1 |
| | 1 | 1 | 0 | 0 | 1 | 1 | 1 | 1 | 1 | 1 | 1 | 1 | 1 | 1 |
| | 1 | 1 | 0 | 1 | 1 | 1 | 1 | 1 | 1 | 1 | 1 | 1 | 1 | 1 |
| | 1 | 1 | 1 | 0 | 1 | 1 | 1 | 1 | 1 | 1 | 1 | 1 | 1 | 1 |
| | 1 | 1 | 1 | 1 | 1 | 1 | 1 | 1 | 1 | 1 | 1 | 1 | 1 | 1 |

### 3. 数码显示译码器

能够显示数字、字母或符号的器件称为数码显示器。在数字系统中，常常需要将数字、字母、符号等直观地显示出来，供人们读取或监测系统的工作状态。

常用的数字显示器有多种类型。按发光物质分，有半导体显示器，又称发光二极管(LED)显示器、荧光显示器(VFD)、液晶显示器(LCD)、阴极射线管显示器(CRT)等。

下面以应用广泛的发光二极管构成的七段数码显示器为例，介绍数码显示器的结构与工作原理。

(1) 七段半导体数字显示器结构与工作原理

七段半导体数码显示器是将七个发光二极管(加小数点为八个)按一定的方式排列起来，七段半导体 $a$、$b$、$c$、$d$、$e$、$f$、$g$(小数点 DP)各对应一个发光二极管，二极管导通时，发出清晰的光，有红、黄、绿等颜色。利用不同发光段的组合，显示 0、1、2、3、4、5、6、7、8、9 十个数字。如图 3-19 所示。LED 数码管有共阳极、共阴极之分。图 3-20(a)是共阴式 LED 数码管的连接图。使用时公共阴极接地，7 个阳极 $a\sim g$ 由相应的 BCD 七段译码器驱动，如图 3-20(b)所示。

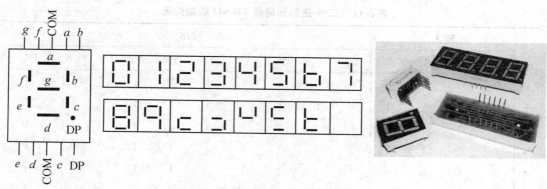

（a）数字显示器结构　　　　　（b）显示的数字　　　　　（c）外型图

**图 3-19　七段数字显示**

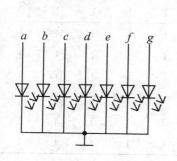

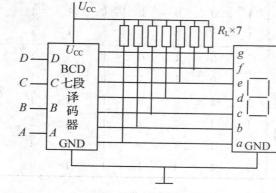

（a）七段显示器共阴极接法　　　　　（b）工作原理图

**图 3-20　七段显示器共阴极接法与工作原理图**

图中电阻 $R_L$ 是上拉电阻,也称限流电阻,当译码器内部带有上拉电阻时,则可省去。

（2）BCD 七段显示译码器

BCD 七段显示译码器的输入是 4 位 BCD 码（以 $D$、$C$、$B$、$A$ 表示）,输出是各段数码管的驱动信号（以 $a \sim g$ 表示）。若用它驱动共阳 LED 数码管,则输出应为低电平有效.即输出为 0 时,相应段数码管发光。例如,当输入 8421 码 DCBA＝0110 时,应显示 6,即要求同时点亮 $c$、$d$、$e$、$f$、$g$ 段数码管,熄灭 $a$、$b$ 段数码管,所以译码器的输出应为 $a \sim g$＝1100000。同理,根据组成 0～9 这 10 个字形的要求可以列出 8421BCD 七段译码器的真值表,见表 3-12（未用码省略了）。

**表 3-12　BCD 七段显示译码器的真值表**

| 输入 | | | | 输出 | | | | | | | 显示 |
|---|---|---|---|---|---|---|---|---|---|---|---|
| $D$ | $C$ | $B$ | $A$ | $g$ | $f$ | $e$ | $d$ | $c$ | $b$ | $a$ | |
| 0 | 0 | 0 | 0 | 1 | 0 | 0 | 0 | 0 | 0 | 0 | 0 |
| 0 | 0 | 0 | 1 | 0 | 0 | 0 | 0 | 0 | 0 | 1 | 1 |
| 0 | 0 | 1 | 0 | 0 | 0 | 1 | 1 | 0 | 1 | 0 | 2 |
| 0 | 0 | 1 | 1 | 0 | 0 | 0 | 1 | 1 | 0 | 0 | 3 |

| 输入 | | | | 输出 | | | | | | | 显示 |
|---|---|---|---|---|---|---|---|---|---|---|---|
| $D$ | $C$ | $B$ | $A$ | $g$ | $f$ | $e$ | $d$ | $c$ | $b$ | $a$ | |
| 0 | 1 | 0 | 0 | 0 | 0 | 1 | 1 | 0 | 0 | 1 | 4 |
| 0 | 1 | 0 | 1 | 0 | 0 | 0 | 1 | 0 | 1 | 0 | 5 |
| 0 | 1 | 1 | 0 | 0 | 0 | 0 | 0 | 0 | 1 | 0 | 6 |
| 0 | 1 | 1 | 1 | 1 | 1 | 1 | 1 | 0 | 0 | 0 | 7 |
| 1 | 0 | 0 | 0 | 0 | 0 | 0 | 0 | 0 | 0 | 0 | 8 |
| 1 | 0 | 0 | 1 | 0 | 0 | 1 | 0 | 0 | 0 | 0 | 9 |

BCD 七段显示译码器 74LS248 功能示意图如图 3-21 所示,引脚图如图 3-22 所示。

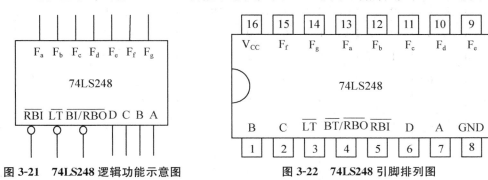

图 3-21　74LS248 逻辑功能示意图　　　　　　图 3-22　74LS248 引脚排列图

74LS46、74LS47、74LS246、74LS247 是共阳极的显示译码器,74LS48、74LS248、74LS49、74LS249、CD4511、CD4547 是共阴极的显示译码器。下面介绍常用的 CD4511 共阴极的显示译码器及使用。

(3) 七段显示译码器 CD4511

CD4511 是一个用于驱动共阴极 LED(数码管)显示器的 BCD 码七段显示译码器,其特点如下:

具有 BCD 转换,信号锁存控制,能提供较大的拉电流。可直接驱动 LED 显示器。其引脚图如图 3-23。

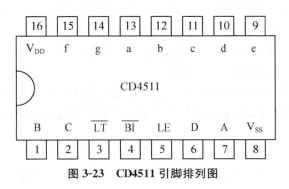

图 3-23　CD4511 引脚排列图

其功能如表 3-13 所示,

表 3-13　CD4511 的功能表

| 输入 | | | | | | | 输出 | | | | | | | 显示(功能) |
|---|---|---|---|---|---|---|---|---|---|---|---|---|---|---|
| $\overline{LT}$ | $\overline{BI}$ | $LE$ | $D$ | $C$ | $B$ | $A$ | $a$ | $b$ | $c$ | $d$ | $e$ | $f$ | $g$ | |
| 0 | × | × | × | × | × | × | 1 | 1 | 1 | 1 | 1 | 1 | 1 | 灯测试 |
| 1 | 0 | × | × | × | × | × | 0 | 0 | 0 | 0 | 0 | 0 | 0 | 消　隐 |
| 1 | 1 | 0 | 0 | 0 | 0 | 0 | 1 | 1 | 1 | 1 | 1 | 1 | 0 | 0 |
| 1 | 1 | 0 | 0 | 0 | 0 | 1 | 0 | 1 | 1 | 0 | 0 | 0 | 0 | 1 |
| 1 | 1 | 0 | 0 | 0 | 1 | 0 | 1 | 1 | 0 | 1 | 1 | 0 | 1 | 2 |
| 1 | 1 | 0 | 0 | 0 | 1 | 1 | 1 | 1 | 1 | 1 | 0 | 0 | 1 | 3 |
| 1 | 1 | 0 | 0 | 1 | 0 | 0 | 0 | 1 | 1 | 0 | 0 | 1 | 1 | 4 |
| 1 | 1 | 0 | 0 | 1 | 0 | 1 | 1 | 0 | 1 | 1 | 0 | 1 | 1 | 5 |
| 1 | 1 | 0 | 0 | 1 | 1 | 0 | 0 | 0 | 1 | 1 | 1 | 1 | 1 | 6 |
| 1 | 1 | 0 | 0 | 1 | 1 | 1 | 1 | 1 | 1 | 0 | 0 | 0 | 0 | 7 |
| 1 | 1 | 0 | 1 | 0 | 0 | 0 | 1 | 1 | 1 | 1 | 1 | 1 | 1 | 8 |
| 1 | 1 | 0 | 1 | 0 | 0 | 1 | 1 | 1 | 1 | 0 | 0 | 1 | 1 | 9 |
| 1 | 1 | 0 | 1 | 0 | 1 | 0 | 0 | 0 | 0 | 0 | 0 | 0 | 0 | 消隐 |
| 1 | 1 | 0 | 1 | 0 | 1 | 1 | 0 | 0 | 0 | 0 | 0 | 0 | 0 | 消隐 |
| 1 | 1 | 0 | 1 | 1 | 0 | 0 | 0 | 0 | 0 | 0 | 0 | 0 | 0 | 消隐 |
| 1 | 1 | 0 | 1 | 1 | 0 | 1 | 0 | 0 | 0 | 0 | 0 | 0 | 0 | 消隐 |
| 1 | 1 | 0 | 1 | 1 | 1 | 0 | 0 | 0 | 0 | 0 | 0 | 0 | 0 | 消隐 |
| 1 | 1 | 0 | 1 | 1 | 1 | 1 | 0 | 0 | 0 | 0 | 0 | 0 | 0 | 消隐 |
| 1 | 1 | 1 | × | × | × | × | 锁存 | | | | | | | 锁存 |

其中：

$\overline{BI}$：4 脚是信号输入控制端,当 $\overline{BI}=0$ 时,不管其它输入端状态如何,七段数码管均处在熄灭(消隐)状态,不显示数字。

$\overline{LT}$：3 脚是测试输入端,当 $\overline{BI}=1$,$\overline{LT}=0$ 时,译码输出全为 1,不管输入 $DCBA$ 状态如何,七段均发亮,显示"8"它主要用来检测数码管是否损坏。

$LE$：5 脚是锁存控制端,当 $LE=0$ 时,允许译码输出;$LE=1$ 时,译码器是锁存保持状态,译码器输出被保持在 $LE=0$ 时的数值。

$DCBA$ 为 8421BCD 码出入端;$a$、$b$、$c$、$d$、$e$、$f$、$g$,为译码输出端,输出为高电平 1 有效。CD4511 的内部有上拉电阻,在输入端与数码管尾端接上限流电阻就可工作。

### 3.2.3　数据选择器

数据选择是把多个通道的数据经过选择,传送到唯一的公共数据通道上去。实现数据选择功能的逻辑电路称为数据选择器。它的功能相当于一个多输入的单刀多掷开关,如图 3-24 所示。(若改变信号传导方向,将来自一条公共数据线的信号根据地址码送到多条通道的某一个数据线上去,则成为数据分配器。如图 3-25 所示。)

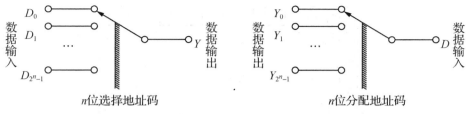

图 3-24 数据选择器示意图　　　图 3-25 数据分配器示意图

常用的数据选择器有四选一、八选一、十六选一等多种类型。

### 1. 四选一数据选择器

四选一数据选择器的功能见表 3-14。

表 3-14 四选一数据选择器的功能表

| | 输入 | | 输出 |
|---|---|---|---|
| $\overline{E}$ | $A_1$ | $A_0$ | $Y$ |
| 1 | $\times$ | $\times$ | 0 |
| 0 | 0 | 0 | $D_0$ |
| 0 | 0 | 1 | $D_1$ |
| 0 | 1 | 0 | $D_2$ |
| 0 | 1 | 1 | $D_3$ |

根据功能表,写出输出逻辑表达式如下:

$$Y=(\overline{A_1}\ \overline{A_0}D_0+\overline{A_1}A_0D_1+A_1\ \overline{A_0}D_2+A_1A_0D_3)\cdot E \tag{3-3}$$

由逻辑表达式画出四选一数据选择器逻辑图,如图 3-26 所示。其中 $\overline{E}$ 是使能端,当 $\overline{E}$ =1 时数据选择器不选择数据,输出 $Y=0$。当 $\overline{E}=0$ 时数据选择器选择数据,输出

$$Y=(\overline{A_1}\ \overline{A_0}D_0+\overline{A_1}A_0D_1+A_1\ \overline{A_0}D_2+A_1A_0D_3)$$

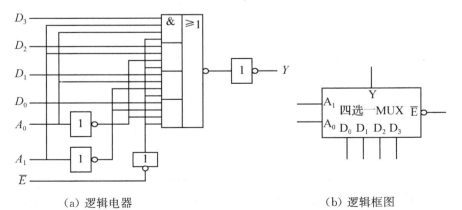

（a）逻辑电器　　　　　　　　　　　（b）逻辑框图

图 3-26 四选一数据选择器

集成数据选择器 74LS153 是双四选一数据选择器,引脚图如图 3-27 所示。

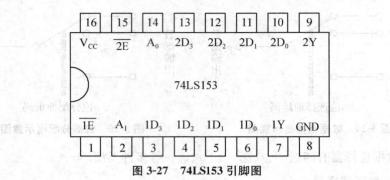

图 3-27　74LS153 引脚图

**2. 集成八选一数据选择器 74LS151**

74LS151 是一种典型集成八选一数据选择器,逻辑框图如图 3-28 所示。它有八个数据输入端 $D_0 \sim D_7$,三个地址输入端 $A_2$、$A_1$、$A_0$,两个互补的输出端 $Y$ 和 $\overline{Y}$,一个使能输入端 $\overline{E}$,使能端 $\overline{E}$ 为低电平有效。74LS151 的功能如表 3-15 所示。

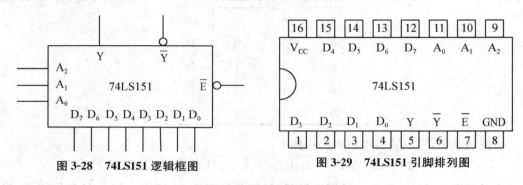

图 3-28　74LS151 逻辑框图　　　　图 3-29　74LS151 引脚排列图

表 3-15　四选一数据选择器的功能表

| | 输入 | | | 输出 |
|---|---|---|---|---|
| $\overline{E}$ | $A_2$ | $A_1$ | $A_0$ | $Y$ |
| 1 | $\times$ | $\times$ | $\times$ | 0 |
| 0 | 0 | 0 | 0 | $D_0$ |
| 0 | 0 | 0 | 1 | $D_1$ |
| 0 | 0 | 1 | 0 | $D_2$ |
| 0 | 0 | 1 | 1 | $D_3$ |
| 0 | 1 | 0 | 0 | $D_4$ |
| 0 | 1 | 0 | 1 | $D_5$ |
| 0 | 1 | 1 | 0 | $D_6$ |
| 0 | 1 | 1 | 1 | $D_7$ |

当 $\overline{E}=1$ 时数据选择器不选择数据,输出 $Y=0$,当 $\overline{E}=0$ 时数据选择器选择数据,输出为:

$$Y=(\overline{A_2}\,\overline{A_1}\,\overline{A_0}D_0+\overline{A_2}\,\overline{A_1}A_0D_1+\overline{A_2}A_1\,\overline{A_0}D_2+\overline{A_2}A_1A_0D_3+A_2\,\overline{A_1}\,\overline{A_0}D_4+A_2\,\overline{A_1}A_0D_5$$
$$+A_2A_1\,\overline{A_0}D_6+A_2A_1A_0D_7)E$$

$$(3-4)$$

集成数据选择器 74LS151 引脚图如图 3-29 所示。

**3. 用数据选择器实现组合逻辑函数**

实现原理：由式(3-3)、式(3-4)可见，数据选择器的输出是一个最小项形式的逻辑函数；而任何一个 $n$ 变量的逻辑函数都可变换为最小项之和的标准形式。所以，两者有等效的条件。

（1）当逻辑函数的变量个数和数据选择器的地址输入变量个数相同时，可直接用数据选择器来实现逻辑函数。

**【例 3-8】** 试用八选一数据选择器 74LS151 实现逻辑函数
$$L=AB+BC+AC$$

**解法 1：**表达式对照法

①将逻辑函数转换成最小项表达式，与选用的选择器的输出函数式对照
$$L=\overline{A}BC+A\overline{B}C+AB\overline{C}+ABC=m_3+m_5+m_6+m_7$$

②将输入变量接至数据选择器的地址输入端，即令：$A=A_2$，$B=A_1$，$C=A_0$。输出变量接至数据选择器的输出端，即 $L=Y$。将逻辑函数 $L$ 的最小项表达式与 74LS151 的功能表相比较，显然，$L$ 式中出现的最小项，对应的数据输入端应接 1，$L$ 式中没出现的最小项，对应的数据输入端应接 0。即

$$如果\begin{cases}ABC=A_2A_1A_0\\D_3=D_5=D_6=D_7=1\\D_0=D_1=D_2=D_4=0\end{cases}，则\ L=Y。$$

③画出连线图如图 3-30 所示。

**解法 2：**真值表（或卡诺图）对照法

①作出逻辑函数 $L$ 的真值表如表 3-16 所示。

②将输入变量接至数据选择器的地址输入端，即 $A=A_2$，$B=A_1$，$C=A_0$。输出变量接至数据选择器的输出端，即 $L=Y$。将真值表中 $L$ 取值为 1 的最小项所对应的数据输入端接 1，$L$ 取值为 0 的最小项，对应的数据输入端接 0。即 $D_3=D_5=D_6=D_7=1$；$D_0=D_1=D_2=D_4=0$。

③画出连线图如图 3-30 所示。

表 3-16　例 3-8 真值表

| $A$ | $B$ | $C$ | $L$ |
|-----|-----|-----|-----|
| 0 | 0 | 0 | 0 |
| 0 | 0 | 1 | 0 |
| 0 | 1 | 0 | 0 |
| 0 | 1 | 1 | 1 |
| 1 | 0 | 0 | 0 |
| 1 | 0 | 1 | 1 |
| 1 | 1 | 0 | 1 |
| 1 | 1 | 1 | 1 |

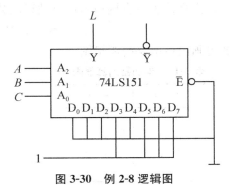

图 3-30　例 2-8 逻辑图

（2）当逻辑函数的变量个数大于数据选择器的地址输入变量个数时，不能用前述的简单办法。要分离出多余的变量，把它们加到适当的数据输入端。

**【例 3-9】** 试用四选一数据选择器实现逻辑函数：
$$L=AB+BC+AC$$

**解：** 由于函数 $L$ 有三个变量 $A$、$B$、$C$，而四选一仅有两个地址端 $A_1$ 和 $A_0$，仍然采用上述方法，如选 $A$、$B$ 接到地址输入端，且令：$A=A_1$，$B=A_0$ 则 $C$ 将由数据输入端来充当。

①将 $L$ 展开成适当形式：

$$L=AB+\bar{A}BC+A\bar{B}C$$

②将上式与四选一数据选择器的输出表达式(3-3)比较，可以看出，$\bar{E}=0$ 时，如果

$$\begin{cases} AB=A_1A_0 \\ D_1=D_2=C \\ D_0=0, D_3=1 \end{cases} \text{，则} L=Y。$$

③画出连线图如图 3-31 所示。

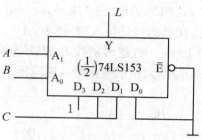

**图 3-31　例 2-9 的逻辑图**

由上题可知，当逻辑函数的变量数多于数据选择器的输入地址码数时，则数据输入端 $(D_i)$ 可视为是第三个(输入)变量，用以表示逻辑函数中被分离出来的变量。

### 3.2.4 加法器与比较器及集成芯片

**1. 加法器**

(1) 半加器

实现两个一位二进制数相加，不考虑低位进位的逻辑运算电路称为半加器。设 $A$ 和 $B$ 分别表示第 $i$ 位的被加数和加数，$S$ 为本位和，$C$ 为向相邻高位的进位。列出真值表如表 3-17 所示。由真值表可直接写出输出逻辑函数表达式：

$$S=A\oplus B, C=AB。 \tag{3-5}$$

据此可画出该电路的逻辑图。

**表 3-17　半加器的真值表**

| $A$ | $B$ | $S$ | $C$ |
|---|---|---|---|
| 0 | 0 | 0 | 0 |
| 0 | 1 | 1 | 0 |
| 1 | 0 | 1 | 0 |
| 1 | 1 | 0 | 1 |

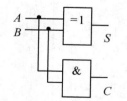

**图 3-32　半加器逻辑电路图**

(2) 全加器

在上述半加器的基础上加入低位进位的加法逻辑运算电路是全加器。用 $A_i$ 和 $B_i$ 分别表示被加数和加数，$C_{i-1}$ 表示来自相邻低位的进位。$S_i$ 是本位的和，$C_i$ 是向相邻高位的进位。根据全加规律列出真值表，如表 3-18 所示。

表 3-18　全加器的真值表

| $A_i$ | $B_i$ | $C_{i-1}$ | $S_i$ | $C_i$ |
|---|---|---|---|---|
| 0 | 0 | 0 | 0 | 0 |
| 0 | 0 | 1 | 1 | 0 |
| 0 | 1 | 0 | 1 | 0 |
| 0 | 1 | 1 | 0 | 1 |
| 1 | 0 | 0 | 1 | 0 |
| 1 | 0 | 1 | 0 | 1 |
| 1 | 1 | 0 | 0 | 1 |
| 1 | 1 | 1 | 1 | 1 |

由真值表直接写出 $S_i$ 和 $C_i$ 的输出逻辑函数表达式,再经过代数法化简和转换得到下式:

$$S_i = \overline{A_i}\,\overline{B_i}C_{i-1} + \overline{A_i}B_i\overline{C_i} + A_i\,\overline{B_i}\,\overline{C_{i-1}} + A_iB_iC_{i-1}$$
$$= \overline{(A_i \oplus B_i)}C_{i-1} + (A_i \oplus B_i)\overline{C_{i-1}} = A_i \oplus B_i \oplus C_{i-1} \tag{3-6}$$
$$C_i = \overline{A_i}B_iC_{i-1} + A_i\,\overline{B_i}C_{i-1} + A_iB_i\,\overline{C_{i-1}} + A_iB_iC_{i-1}$$
$$= A_iB_i + (A_i \oplus B_i)C_{i-1}$$

根据 $S_i$ 和 $C_i$ 的输出逻辑函数表达式,画出全加器的逻辑电路如图 3-33 所示。图 3-34 所示为全加器的逻辑符号。

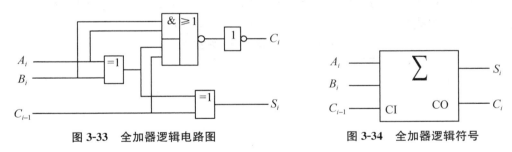

图 3-33　全加器逻辑电路图　　　　　　　　图 3-34　全加器逻辑符号

（3）多位加法器

实现多位数加法运算的最简单方法是将多个全加器进行串联,称为串行进位加法器。四位串行进位加法器逻辑图如图 3-35 所示。

两个四位数相加,$A_3A_2A_1A_0$ 和 $B_3B_2B_1B_0$ 的各位同时送到相应全加器的输入端,进位数串行传送。全加器的个数等于相加数的位数。最低位全加器的 $C_{i-1}$ 端接 0。

串行进位加法器的优点是电路比较简单,缺点是速度比较慢。

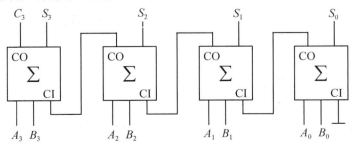

图 3-35　四位串行进位加法器逻辑图

（4）四位二进制超前进位全加器集成芯片 74LS283

为了提高运算速度，设计生产了多位数超前进位加法器。现在的集成加法器，大多采用这种方式。74LS283 是一种典型的四位超前进位的集成加法器，其引脚图如图 3-36 所示。四位超前进位的集成加法器还有 CC4008 型 CMOS4 位二进制超前进位全加器、CT54H183/CT74H13 型双进位全加器、74LS83 等。

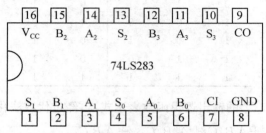

图 3-36　四位加法器 74LS283 引脚图

## 2. 数值比较器

数值比较器是实现对两个相同位数二进制整数进行数值比较，判定其大小关系的电路。

（1）一位数值比较器

一位数值比较器的功能是比较两个一位二进制数 $A$ 和 $B$ 的大小，比较结果有三种情况，即：$A>B$、$A<B$、$A=B$。其真值表如表 3-19 所示。其中 $F_{A>B}=1$ 表示比较结果 $A>B$、$F_{A<B}=1$ 表示比较结果 $A<B$、$F_{A=B}=1$ 表示比较结果 $A=B$。

表 3-19　一位数值比较器真值表

| $A$ | $B$ | $F_{A>B}$ | $F_{A<B}$ | $F_{A=B}$ |
|-----|-----|-----------|-----------|-----------|
| 0 | 0 | 0 | 0 | 1 |
| 0 | 1 | 0 | 1 | 0 |
| 1 | 0 | 1 | 0 | 0 |
| 1 | 1 | 0 | 0 | 1 |

由真值表写出逻辑表达式：

$$\begin{cases} F_{A>B}=A\overline{B} \\ F_{A<B}=\overline{A}B \\ F_{A=B}=\overline{A}\cdot\overline{B}+AB \end{cases} \tag{3-7}$$

由以上逻辑表达式可得，如图 3-37 所示逻辑图。

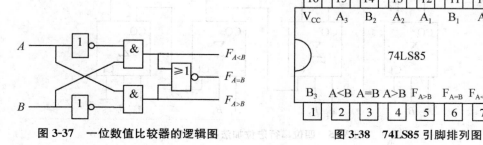

图 3-37　一位数值比较器的逻辑图

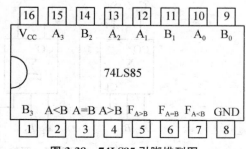

图 3-38　74LS85 引脚排列图

（2）集成四位数值比较器 74LS85

74LS85 是典型的集成四位二进制数比较器。其引脚图如图 3-38 所示。功能表如表 3-20 所示。

当 $A_3A_2A_1A_0$ 和 $B_3B_2B_1B_0$ 两个数比较时：

1）如果 $A_3 > B_3$，则可以肯定 $A > B$，这时输出 $F_{A>B} = 1$；若 $A_3 < B_3$，则可以肯定 $A < B$，这时输出 $F_{A<B} = 1$。

2）如果 $A_3 = B_3$ 时，再去比较次高位 $A_2$，$B_2$。若 $A_2 > B_2$，则 $F_{A>B} = 1$；若 $A_2 < B_2$，则 $F_{A<B} = 1$。

3）如果 $A_2 = B_2$ 时，再继续比较 $A_1$，$B_1$。依次类推，直到所有的高位都相等时，才比较最低位。这种从高位开始比较的方法要比从低位开始比较的方法速度快。

表 3-20　74LS85 的功能表

| 比较输入 | | | | 级联输入 | | | 输出 | | |
|---|---|---|---|---|---|---|---|---|---|
| $A_3\ B_3$ | $A_2\ B_2$ | $A_1\ B_1$ | $A_0\ B_0$ | $A>B$ | $A<B$ | $A=B$ | $F_{A>B}$ | $F_{A<B}$ | $F_{A=B}$ |
| $A_3 > B_3$ | × | × | × | × | × | × | 1 | 0 | 0 |
| $A_3 < B_3$ | × | × | × | × | × | × | 0 | 1 | 0 |
| $A_3 = B_3$ | $A_2 > B_2$ | × | × | × | × | × | 1 | 0 | 0 |
| $A_3 = B_3$ | $A_2 < B_2$ | × | × | × | × | × | 0 | 1 | 0 |
| $A_3 = B_3$ | $A_2 = B_2$ | $A_1 > B_1$ | × | × | × | × | 1 | 0 | 0 |
| $A_3 = B_3$ | $A_2 = B_2$ | $A_1 < B_1$ | × | × | × | × | 0 | 1 | 0 |
| $A_3 = B_3$ | $A_2 = B_2$ | $A_1 = B_1$ | $A_1 > B_1$ | × | × | × | 1 | 0 | 0 |
| $A_3 = B_3$ | $A_2 = B_2$ | $A_1 = B_1$ | $A_1 < B_1$ | × | × | × | 0 | 1 | 0 |
| $A_3 = B_3$ | $A_2 = B_2$ | $A_1 = B_1$ | $A_0 = B_0$ | 1 | 0 | 0 | 1 | 0 | 0 |
| $A_3 = B_3$ | $A_2 = B_2$ | $A_1 = B_1$ | $A_0 = B_0$ | 0 | 1 | 0 | 0 | 1 | 0 |
| $A_3 = B_3$ | $A_2 = B_2$ | $A_1 = B_1$ | $A_0 = B_0$ | 0 | 0 | 1 | 0 | 0 | 1 |

（3）集成数值比较器 74LS85 逻辑功能的扩展

图 3-38 中 2、3、4 号接线端是"级联输入端"当 $A_3A_2A_1A_0 = B_3B_2B_1B_0$ 时，比较的结果将取决于"级联输入端"的状态。利用"级联输入端"可以实现比较器功能扩展，使用方法是：

1）当应用一块芯片来比较四位二进制数时，应使级联输入端的"$A=B$"端接 1，"$A>B$"端与"$A<B$"端都接 0。

2）若要比较位数大于 4 的两组数时，可使用级联输入端作片间连接。例如将两片四位比较器扩展为八位比较器，可以将两片芯片串联连接，即将低位芯片的输出端 $F_{A>B}$，$F_{A<B}$ 和 $F_{A=B}$ 分别去接高位芯片级联输入端的 $A>B$，$A<B$ 和 $A=B$，如图 3-39 所示。这样，当高四位都相等时，就可由低四位来决定两比较数的大小了。

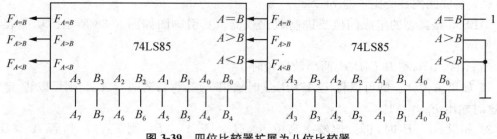

图 3-39　四位比较器扩展为八位比较器

# 3.3　组合逻辑电路中的竞争与冒险

### 3.3.1　逻辑竞争与冒险的概念

同一个门的输入信号,由于它们在此前通过不同数目的门,经过不同长度导线到达门输入端的时间会有先有后,这种现象称为竞争。

逻辑门因输入端的竞争而导致输出产生不应有的尖峰干扰脉冲(又称过渡干扰脉冲)的现象,称为冒险。

或:在组合电路中,当输入信号的状态改变时,输出端可能会出现不正常的干扰信号,使电路产生错误的输出,这种现象称为竞争冒险。

产生竞争冒险的原因:主要是门电路的延迟时间产生的。见图 3-40。

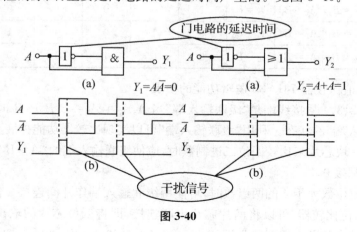

图 3-40

### 3.3.2　逻辑险象的识别

#### 1. 代数识别法

当某些逻辑变量取特定值(0 或 1)时,若组合逻辑电路输出函数表达式为下列形式之一，则存在逻辑险象。

$$F=A+\overline{A} \qquad 0\text{ 型险象}$$
$$F=A\,\overline{A} \qquad 1\text{ 型险象}$$

例如：图 3-41 所示电路中，逻辑式

$$F=\overline{A\cdot\overline{\overline{CD}}\cdot\overline{BCD}}=\overline{A}+\overline{CD}+BCD$$

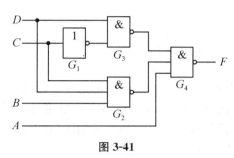

图 3-41

当输入变量 $A=B=D=1$ 时，有

$$F=1\cdot\overline{C}+1\cdot C=\overline{C}+C$$

该电路存在变量 $C$ 产生的 0 型险象。$D$ 虽然是有竞争力的变量，但不会产生险象。

**2. 卡诺图识别法**

在逻辑函数的卡诺图中，函数表达式的每个积项（或和项）对应于一个卡诺圈。如果两个卡诺圈存在着相切部分，且相切部分又未被另一个卡诺圈圈住，那么实现该逻辑函数的电路必然存在险象。

例如：用卡诺图法判断某逻辑电路输出

函数为 $F=AD+BD+ACD$，是否存在险象。

如图 3-42 所示，实现该函数的逻辑电路存在险象。

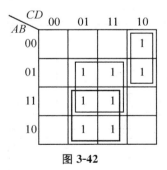

图 3-42

**3. 逻辑险象的消除方法**

当组合逻辑电路存在险象时，可以采取修改逻辑设计、增加选通电路、增加输出滤波等多种方法来消除险象。后两种方法会增加电路实复杂性，或使输出波形变坏，平常极少使用。

# 实验项目二　译码器的逻辑功能测试及应用

## 一、实验目的

(1) 熟悉译码器的工作原理和使用方法。

(2) 掌握中规模集成译码器的逻辑功能及应用。

## 二、实验原理

(1) 译码器是一个多输入、多输出的组合逻辑电路。它的作用是把给定的代码进行"翻译",变成相应的状态,使输出通道中相应的一路有信号输出。译码器在数字系统中有广泛的用途,不仅用于代码的转换,终端的数字显示,还用于数据分配,存贮器寻址和组合控制信号等。不同的功能可选用不同种类的译码器。

(2) 译本实验采用 3/8 线变量译码器 74LS138。其引脚排列如图 3-43 所示。

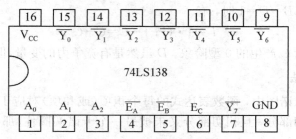

图 3-43　74LS138 引脚排列图

利用译码器能方便地实现组合逻辑函数;利用其使能端还能够将两片 3/8 线译码器 74LS138 组成一个 4/16 线译码器,如图 3-44 所示。

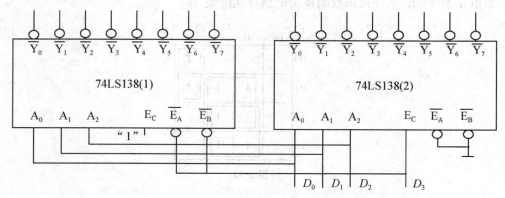

图 3-44　两片 74LS138 组成 4/16 线译码器

## 三、实验用仪器与设备

(1) 电子课程设计实验箱

(2) 3/8 线译码器 74LS138

(3) 双四输入与非门 74LS20(引脚排列图见图 3-45)

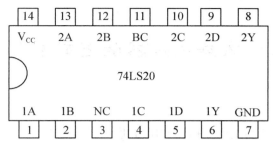

图 3-45 74LS20 引脚排列图

**四、实验方法与步骤**

(1) 74LS138 译码器逻辑功能的测试

将 74LS138 的使能端及地址码输入端分别接逻辑开关,输出端接发光二极管,拨动逻辑开关,按功能表测试 74LS138 逻辑功能,并记录结果。

表 3-21 74LS138 功能表

| 输入 | | | | | 输出 | | | | | | | |
|---|---|---|---|---|---|---|---|---|---|---|---|---|
| $E_C$ | $\overline{E_A}+\overline{E_B}$ | $A_2$ | $A_1$ | $A_0$ | $\overline{Y_0}$ | $\overline{Y_1}$ | $\overline{Y_2}$ | $\overline{Y_3}$ | $\overline{Y_4}$ | $\overline{Y_5}$ | $\overline{Y_6}$ | $\overline{Y_7}$ |
| 1 | 0 | 0 | 0 | 0 | 0 | 1 | 1 | 1 | 1 | 1 | 1 | 1 |
| 1 | 0 | 0 | 0 | 1 | 1 | 0 | 1 | 1 | 1 | 1 | 1 | 1 |
| 1 | 0 | 0 | 1 | 0 | 1 | 1 | 0 | 1 | 1 | 1 | 1 | 1 |
| 1 | 0 | 0 | 1 | 1 | 1 | 1 | 1 | 0 | 1 | 1 | 1 | 1 |
| 1 | 0 | 1 | 0 | 0 | 1 | 1 | 1 | 1 | 0 | 1 | 1 | 1 |
| 1 | 0 | 1 | 0 | 1 | 1 | 1 | 1 | 1 | 1 | 0 | 1 | 1 |
| 1 | 0 | 1 | 1 | 0 | 1 | 1 | 1 | 1 | 1 | 1 | 0 | 1 |
| 1 | 0 | 1 | 1 | 1 | 1 | 1 | 1 | 1 | 1 | 1 | 1 | 0 |
| 0 | × | × | × | × | 1 | 1 | 1 | 1 | 1 | 1 | 1 | 1 |
| × | 1 | × | × | × | 1 | 1 | 1 | 1 | 1 | 1 | 1 | 1 |

(2) 用 3/8 线译码器 74LS138 实现下述逻辑函数:

①设计"三人表决"电路,测试逻辑功能并记录结果。

②设计一位二进制全加器电路,测试全加器逻辑功能并记录结果

③用 2 片 74LS138 组成 4/16 线译码测试其功能,并填写功能表。

**五、实验准备及预习要求**

(1) 复习有关译码器的原理。

(2) 根据实验任务,画出所需的实验电路图及记录表格。

**六、实验注意事项**

实验前要看清芯片各管脚的位置;切忌电源极性接反,否则将会损坏集成块。

## 实验项目三　数据选择器的逻辑功能测试及应用

### 一、实验目的

（1）熟悉数据选择器的工作原理和使用方法。

（2）掌握中规模集成数据选择器的逻辑功能及应用。

### 二、实验原理

数据选择器是常用的组合逻辑部件之一，也称其为多路开关。使用时可以在控制输入端上加一组二进制编码程序的信号，使电路按要求输出一串信号，所以它也是一种可编程的逻辑部件。

中规模集成芯片 74LS153 为双四选一的数据选择器，引脚排列如图 3-46 所示，74LS153 的逻辑功能如表 3-22 所示，其逻辑表达式为

$$Y = \overline{G}(\overline{A_1}\ \overline{A_0}D_0 + \overline{A_1}A_0D_1 + A_1\ \overline{A_0}D_2 + A_1A_0D_3)$$

中规模集成芯片 74LS151 为八选一数据选择器，引脚排列如图所示，逻辑功能如表3-23所示。逻辑表达式为

$$Y = \overline{A_2}A_1\ A_0\ D_0 + \overline{A_2}\ \overline{A_1}A_0D_1 + \overline{A_2}A_1\ \overline{A_0}D_2 + \overline{A_2}A_1A_0D_3 + A_2\ \overline{A_1}\ \overline{A_0}D_4 + A_2\ \overline{A_1}A_0D_5 + A_2A_1\ \overline{A_0}D_6 + A_2A_1A_0D_7$$

图 3-46　74LS153 引脚排列图　　　图 3-47　74LS151 引脚排列图

### 三、实验用仪器与设备

（1）电子课程设计实验箱

（2）双四选一数据选择器 74LS153

（3）八选一数据选择器 74LS151

（4）六反相器 74LS04

### 四、实验方法与步骤

（1）测试八选一数据选择器 74LS151 的逻辑功能

地址端、数据输入端、使能端接逻辑开关，输出端接发光二极管。按功能表进行功能验证，并记录结果。

（2）测试双四选一数据选择器 74LS153 的逻辑功能

地址端、数据输入端、使能端接逻辑开关，输出端接发光二极管。按功能表进行功能验证，并记录结果。

表 3-22　74LS153 逻辑功能表

| 输入 | | | 输出 |
| --- | --- | --- | --- |
| $\overline{G}$ | $A_1$ | $A_2$ | $Y$ |
| 1 | × | × | 0 |
| 0 | 0 | 0 | $D_0$ |
| 0 | 0 | 1 | $D_1$ |
| 0 | 1 | 0 | $D_2$ |
| 0 | 1 | 1 | $D_3$ |

表 3-23　74LS151 逻辑功能表

| 输入 | | | | 输出 |
| --- | --- | --- | --- | --- |
| $\overline{G}$ | $A_2$ | $A_1$ | $A_0$ | $Y$ |
| 1 | × | × | × | 0 |
| 0 | 0 | 0 | 0 | $D_0$ |
| 0 | 0 | 0 | 1 | $D_1$ |
| 0 | 0 | 1 | 0 | $D_2$ |
| 0 | 0 | 1 | 1 | $D_3$ |
| 0 | 1 | 0 | 0 | $D_4$ |
| 0 | 1 | 0 | 1 | $D_5$ |
| 0 | 1 | 1 | 0 | $D_6$ |
| 0 | 1 | 1 | 1 | $D_7$ |

（3）用八选一数据选择器 74LS151 实现"三人表决"电路，测试逻辑功能并记录结果。

（4）用双四选一数据选择器 74LS153 实现下述逻辑函数。

①设计"三人表决"电路，测试逻辑功能并记录结果。

②设计一位二进制全加器电路，测试全加器逻辑功能并记录结果

**五、实验准备及预习要求**

（1）复习数据选择器的有关内容。

（2）设计用双 4 选 1 数据选择器实现"3 人表决"电路，画出电路图，列出测试表格。

（3）设计用 8 选 1 数据选择器实现"3 人表决"电路，画出电路图，列出测试表格。

（4）设计用双 4 选 1 数据选择器实现全加器电路，画出电路图，列出测试表格。

**六、实验注意事项**

实验前要看清芯片各管脚的位置；切忌电源极性接反，否则将会损坏集成块。

# 本章习题

3-1 写出图 3-48 图所示各电路的逻辑表达式,并化简。

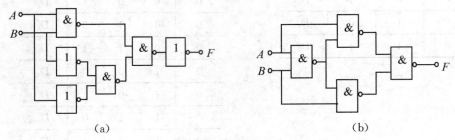

(a)                (b)

图 3-48 题 3-1 图

3-2 写出图 3-49 图所示各电路输出信号的逻辑表达式,并说明电路的逻辑功能。

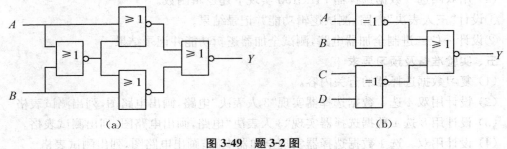

(a)                (b)

图 3-49 题 3-2 图

3-3 由与非门构成的某表决电路如图 3-50 图所示。其中 $ABCD$ 表示 4 个人,$Y=1$ 时表示决议通过。

(1) 试分析电路,说明决议通过的情况有几种。

(2) 分析 $ABCD$ 4 个人中谁的权力最大。

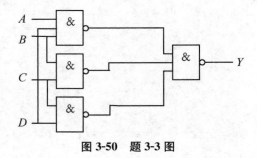

图 3-50 题 3-3 图

3-4 在图 3-51 图所示电路中,并行输入数据 $D_3 D_2 D_1 D_0 = 1010$,$X = 0$,$A_1 A_0$ 变化顺序为 00,01,10,11,画出输出 $Y$ 的波形。

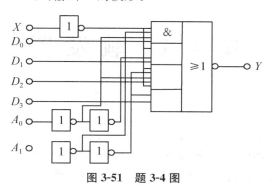

图 3-51 题 3-4 图

3-5 设计以下 3 变量组合逻辑电路:

(1) 判奇电路。输入中有奇数个 1 时,输出为 1,否则为 0。

(2) 判偶电路。输入中有偶数个 1 时,输出为 1,否则为 0。

(3) 一致电路。输入变量取值相同时,输出为 1,否则为 0。

(4) 不一致电路。输入变量取值不一致时,输出为 1,否则为 0。

(5) 被 3 整除电路。输入代表的二进制数能被 3 整除时输出为 1,否则为 0。

(6) $A,B,C$ 多数表决电路。有两个或两个以上输入为 1 时,输出为 1,否则为 0。

3-6 某车间有 3 台电动机 $A$、$B$、$C$,要维持正常生产必须至少两台电动机工作。

(1) 试用与非门设计一个能满足此要求的逻辑电路。

(2) 试用二进制译码器 74LS138 和与非门设计一个能满足此要求的逻辑电路。

3-7 现有 3 台电动机 $A$、$B$、$C$,2 个故障指示灯 $L_1$、$L_2$。当 1 台电动机发生故障时、$L_1$ 灯亮,2 台电动机发生故障时,$L_2$ 灯亮,3 台电动机同时发生故障时 $L_1$、$L_2$ 灯都亮。试分别按照下列要求设计该故障指示的逻辑电路。

(1) 列出该电路的真值表。

(2) 用 ROM 实现该电路,画出存储矩阵的阵列图。

(3) 用 74LS138 译码器和与非门实现该电路。

(4) 用四选一数据选择器和非门实现该电路。

3-8 用集成二进制译码器 74LS138 和与非门构成全减器。

3-9 试用四选一选择器实现函数 $Y = A \bar{B} \bar{C} + \bar{A} \bar{C} + BC$。

3-10 用数据选择器 74LS151 分别实现下列逻辑函数。

(1) $F = \bar{A} \bar{B} C + \bar{A} B \bar{C} + A \bar{B} \bar{C} + ABC$

(2) $F = \bar{B} C + AC$

(3) $F = \bar{A} \bar{C} + \bar{A} B D + \bar{B} \bar{C} + \bar{B} \bar{D}$

(4) $F = A \bar{B} + \bar{B} C + D$

# 第4章　触　发　器

## 4.1　触发器的电路结构及动作特点

　　数字电路对二进制代码进行各种运算的同时,常需将这些信号及运算结果保存起来。能够存储一位二进制信息的基本单元电路称为触发器。

　　触发器具有如下特点:

　　(1) 具有两个稳定的状态,用来表示逻辑 0 和逻辑 1,或二进制数 0 和 1。

　　(2) 根据不同的输入信号,两种稳定状态可以相互转换。

　　(3) 输入信号消失后,已转换的状态能够保存下来,直到下一个有效输入信号到来时,才有可能发生变换。

　　根据电路结构不同,可以将触发器分为基本 $RS$ 触发器、同步触发器、主从触发器、边沿触发器等。不同电路结构的触发器在状态变化过程中具有不同动作特点。

### 4.1.1　基本 RS 触发器

　　基本 RS 触发器在实际应用中并不多,但它是构成其他触发器的基础,它由与非门或者或非门交叉连接构成。以下介绍与非门组成的基本 $RS$ 触发器。

**1. 电路结构与工作原理**

　　电路结构如图 4-1(a)所示。电路有两个输入端 $\overline{R_D}$ 和 $\overline{S_D}$,均为低电平有效,两个互补的输出端 $Q$ 和 $\overline{Q}$。电路的输出有两个稳定状态,分别是 $Q=0,\overline{Q}=1$ 和 $Q=1,\overline{Q}=0$。通常用 $Q$ 的状态来表示触发器的状态。,如 $Q=0$,就说触发器处于 0 态。图 4-1(b)是基本 RS 触发器的逻辑符号,方框两侧的小圆圈代表逻辑非,左侧的小圆圈还表示低电平输入有效。

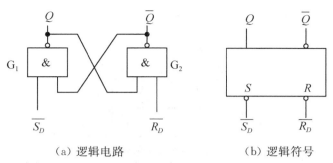

（a）逻辑电路 　　　　　　　　 （b）逻辑符号

**图 4-1　基本 RS 触发器的电路及逻辑符号**

从与非门的逻辑关系,按照出发信号输入端的不同组合来讨论基本 RS 触发器的逻辑功能。

(1) 当 $\overline{R_D}=0$、$\overline{S_D}=1$ 时,由于 $\overline{R_D}=0$,不论原来 $Q$ 为 0 还是 1,都有 $G_2$ 门的输出 $\overline{Q}=1$;再由 $\overline{S_D}=1$、$\overline{Q}=1$ 可得 $G_1$ 门的输出 $Q=0$。即不论触发器原来处于什么状态都将变成 0 状态,这种情况称将触发器置 0 或复位。$\overline{R_D}$ 端称为触发器的置 0 端或复位端。

(2) 当 $\overline{R_D}=1$、$\overline{S_D}=0$ 时,由于 $\overline{S_D}=0$,不论原来 $\overline{Q}$ 为 0 还是 1,都有 $G_1$ 门的输出 $Q=1$;再由 $\overline{R_D}=1$、$Q=1$ 可得 $G_2$ 门的输出 $\overline{Q}=0$。即不论触发器原来处于什么状态都将变成 1 状态,这种情况称将触发器置 1 或置位。$\overline{S_D}$ 端称为触发器的置 1 端或置位端。

(3) 当 $\overline{R_D}=1$、$\overline{S_D}=1$ 时,根据与非门的逻辑功能可知,触发器保持原有状态不变,即原来的状态被触发器存储起来,这体现了触发器具有记忆能力。

(4) 当 $\overline{R_D}=0$、$\overline{S_D}=0$ 时,$Q=\overline{Q}=1$,不符合触发器的逻辑关系。并且由于与非门延迟时间不可能完全相等,在两输入端的 0 同时撤除后,将不能确定触发器是处于 0 状态还是 1 状态。所以触发器不允许出现这种情况,这就是基本 RS 触发器的约束条件。

根据工作原理的分析,可列出基本 RS 触发器的特性表如表 4-1 所示。为了描述触发器的状态,规定:

触发器在接收输入信号之前的状态,也就是触发器原来的稳定状态,称为现态,用 $Q^n$ 表示。触发器在接收输入信号之后建立的新的稳定状态,叫做次态,用 $Q^{n+1}$ 表示。现态和次态之间的逻辑关系可由特性表描述。

**表 4-1　与非门组成的基本 RS 触发器的特性表**

| 输入 | | | 输出 | |
| --- | --- | --- | --- | --- |
| $\overline{R_D}$ | $\overline{S_D}$ | $Q^n$ | $Q^{n+1}$ | 逻辑功能 |
| 0 | 0 | 0 | 禁用 | 不允许 |
| 0 | 0 | 1 | 禁用 | |
| 0 | 1 | 0 | 1 | $Q^{n+1}=1$ |
| 0 | 1 | 1 | 1 | 置 1 |
| 1 | 0 | 0 | 0 | $Q^{n+1}=0$ |
| 1 | 0 | 1 | 0 | 置 0 |
| 1 | 1 | 0 | 0 | $Q^{n+1}=Q^n$ |
| 1 | 1 | 1 | 1 | 保持 |

由基本 RS 触发器的特性表 4-1 可得基本 RS 触发器 $Q^{n+1}$ 的卡诺图,如图 4-2 所示。通

过卡诺图化简,可得 RS 触发器的特性方程。

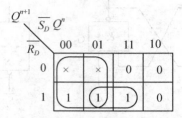

图 4-2　基本 RS 触发器状态卡诺图

$$\begin{cases} Q^{n+1} = \overline{\overline{S_D}} + \overline{R_D}Q^n \\ \overline{S_D} + \overline{R_D} = 1 \qquad (约束条件) \end{cases} \tag{4-1}$$

**2. 动作特点**

由图 4-1(a)可知,输入信号直接加在输出门上,所以在任意时刻,输入信号都能直接改变输出 $Q$ 和 $\overline{Q}$ 的状态。只要 $\overline{R_D}=0$(有效)、$\overline{S_D}=1$(无效),则不论触发器原态如何,触发器都将变为 0 态,因此称 $\overline{R_D}$ 为直接复位端。只要 $\overline{R_D}=1$(无效)、$\overline{S_D}=0$(有效),则不论触发器原态如何,触发器都将变为 1 态,因此称 $\overline{S_D}$ 为直接置位端。

**【例 4-1】** 在图 4-1 所示的基本 RS 触发器电路中,已知 $\overline{R_D}$ 和 $\overline{S_D}$ 的电压波形图如图 4-3 所示,试画出 $Q$ 和 $\overline{Q}$ 端对应的电压波形图。

**解:**这是一个已知 $\overline{R_D}$ 和 $\overline{S_D}$ 的状态确定 $Q$ 和 $\overline{Q}$ 状态的问题。只要根据每个时间区间里 $\overline{R_D}$ 和 $\overline{S_D}$ 的状态去查触发器的特性表,即可找出 $Q$ 和 $\overline{Q}$ 的相应状态,并画出它们的波形图。

图中的虚线表示不能确定的状态。因为当两输入端 $\overline{R_D}$ 和 $\overline{S_D}$ 的 0 同时撤除后,将不能确定触发器是处于 0 状态还是 1 状态。

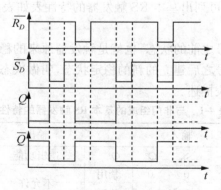

图 4-3　基本 RS 触发器波形图

## 4.1.2　同步触发器

当基本 RS 触发器的输入端置 0 或置 1 信号一出现,触发器输出状态就可能随之而发生变化,这在数字系统中会带来许多的不便。在实际使用中,往往要求各触发器的状态能在同一信号作用下发生改变,这个信号称为同步信号,也叫时钟脉冲(CP),简称时钟。

受时钟控制达到同步工作的触发器,称为同步触发器。同步触发器又称时钟触发器、钟控触发器。常用的有同步 RS 触发器、同步 D 触发器、同步 JK 触发器、同步 T 触发器等类型。

### 1. 同步 RS 触发器

同步 RS 触发器由基本 RS 触发器和引导门组成。电路结构如图 4-4(a)所示。$R$、$S$ 为输入信号,高电平有效,$CP$ 为时钟脉冲输入端。图 4-4(b)(c)是同步 RS 触发器的逻辑符号。

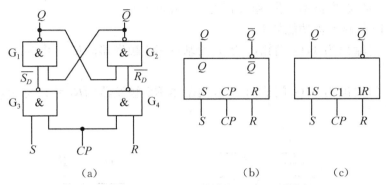

(a)                    (b)                  (c)

**图 4-4  同步 RS 触发器的电路及逻辑符号**

同步 RS 触发器的工作原理可分为 $CP=0$ 和 $CP=1$ 两种情况分析。

当 $CP=0$ 时,$G_3$、$G_4$ 控制门被 $CP$ 端的低电平关闭,使基本 RS 触发器的 $\overline{R_D}=1$、$\overline{S_D}=1$,基本 RS 触发器保持原来状态不变,$Q^n=Q^{n+1}$。此时触发器输出状态不受输入信号 $R$ 和 $S$ 的直接控制,从而提高了触发器的抗干扰能力。

当 $CP=1$ 时,$G_3$、$G_4$ 控制门开门,触发器输出状态由输入端 $R$、$S$ 信号决定。

若 $R=0$,$S=0$,则基本 RS 触发器的 $\overline{R_D}=1$、$\overline{S_D}=1$,触发器状态不变。

若 $R=0$,$S=1$,则基本 RS 触发器的 $\overline{R_D}=1$、$\overline{S_D}=0$,触发器置 1;

若 $R=1$,$S=0$,则基本 RS 触发器的 $\overline{R_D}=0$、$\overline{S_D}=1$,触发器置 0;

若 $R=1$,$S=1$,则基本 RS 触发器的 $\overline{R_D}=0$、$\overline{S_D}=0$,触发器失效,工作时不允许,为了避免出现这种情况,输入信号需要遵守 $RS=0$ 的约束条件。

根据工作原理的分析,可列出同步 RS 触发器的特性表如表 4-2 所示。

**表 4-2  同步 RS 触发器的特性表**

| $CP$ | $R$ | $S$ | $Q^n$ | $Q^{n+1}$ | 逻辑功能 |
|------|-----|-----|-------|-----------|----------|
| 0 | × | × | × | $Q^n$ | $Q^{n+1}=Q^n$  保持 |
| 1 | 0 | 0 | 0 | 0 | $Q^{n+1}=Q^n$  保持 |
| 1 | 0 | 0 | 1 | 1 | |
| 1 | 0 | 1 | 0 | 1 | $Q^{n+1}=1$  置 1 |
| 1 | 0 | 1 | 1 | 1 | |
| 1 | 1 | 0 | 0 | 0 | $Q^{n+1}=0$  置 0 |
| 1 | 1 | 0 | 1 | 0 | |
| 1 | 1 | 1 | 0 | 不用 | 不允许 |
| 1 | 1 | 1 | 1 | 不用 | |

### 2. 同步 D 触发器

由于同步 RS 触发器工作时,不允许 $R$、$S$ 端信号同时为 1,使应用受到一定限制。为了克服这一缺点,可以在 $S$ 与 $R$ 输入端之间增加一个非门,只在 $S$ 端加输入信号,$S$ 端改称为 $D$ 输入端,这样构成的触发器,称为同步 D 触发器,又称 D 锁存器。其逻辑电路及逻辑符号如图 4-5 所示。

同步 D 触发器的工作原理可分为 $CP=0$ 和 $CP=1$ 两种情况分析。

当 $CP=0$ 时,触发器不工作,触发器处于维持状态。

当 $CP=1$ 时,触发器功能如下:

$D=0$,$G_3$ 门输出为 1,$G_4$ 门输出为 0,则基本 RS 触发器的 $\overline{R_D}=0$、$\overline{S_D}=1$,触发器状态置 0。

$D=1$,$G_3$ 门输出为 0,$G_4$ 门输出为 1,则基本 RS 触发器的 $\overline{R_D}=1$、$\overline{S_D}=0$,触发器状态置 1。

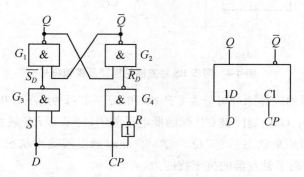

（a）D 触发器的逻辑电路　　　　（b）逻辑符号

**图 4-5　同步 D 触发器和逻辑符号**

根据工作原理的分析,可列出同步 D 触发器的特性表如表 4-3 所示。

**表 4-3　同步 D 触发器的特性表**

| $D$ | $Q^n$ | $Q^{n+1}$ | 逻辑功能 |
|---|---|---|---|
| 0 | 0 | 0 | 置 0 |
| 0 | 1 | 0 | |
| 1 | 0 | 1 | 置 1 |
| 1 | 1 | 1 | |

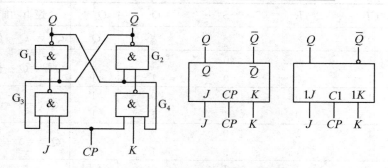

**图 4-6　同步 JK 触发器的电路及逻辑符号**

### 3. 同步 JK 触发器

克服同步 $RS$ 触发器在 $R=S=1$ 时出现不确定输出状态的另一种方法,是将触发器输出端 $Q$ 和 $\overline{Q}$ 的状态反馈到输入端,使触发引导门 $G_3$、$G_4$ 的输入不会同时出现 1,从而避免了不确定状态的出现。采用这种电路结构的触发器称为同步 JK 触发器。其逻辑电路及逻辑符号如图 4-6 所示。

当 $CP=0$ 时,$J$、$K$ 变化对 $G_3$、$G_4$ 门输出没有影响,始终为 1,触发器处于保持状态。

当 $CP=1$ 时,触发器功能如下:

$JK$ 组合为 00 时,基本 RS 触发器的 $\overline{R_D}=1$,$\overline{S_D}=1$,触发器状态不变。

$JK$ 组合为 01 时,基本 RS 触发器的 $\overline{R_D}=\overline{Q}$,$\overline{S_D}=1$,触发器置 0。

$JK$ 组合为 10 时,基本 RS 触发器的 $\overline{R_D}=1$,$\overline{S_D}=Q$,触发器置 1。

$JK$ 组合为 11 时,基本 RS 触发器的 $\overline{R_D}=Q$,$\overline{S_D}=\overline{Q}$,触发器翻转。

根据工作原理的分析,可列出同步 JK 触发器的特性表如表 4-4 所示。

表 4-4　同步 JK 触发器的特性表

| $CP$ | $J$ | $K$ | $Q^n$ | $Q^{n+1}$ | 功能 |
|:---:|:---:|:---:|:---:|:---:|:---|
| 0 | $\times$ | $\times$ | $\times$ | $Q^n$ | $Q^{n+1}=Q^n$　保持 |
| 1 | 0 | 0 | 0 | 0 | $Q^{n+1}=Q^n$　保持 |
| 1 | 0 | 0 | 1 | 1 | |
| 1 | 0 | 1 | 0 | 1 | $Q^{n+1}=0$　置 0 |
| 1 | 0 | 1 | 1 | 1 | |
| 1 | 1 | 0 | 0 | 1 | $Q^{n+1}=1$　置 1 |
| 1 | 1 | 0 | 1 | 1 | |
| 1 | 1 | 1 | 0 | 1 | $Q^{n+1}=\overline{Q^n}$　翻转 |
| 1 | 1 | 1 | 1 | 0 | |

### 4. 同步触发器动作特点

在同步触发器中,当 $CP=0$ 时,输入信号对触发器无作用,触发器状态保持不变;当 $CP=1$ 时,输入信号变为可用,触发器的状态可能会发生变化。这种时钟控制方式称为电平触发方式。但是,在 $CP=1$ 期间,如果输入信号多次发生变化,则触发器的状态也会发生多次翻转,这种现象称为空翻。空翻的结果降低了电路的抗干扰能力。失去了触发器的状态变化与 $CP$ 脉冲同步的特点,只能用于数据锁存,而不能用于计数器、寄存器和存储器等时序逻辑电路。因此,其电路结构需要进一步改进。

【例 4-2】在图 4-4 的同步 $RS$ 触发器电路中,已知 $R$ 和 $S$ 的电压波形如图 4-7 所示,试画出 $Q$ 和 $\overline{Q}$ 端对应的电压波形。

解:由电压波形图可见,在第一、第二、第三个 $CP$ 高电平期间,根据同步 $RS$ 触发器的功能表,由 $R$ 与 $S$ 的输入波形可分析输出端 $Q$ 和 $\overline{Q}$ 的波形。在第四个 $CP$ 的高电平期间,$S$ 端出现了干扰信号,使输入端 $Q$ 发生了翻转。

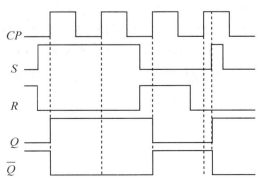

图 4-7　例 4-2 电压波形

### 4.1.3　主从触发器

为了防止空翻现象,提高触发器的抗干扰能
力,在同步 RS 触发器的基础上,又设计出了主从结构触发器。

**1. 主从 RS 触发器**

主从 RS 触发器电路结构与逻辑符号如图 4-8 所示。它由两级与非门构成的同步 RS 触发器串联组成,各级的时钟控制端由互补时钟信号控制。其中 $G_1 \sim G_4$ 为从触发器,$G_5 \sim G_8$ 为主触发器,非门 $G_9$ 的作用是将时钟脉冲 $CP$ 反相,使主、从两个同步 RS 触发器工作在两个不同的时区内。

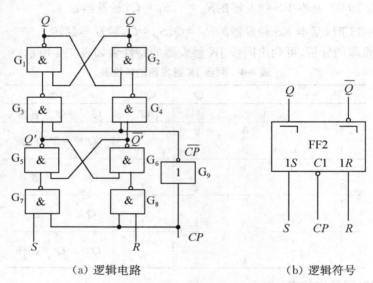

　（a）逻辑电路　　　　　　　　　　　　（b）逻辑符号

**图 4-8　主从 RS 触发器的逻辑电路及逻辑符号**

当时钟信号 $CP=1$ 时,主触发器控制门信号为高电平,主触发器接收 $R$ 和 $S$ 输入信号,且主触发器的输出状态跟随 $R$、$S$ 变化而变化。从触发器由于时钟控制信号 $\overline{CP}$ 为低电平而被封锁。

当时钟信号 $CP$ 由高电平返回到低电平时,主触发器时钟控制信号 $CP$ 为低电平而被封锁,此后无论 $S$、$R$ 的状态如何,在 $CP=0$ 的全部时间里主触发器的状态不再改变。同时从触发器的时钟控制信号 $\overline{CP}$ 为高电平,所以从触发器按照与主触发器相同的状态翻转。因此,在 $CP$ 的一个变化周期中触发器输出端的状态只能改变一次。

图形符号中的"¬"表示延迟输出,即 $CP$ 脉冲下降沿到来时 $Q$ 端和 $\overline{Q}$ 端才会改变状态。将上述的逻辑关系写成真值表,即得主从 RS 触发器的特性表,见表 4-5。

表 4-5　主从 RS 触发器的特性表

| $CP$ | $R$ | $S$ | $Q^n$ | $Q^{n+1}$ | 逻辑功能 |
|---|---|---|---|---|---|
| $\times$ | $\times$ | $\times$ | $\times$ | $Q^n$ | $Q^{n+1}=Q^n$ 保持 |
| $\downarrow$ | 0 | 0 | 0 | 0 | $Q^{n+1}=Q^n$ 保持 |
| $\downarrow$ | 0 | 0 | 1 | 1 | |
| $\downarrow$ | 0 | 1 | 0 | 1 | $Q^{n+1}=1$　置 1 |
| $\downarrow$ | 0 | 1 | 1 | 1 | |
| $\downarrow$ | 1 | 0 | 0 | 0 | $Q^{n+1}=0$　置 0 |
| $\downarrow$ | 1 | 0 | 1 | 0 | |
| $\downarrow$ | 1 | 1 | 0 | $\times$ | 不定 |
| $\downarrow$ | 1 | 1 | 1 | $\times$ | |

综上所述,主从 RS 触发器克服了同步 RS 触发器在 $CP=1$ 期间触发器输出状态可能多次翻转的问题。但由于主触发器本身是同步 RS 触发器,所以在 $CP=1$ 期间主触发器的状态仍然会随 $S$、$R$ 的状态的变化而多次改变,而且输入信号仍需要遵守 $RS=0$ 的约束条件。

**2. 主从 JK 触发器**

主从 JK 触发器是为了解决主从 RS 触发器中 $R$、$S$ 之间有约束的问题而设计的。把主从 RS 触发器的 $Q$ 和 $\overline{Q}$ 端作为一对附加的控制信号接回到输入端,把原来的 $S$ 变成 $J$、$R$ 变成 $K$,即为 JK 触发器,其逻辑电路及逻辑符号如图 4-9 所示。

对比图 4-8 和图 4-9 可知,主从 JK 触发器相当于 $S=J\overline{Q^n}$,$R=KQ^n$ 的主从 RS 触发器。所以 $R \cdot S=J\overline{Q^n} \cdot KQ^n=0$,不管 $J$、$K$ 如何取值,始终满足 RS 触发器的约束条件。即 JK 触发器不存在约束条件。

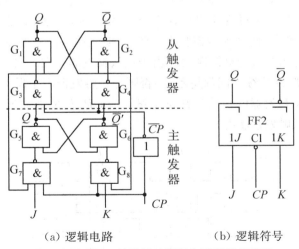

（a）逻辑电路　　　　　　（b）逻辑符号

图 4-9　主从 JK 触发器的逻辑电路及逻辑符号

当 $CP=1$ 时,$\overline{CP}=0$,$G_3$ 门、$G_4$ 门被封锁,从触发器保持原状态不变,而 $G_7$ 门、$G_8$ 门被打开,$J$、$K$、$Q$、$\overline{Q}$ 的状态决定主触发器的状态。由于 $Q$ 和 $\overline{Q}$ 两条反馈线的作用使主触发器状态一旦改变成与从触发器相反的状态,就不会再翻转了。

当 $CP$ 从 1 变成 0 时,$\overline{CP}=1$,$G_3$ 门、$G_4$ 门被打开,从触发器的 $Q$ 和 $\overline{Q}$ 端的状态随主触发

器的状态翻转,同时 $G_7$ 门、$G_8$ 门被封锁,主触发器不接收信号,即在 $CP=0$ 期间,主触发器不翻转,抑制了干扰信号。

　　将上述的逻辑关系写成真值表,即得主从 RS 触发器的特性表,见表 4-6。

表 4-6　主从 JK 触发器的特性表

| $CP$ | $J$ | $K$ | $Q^n$ | $Q^{n+1}$ | 逻辑功能 |
|------|-----|-----|-------|-----------|----------|
| $\times$ | $\times$ | $\times$ | $\times$ | $Q^n$ | $Q^{n+1}=Q^n$　保持 |
| $\downarrow$ | 0 | 0 | 0 | 0 | $Q^{n+1}=Q^n$　保持 |
| $\downarrow$ | 0 | 0 | 1 | 1 | |
| $\downarrow$ | 0 | 1 | 0 | 0 | $Q^{n+1}=0$　置0 |
| $\downarrow$ | 0 | 1 | 1 | 0 | |
| $\downarrow$ | 1 | 0 | 0 | 1 | $Q^{n+1}=1$　置1 |
| $\downarrow$ | 1 | 0 | 1 | 1 | |
| $\downarrow$ | 1 | 1 | 0 | 1 | $Q^{n+1}=\overline{Q^n}$　翻转 |
| $\downarrow$ | 1 | 1 | 1 | 0 | |

**3. 主从触发器动作特点**

　　(1) 主从结构触发器的翻转分两步动作。第一步,在 $CP=1$ 期间,主触发器接收输入信号,从触发器状态保持不变。第二步,在 $CP$ 下降沿到来时从触发器按照主触发器的状态翻转,主触发器在 $CP=0$ 期间状态不变。

　　(2) 由于主触发器实质是一个同步 RS 触发器,所以 $CP=1$ 的全部时间里输入信号都将对主触发器起控制作用。

　　由于存在这样两个动作特点,在使用主从结构触发器时经常会遇到这样一种现象,就是在 $CP=1$ 期间输入信号发生过变化以后,$CP$ 下降沿到达时从触发器的状态不一定能按此刻输入信号的状态来确定,而必须考虑整个 $CP=1$ 期间输入信号的变化过程才能确定触发器次态,把这种现象称为"一次翻转"现象。由于主从触发器存在"一次翻转"现象,所以要求输入信号在整个 $CP$ 脉冲持续期间保持不变,否则会是触发器产生误动作。

　　**【例 4-3】** 主从 JK 触发器的初始状态为 0,试对应 $CP$、$J$、$K$ 的波形(图 4-10)画出 $Q'$、$Q$、$\overline{Q}$ 的波形。($Q'$ 为主从触发器状态)

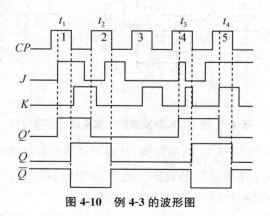

图 4-10　例 4-3 的波形图

**解:**从图 4-10 的波形可以看出,起始状态 $Q'$、$Q$ 均为 0,$\overline{Q}=1$,$CP$ 上升沿到来后 $t_1$ 时刻触发器跳变成 1,即 $Q'=1$,下降沿到来时主触发器控制从触发器翻转,使 $Q=1$、$\overline{Q}=0$。随后 $Q'$ 的值在 $t_2$、$t_3$、$t_4$ 时刻发生变化,而且 $Q$、$\overline{Q}$ 随之改变,但时间上对应的只能是 $CP$ 的下降沿。

### 4.1.4　边沿触发器

所谓边沿触发器就是只需要一个时钟上升沿(或下降沿)就能工作的触发器。边沿触发器从类型上可分为 RS、D、JK 等,从结构上分为维持阻塞边沿触发触发器、利用传输延迟时间的边沿触发器等。

**1. 维持阻塞 D 触发器**

图 4-11 是维持阻塞 D 触发器的电路和逻辑符号图。图中 $G_1$ 和 $G_2$ 组成基本 RS 触发器,$G_3$ 和 $G_4$ 组成门控电路,$G_5$ 和 $G_6$ 组成数据输入电路。

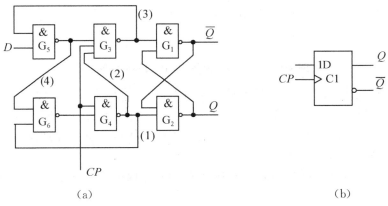

(a)　　　　　　　　　　　　　　　　　　　　(b)

**图 4-11　维持阻塞 D 触发器**

其工作原理分析如下:

在 $CP=0$ 时,$G_3$ 和 $G_4$ 的输出都为 1,所以 D 无论怎样变化,D 触发器保持输出状态不变。数据输入电路 $G_5$ 的输出为 $\overline{D}$,$G_6$ 的输出为 $D$。

在 $CP$ 上升沿时,$G_3$ 和 $G_4$ 两个门被打开,它们的输出只与 $CP$ 上升沿瞬间 $D$ 的信号有关。

当 $D=0$ 时,使 $G_5$ 输出为 1,$G_6$ 输出为 0,$G_3$ 输出为 0,$G_4$ 输出为 1,$Q=0$。

当 $D=1$ 时,使 $G_5$ 输出为 0,$G_6$ 输出为 1,$G_3$ 输出为 1,$G_4$ 输出为 0,$Q=1$。

在 $CP=1$ 时,若 $Q=0$,由于(3)线的作用,使 $G_3$ 输出为 0,由于(4)线的作用,使 $G_5$ 输出为 1,从而触发器维持不变;若 $Q=1$,由于(1)线的作用,使 $G_4$ 输出为 0,由于(2)线的作用,使 $G_3$ 输出为 1,从而触发器维持不变。

维持阻塞 D 触发器的功能表与同步 D 触发器的功能表相同,只不过动作时间是 $CP$ 脉冲的上升沿。

**2. 利用传输延迟时间的 JK 边沿触发器**

利用传输延迟时间的 JK 边沿触发器的电路与逻辑符号见图 4-12。图中 $G_1$、$G_3$、$G_4$ 和 $G_2$、$G_5$、$G_6$ 组成 RS 触发器,与非门 $G_7$ 和 $G_8$ 组成输入控制门,而且 $G_7$ 和 $G_8$ 门的延迟时间大于 RS 触发器的翻转时间。

其工作原理分析如下：

当 $CP=0$ 时，不论 $J$、$K$ 为何种状态，$R_1$、$S_1$ 均为 1，基本 RS 触发器保持 $Q$、$\overline{Q}$ 的状态不变。即 $CP=0$ 时，无论 $J$、$K$ 怎样变化，对触发器都不起作用。

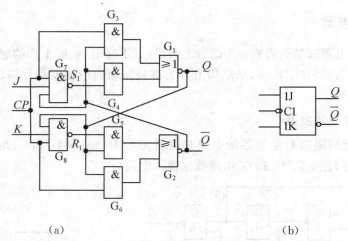

**图 4-12　利用传输延迟时间的 JK 边沿触发器**

当 $CP$ 从 0 变成 1 时，$G_3$、$G_6$ 门较 $G_7$、$G_8$ 门先打开，设原来 $Q=0$，$\overline{Q}=1$，则 $G_3$ 门输出为 1，它保证了 $G_1$ 门输出为 0。由于 $Q=0$ 使 $G_4$、$G_5$ 门被封锁，无法接收 $K$ 输入端的信号。当 $J$ 输入端的信号经 $G_7$ 门送到 $G_4$ 门时，由于 $G_3$ 门输出已为 1，不管 $G_4$ 门的输入如何都不影响 $G_1$ 门的输出状态。其结果使触发器状态保持不变。

当 $CP=1$ 时，电路通过 $G_3$、$G_6$ 门实现自锁，触发器保持状态不变，因此 $J$、$K$ 输入信号不起作用。

当 $CP$ 从 1 变为 0 时，即下降沿瞬间，$G_3$、$G_6$ 门先被封锁，其输出为 0，而由于 $G_7$、$G_8$ 门的传输延迟，$S_1$、$R_1$ 端的状态还维持 $CP$ 下降沿作用前由 $JK$ 的输入状态所确定的输出值，由此值决定基本 RS 触发器的输出状态，并进入自锁状态。

由以上分析可知，边沿 JK 触发器的功能与同步 JK 触发器的功能相同，只不过动作时间是 $CP$ 脉冲的下降沿。

**3. 边沿触发器的动作特点**

边沿触发器只在时钟脉冲的上升沿（正边沿）或下降沿（负边沿）才接收信号，并根据输入信号的状态决定触发器的输出状态。由于触发器的状态翻转只发生在 $CP$ 脉冲上升沿或下降沿的瞬间，在 $CP=1$ 或 $CP=0$ 时，输入的信号的任何变化，不会影响触发器的状态，因而边沿触发器提高了触发器的工作可靠性和抗干扰能力；另一方面，由于边沿触发的时间极短，有利于提高触发器的工作速度。

**【例 4-4】** 已知维持阻塞 D 触发器输入信号 $D$ 的波形如图 4-13 所示，设触发器初始状态为 1，请画出输出 $Q$ 的波形。

**解:**该触发器输出波形如图 4-13 所示。

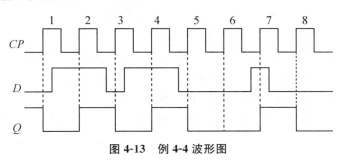

图 4-13 例 4-4 波形图

# 4.2 触发器的逻辑功能描述

## 4.2.1 触发器的逻辑功能及描述方法

根据逻辑功能的不同,触发器可分为 RS 触发器、D 触发器、JK 触发器、T 触发器、T′触发器等。不同逻辑功能触发器的信号输入方式以及触发器状态随输入信号变化的规律不同。为了描述触发器的逻辑功能,可以采用特性表、特征方程、状态转换图、时序图等方法来描述。

### 1. RS 触发器

（1）特性表

在时钟脉冲作用下,根据输入信号 $RS$ 取值不同,凡是具有置 0、置 1 和保持功能的电路,都叫做 RS 触发器,其逻辑功能符合表 4-7。

表 4-7 RS 触发器的特性表

| $R$ | $S$ | $Q^n$ | $Q^{n+1}$ | 逻辑功能 |
|-----|-----|-------|-----------|----------|
| 0 | 0 | 0 | 0 | $Q^{n+1}=Q^n$ 保持 |
| 0 | 0 | 1 | 1 | |
| 0 | 1 | 0 | 1 | $Q^{n+1}=1$ 置 1 |
| 0 | 1 | 1 | 1 | |
| 1 | 0 | 0 | 0 | $Q^{n+1}=0$ 置 0 |
| 1 | 0 | 1 | 0 | |
| 1 | 1 | 0 | 不用 | 不允许 |
| 1 | 1 | 1 | 不用 | |

（2）特性方程

表示触发器的次态 $Q^{n+1}$ 与现态 $Q^n$ 及输入信号之间的逻辑表达式,称为触发器的特性方程,也称特征方程。它其实就是 $Q^{n+1}$ 的表达式。

由 RS 触发器的特性表 4-7 可得 RS 触发器的特性方程为:

$$Q^{n+1}=S+\overline{R}Q^n \qquad (CP=1\text{ 期间有效})$$
$$R \cdot S=0 \qquad (\text{约束条件})$$

(4-2)

（3）状态转换图

状态转换图是以图形方式表示触发器状态转换规律的示意图，可由特性表导出。由 RS 触发器的特性表 4-7 可得在 $CP=1$ 时同步 RS 触发器的状态转换图，如图 4-14 所示。图中的两个圆圈表示触发器的两个稳定状态，圆圈内的数值 0 或 1 表示状态的逻辑值，带箭头的连线表示状态的转移方向，连线旁标注的是该状态转移的条件，即输入信号。

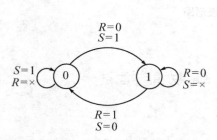

图 4-14　同步 RS 触发器状态转换图

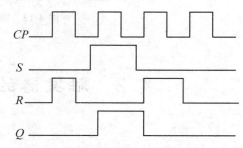

图 4-15　同步 RS 触发器时序图

由图 4-14 可知，如果触发器现态 $Q^n=0$，则当输入信号满足 $R=0$、$S=1$ 条件时，触发器转换到次态 $Q^{n+1}=1$；当输入信号满足 $R=\times$、$S=0$ 条件时，触发器保持 0 状态。同理如果触发器现态 $Q^n=1$，当输入信号满足 $R=1$、$S=0$ 条件时，触发器转换到次态 $Q^{n+1}=0$；当输入信号满足 $R=0$、$S=\times$ 条件时，触发器保持 1 状态。

（4）时序图

对于给定的输入信号，在时钟脉冲序列的作用下，触发器状态随时间变化的波形图叫做时序图。

对于 RS 触发器，反映时钟脉冲 $CP$、输入信号 $S$、$R$ 和触发器状态 $Q$ 之间对应关系的波形图即时序图如图 4-15 所示。

**3. D 触发器**

在时钟信号作用下，凡是具有置 0、置 1 功能的电路，都称 D 触发器。其逻辑功能符合表 4-8。

（1）特性表

4-8　D 触发器的特性表

| $D$ | $Q^n$ | $Q^{n+1}$ | 逻辑功能 |
|---|---|---|---|
| 0 | 0 | 0 | 置 0 |
| 0 | 1 | 0 | 置 0 |
| 1 | 0 | 1 | 置 1 |
| 1 | 1 | 1 | 置 1 |

（2）特性方程

从特性表 4-8 可得 D 触发器的特性方程为：

$$Q^{n+1}=D$$

(4-3)

（3）状态转换图

由 D 触发器的特性表 4-8 可得 D 触发器的状态转换图，如图 4-16 所示。

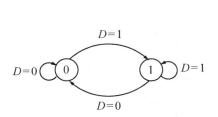

图 4-16　D 触发器状态转换图

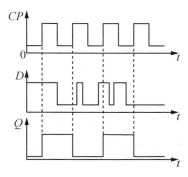

图 4-17　维持阻塞 D 触发器时序图

由图 4-16 可知，如果触发器现态 $Q^n=0$，则当输入信号满足 $D=1$ 条件时，触发器转换到次态 $Q^{n+1}=1$；当输入信号满足 $D=0$ 条件时，触发器保持 0 状态。同理如果触发器现态 $Q^n=1$，当输入信号满足 $D=0$ 条件时，触发器转移到次态 $Q^{n+1}=0$；当输入信号满足 $D=1$ 条件时，触发器保持 1 状态。

（4）时序图

以图 4-10 所示的维持阻塞 D 触发器为例，在如图 4-17 所示的 $CP$、$D$ 的电压波形下，可得出与之相对应的输出电压波形。设触发器的初始状态为 $Q=0$。

**4. JK 触发器**

在时钟脉冲作用下，根据输入信号 $J$、$K$ 取值不同，凡是具有保持、置 0、置 1、翻转功能的电路，都称为 JK 触发器，其逻辑功能符合表 4-9。

（1）特性表

表 4-9　JK 触发器的特性表

| $J$ | $K$ | $Q^n$ | $Q^{n+1}$ | 功　能 |
|---|---|---|---|---|
| 0 | 0 | 0 | 0 | $Q^{n+1}=Q^n$ 保持 |
| 0 | 0 | 1 | 1 | |
| 0 | 1 | 0 | 0 | $Q^{n+1}=0$ 置 0 |
| 0 | 1 | 1 | 0 | |
| 1 | 0 | 0 | 1 | $Q^{n+1}=1$ 置 1 |
| 1 | 0 | 1 | 1 | |
| 1 | 1 | 0 | 1 | $Q^{n+1}=\overline{Q^n}$ 翻转 |
| 1 | 1 | 1 | 0 | |

（2）特性方程

从特性表 4-9 可得 JK 触发器的特性方程为：

$$Q^{n+1}=J\,\overline{Q^n}+\overline{K}Q^n \tag{4-4}$$

（3）状态转换图

由 JK 触发器的特性表 4-9 可得 JK 触发器的状态转换图，如图 4-18 所示。

由图 4-18 可知,如果触发器现态 $Q^n=0$,则当输入信号满足 $J=1$、$K=\times$ 条件时,触发器转换到次态 $Q^{n+1}=1$;当输入信号满足 $J=0$、$K=\times$ 条件时,触发器保持 0 状态。同理如果触发器现态 $Q^n=1$,当输入信号满足 $J=\times$、$K=1$ 条件时,触发器转移到次态 $Q^{n+1}=0$;当输入信号满足 $J=\times$、$K=0$ 条件时,触发器保持 1 状态。

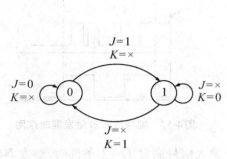

图 4-18　JK 触发器状态转换

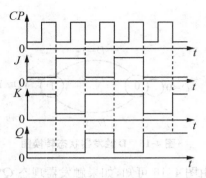

图 4-19　传输延迟时间 JK 触发器时序图

（4）时序图

以图 4-12 所示的利用传输延迟时间的 JK 边沿触发器为例,在如图 4-19 所示的 $CP$、$J$、$K$ 的电压波形下,可得出与之相对应的输出电压波形。设触发器的初始状态为 $Q=0$。

**5. T 触发器**

（1）特性表和逻辑符号

在时钟脉冲作用下,根据输入信号 $T$ 取值的不同,凡是具有保持和翻转的电路都称为 T 型触发器,其逻辑功能符合表 4-10。图 4-20 是一个下降沿触发的 T 触发器的逻辑符号。

表 4-10　T 触发器的特性表

| $T$ | $Q^n$ | $Q^{n+1}$ | 逻辑功能 |
|---|---|---|---|
| 0 | 0 | 0 | 置 0 |
| 0 | 1 | 1 | |
| 1 | 0 | 1 | 置 1 |
| 1 | 1 | 0 | |

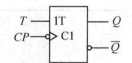

图 4-20　T 触发器的逻辑符号

（2）特性方程

从特性表 4-10 可得 T 触发器的特性方程为:

$$Q^{n+1}=T\overline{Q^n}+\overline{T}Q^n=T\oplus Q^n \tag{4-4}$$

（3）状态转换图

由 T 触发器的特性表 4-10 可得 T 触发器的状态转换图,如图 4-21 所示。

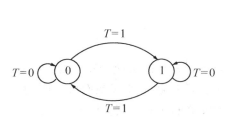

图 4-21　T 触发器状态转换

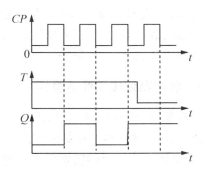

图 4-22　下降沿触发 T 触发器时序图

由图 4-21 可知,当输入信号 $T=1$ 条件时,每来一个 $CP$ 信号,它的状态就翻转一次;当输入信号 $T=0$ 条件时,$CP$ 信号到达后,它的状态保持不变。

(4) 时序图

以图 4-20 所示的下降沿 T 触发器为例,在如图 4-22 所示的 $CP$、$T$ 的电压波形下,可得出与之相对应的输出电压波形。设触发器的初始状态为 $Q=0$。

### 6. T′触发器

凡是每来一个时钟脉冲就翻转一次的电路,都叫 T′触发器。实际上,T 触发器的控制端接固定的高电平 1,就构成了 T′触发器。它的特性方程为:$Q^{n+1}=\overline{Q^n}$。

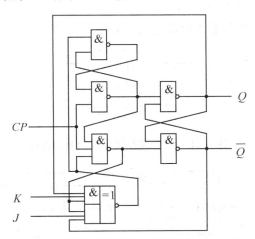

图 4-23　维持阻塞结构 JK 触发器(74LS109)

## 4.2.2　触发器的电路结构与逻辑功能的关系

触发器的电路结构与逻辑功能是两个不同的概念。所谓逻辑功能是指触发器的次态和现态及输入信号之间在稳态下的逻辑关系,这种逻辑关系可以用特性表、特征方程或状态转换图给出。根据逻辑功能不同,触发器可以分为 RS、JK、D、T 等类型。

根据电路结构不同,触发器可分为基本 RS 触发器、同步触发器、主从触发器、边沿触发器等类型。不同结构的触发器,具有不同的动作特点。不同逻辑功能的触发器可以是同一电路结构,不同电路结构的触发器可以有相同的逻辑功能,二者之间没有固定的对应关系。例如,同样是维持阻塞结构电路,既可以作成图 4-11 所示的 D 触发器,也可以作成如图4-23

所示的 JK 触发器。双 JK 触发器集成电路 74LS109 采用的就是这种电路结构。

在选用触发器时,不仅要知道它的逻辑功能,还必须知道它的结构类型,这样才能把握住它的动作特点,做出正确的选择和合理的设计。

### 4.2.3 触发器逻辑功能的互换

触发器按功能分有 RS、JK、D、T、T′五种类型,但最常见的集成触发器是 JK 触发器和 D 触发器。T、T′触发器没有集成产品,如果需要,可由其他触发器转换而成。所谓触发器的转换,就是用一个已有的触发器去实现另一类型触发器的功能。其转换方法为:

（1）写出已有触发器和待求触发器的特性方程;

（2）变换待求触发器的特性方程,使之形成与已有触发器的特性方程一致;

（3）根据方程式,如果变量相同、系数相等则方程一定相等的原则,比较已有和待求触发器的特性方程,求出转换逻辑;

（4）画电路图。

**1. 用 JK 触发器转换成其他功能的触发器**

（1）JK 触发器转换成 D 触发器

JK 触发器的特性方程为 $Q^{n+1} = J\overline{Q^n} + \overline{K}Q^n$

D 触发器的特性方程为 $Q^{n+1} = D = D(\overline{Q^n} + Q^n) = D\overline{Q^n} + DQ^n$

比较以上两式可得:$J = D, K = \overline{D}$。

画出 JK 触发器转换成 D 触发器的逻辑图如图 4-24 所示。

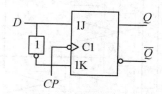

**图 4-24　JK 触发器转换成的 D 触发器**

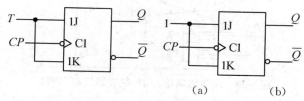

（a）　　　　　　　（b）

**图 4-25　JK 触发器转换成的 T、T′触发器**

（2）JK 触发器转换成 T、T′触发器

JK 触发器的特性方程为 $Q^{n+1} = J\overline{Q^n} + \overline{K}Q^n$

T 触发器的特性方程为 $Q^{n+1} = T\overline{Q^n} + \overline{T}Q^n$

比较以上两式可得:$J = T, K = T$。

画出 JK 触发器转换成 T 触发器的逻辑图如图 4-25(a)所示。

令 $T = 1$,即可得 T′触发器,如图 4-25(b)所示。

**2. 用 D 触发器转换成其他功能的触发器**

（1）D 触发器转换成 JK 触发器

D 触发器与 JK 触发器的特性方程比较可得：

$$D = J\,\overline{Q^n} + \overline{K}Q^n$$

所以用 D 触发器转换成 JK 触发器的逻辑图如图 4-26 所示。

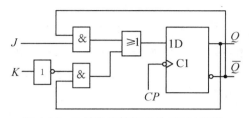

**图 4-26　D 触发器转换成的 JK 触发器**

（2）D 触发器转换成 T、T′触发器

D 触发器与 T 触发器的特性方程比较可得：

$$D = T\,\overline{Q^n} + \overline{T}Q^n = \overline{\overline{T\,\overline{Q^n}} \cdot \overline{\overline{T}Q^n}}$$

所以用 D 触发器转换成 T 触发器的逻辑图如图 4-27 所示。此时电路具有保持和翻转功能。

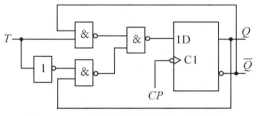

**图 4-27　D 触发器转换成的 T 触发器**

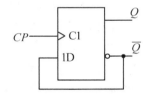

**图 4-28　D 触发器转换成的 T′触发器**

D 触发器的特性方程：$Q^{n+1} = D$

T′触发器的特性方程：$Q^{n+1} = \overline{Q^n}$

比较可得：$D = \overline{Q^n}$

所以用 D 触发器转换成 T′触发器的逻辑图如图 4-28 所示。此时电路具有保持和翻转功能。

# 4.3　集成触发器的应用

## 4.3.1　触发器的电气特性

触发器作为一种具体的电路器件，其电气特性是逻辑功能的载体。一般地说，电气特性也是触发器性能的重要方面，是应该学习和理解的重要内容。

### 1. 静态特性

（1）CMOS 触发器

在 CMOS 触发器中，由于输入、输出都设置了 CMOS 反相器作为缓冲级，所以它们的输入特性和输出特性是一样的。显然，对于 CMOS 反相器静态特性的分析，讲解的基本概念，也适用于 CMOS 触发器。

（2）TTL 触发器

TTL 触发器的输入级、输出级电路，和 TTL 反相器没有本质区别，因此，在 TTL 反相器中介绍的输入特性、输出特性及有关的概念，对于 TTL 触发器也同样适用。

静态特性对触发器虽然很重要，但其基本特性和概念在 4.2 节中已经介绍过了，在此不再赘述，其具体参数可查阅相关手册。

### 2. 动态特性

为了正确地使用触发器，不但需要掌握触发器的逻辑功能，而且需要掌握触发器的脉冲工作特性，即触发器对时钟脉冲、输入信号以及在时间上它们之间的相互配合问题。

（1）主从 JK 触发器的脉冲工作特性

由于主从 JK 触发器存在一次翻转现象，因此，J、K 信号必须在 CP 正跳沿前加入，并且不允许在 CP＝1 期间发生变化。为了可靠工作，CP＝1 的状态必须保持一段时间，直到主触发器的输出端电平稳定，这段时间称为维持时间 $t_{CPH}$。不难看出，$t_{CPH}$ 应大于一级与门和三级与非门的传输延迟时间。

从 CP 下降沿到触发器输出状态稳定，也需要一定的延迟时间 $t_{CPL}$。把从时钟脉冲触发沿开始到一个输出端 $Q$ 由 0 变 1 所需的延迟时间称为 $t_{CPLH}$，把从 $CP$ 触发沿开始到输出端 $\overline{Q}$ 由 1 变 0 的延迟时间称为 $t_{CPHL}$。为了使触发器可靠翻转，要求 $t_{CPL} > t_{CPHL}$。

综上所述，主从 JK 触发器要求时钟信号的最小工作周期 $T_{min} = t_{CPH} + t_{CPL}$。其脉冲工作特性如图 4-29 所示。

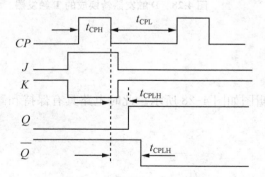

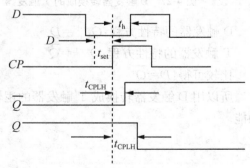

图 4-29　主从 JK 触发器对 CP 和 JK 信号　　图 4-30　维持 D 触发器对 CP 和输入信号
　　　的要求及触发器翻转时间的示意图　　　　　　的要求及触发器翻转时间的示意图

（2）维持阻塞 D 触发器的脉冲工作特性

在维持阻塞 D 触发器电路中，在 $CP$ 上升沿到来之前，门 $G_5$ 和门 $G_6$ 输出端应建立起稳定状态。由于稳定状态的建立需要经历两个与非门的延迟时间，这段时间称为建立时间 $t_{set}$ ＝$2t_{pd}$。在这段时间内要求输入激励信号 $D$ 不能发生变化。所以 $CP＝0$ 的持续时间应满足 $t_{CPL} \geqslant t_{set} = 2t_{pd}$。

在 $CP$ 上升沿来到后,要达到维持阻塞作用,必须使 $G_4$ 的输出或 $G_3$ 的输出由 1 变为 0,这需要经历一个与非门延迟时间。在这段时间内,输入激励信号 $D$ 也不能发生变化,将这段时间称为保持时间 $t_h$,其中 $t_h = 1 t_{pd}$。

为保证触发器可靠翻转,$CP = 1$ 的状态持续时间 $t_{CPH}$ 必须大于 $t_{CPHL}$。该触发器的 $t_{CPHL}$ 为三级与非门延迟时间,即 $t_{CPH} > t_{CPHL} = 3 t_{pd}$。

综上所述,维持阻塞 D 触发器对输入信号 $D$ 及触发脉冲 $CP$ 的要求示意如图 4-30 所示。

### 4.3.2  集成触发器的主要参数

集成触发器的参数可以分为直流参数和动态参数两大类。直流参数包括电源电流 $I_{CC}$,低电平输入电流 $I_{iL}$,高电平输入电流 $I_{iH}$,输出高电平 $V_{OH}$ 和输出低电平 $V_{OL}$,以及扇出系数 $N_O$ 等。动态参数有最高时钟频率 $f_{max}$,对时钟信号的延迟时间等。

**1. 直流参数**

(1) 电源电流 $I_{CC}$

所有输入端和输出端悬空时电源向触发器提供的电流为电源电流 $I_{CC}$,它表明该电路的空载功耗。

(2) 低电平输入电流 $I_{iL}$

当触发器某输入端接地,其他各输入、输出端悬空时,从接地输入端流向地的电流为低电平输入电流 $I_{iL}$,它表明对驱动电路输出为低电平时的加载情况。JK 触发器的该参数包括 $J$、$K$ 端,时钟端和直接置 0、置 1 端的低电平输入电流。

(3) 高电平输入电流 $I_{iH}$

将各输入端($RD$、$SD$、$J$、$K$、$C$ 等)分别接电源时,流入该输入端的电流就是其高电平输入电流 $I_{iH}$,它表明对驱动电路输出为高电平时的加载情况。

(4) 输出高电平 $V_{OH}$ 和输出低电平 $V_{OL}$

触发器输出端 $Q$ 或 $\overline{Q}$ 输出高电平时的对地电压值为 $V_{OH}$,输出低电平时的对地电压值为 $V_{OL}$。

**2. 动态参数**

(1) 最高时钟频率 $f_{max}$

最高时钟频率 $f_{max}$ 是指触发器在计数状态下能正常工作的最高工作频率,它是表明触发器工作速度的一个指标。在测试 $f_{max}$ 时,$Q$ 和 $\overline{Q}$ 端应带上额定的电流负载和电容负载,测得的结果于负载状况大有关系,在生产厂家的产品手册中均有明确规定。

(2) 对时钟信号的延迟时间($t_{CPLH}$ 和 $t_{CPHL}$)

从时钟脉冲的触发沿到触发器输出端由 0 状态变到 1 状态的延迟时间为 $t_{CPLH}$;从时钟脉冲的触发沿到触发器输出端由 1 状态变到 0 状态的延迟时间为 $t_{CPHL}$。一般 $t_{CPHL}$ 比 $t_{CPLH}$ 约大一级门的延迟时间,产品手册中一般给出平均值。

(3) 对直接置 0($R_D$)或置 1($S_D$)端的延迟时间($t_{RLH}$、$t_{RHL}$ 或 $t_{SLH}$、$t_{SHL}$)

从置 0 脉冲触发沿到输出端由 0 变为 1 的延迟时间为 $t_{RLH}$,到输出端由 1 变为 0 的延迟时间为 $t_{RHL}$;从置 1 脉冲触发沿到输出端由 0 变 1 的延迟时间为 $t_{SLH}$,到输出端由 1 变 0 的

延迟时间为 $t_{SHL}$。

### 4.3.3　触发器的应用举例

触发器的应用非常广泛,是时序逻辑电路的重要组成部分,其典型应用将在下一章中作较详细的介绍。在这里先举几个简单的例子,体会一下触发器"记忆"的作用。

**1. 分频器**

对于 $T'$ 触发器而言,每输入一个 $CP$ 脉冲,触发器的状态就翻转一次,即 $T'$ 触发器具有计数功能。因此,可用一个 $T'$ 触发器构成一级二分频电路。图 4-31 所示为用 CC4027(双上升沿 JK 触发器)构成的 $T'$ 触发器,实现二分频的功能,即 $f_O = \frac{1}{2} f_1$。

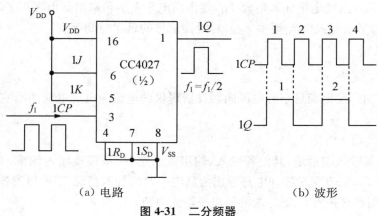

(a) 电路　　　　　　　　　　　(b) 波形

**图 4-31　二分频器**

**2. 抢答电路**

图 4-32 是利用 CT74LS175 芯片(四上升沿边沿 D 触发器)和逻辑门组成四选一电路,应用于游艺活动中竞猜和抢答场合。注意该芯片的清零端 $\overline{CR}$ 和时钟脉冲 $CP$ 是四个 D 触发器共用的。

抢答前先清零,于是四个 D 触发器的输出端 $1Q\sim4Q$ 均为 0,用于被选中指示的发光二极管都不亮;$\overline{Q_1}\sim\overline{Q_4}$ 均为 1,"与非"门 $G_1$ 输出为 0,扬声器不响。经"非"门 $G_2$ 反相后输出为 1,打开 $G_3$ 门,于是时钟脉冲 $CP$ 经 $G_3$ 进入各 D 触发器的 $CP$ 端。当 $S_1\sim S_4$ 均未按下时,$D_1\sim D_4$ 输入均为 0,故触发器状态保持不变,到此四选一电路准备工作完成。

抢答开始后,若 $S_2$ 首先按下,则 $D_2$ 输入为 1 和继而 $Q_2$ 变为 1,相应的发光二极管 $LED_2$ 亮;因 $\overline{Q_2}$ 变为 0,"与非"门 $G_1$ 的输出为 1,于是扬声器发出声响,表明该电路选中 $S_2$。与此同时,通过 $G_2$ 门输出为 0 封锁 $G_3$,使时钟脉冲 $CP$ 不能通过 $G_3$ 进入 D 触发器,从而关闭其他按扭 $S_1$、$S_3$、$S_4$ 使之失效。在下一次抢答前,可通过清零端 $\overline{CR}$ 使各触发器复位。

若在触发器输出端 $Q_1\sim Q_4$ 接晶体管放大电路后,也可驱动继电器,通过触点可控制其他的功率大些的负载,用来指示抢答的结果。

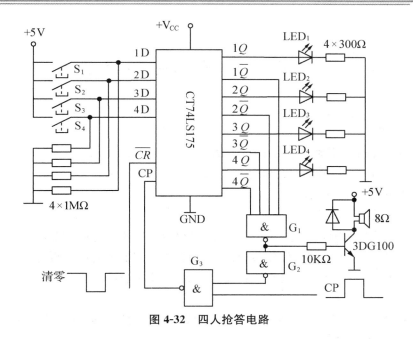

图 4-32　四人抢答电路

### 3. 消振开关

机械开关在状态转换时会产生抖动,从而在电子线路中产生错误的信号如图 4-33(a)、(b)所示。为消除因开关抖动而产生的错误信号,可采用基本 RS 触发器构成去开关抖动电路,如图 4-33(c)所示。当开关 S 从位置 2 拨向位置 1 时,$\overline{S_D}=0$、$\overline{R_D}=1$,触发器置 1,。由于开关的瞬间抖动,$\overline{S_D}$还会接通高电平 1,但此时$\overline{R_D}=1$、$\overline{S_D}=1$,触发器将保持原状态不变,电路保持原态。并不会产生图 4-43(b)所示的抖动(接通抖动)当开关从断开位置 1 接向接通位置 2 时,$\overline{R_D}=0$、$\overline{S_D}=1$,触发器置 0。由于开关的瞬间抖动,$\overline{R_D}$还会接通高电平 1. 但此时$\overline{R_D}=1$、$\overline{S_D}=1$,触发器将保持原状态不变,电路保持原态。并不会产生图 4-33(b)所示的抖动(断开抖动)。因此,虽然开关会抖动,但 RS 触发器输出的电压波形不会抖动,由基本 RS 触发器构成的去抖动电路的输出波形如图 4-33(d)所示。

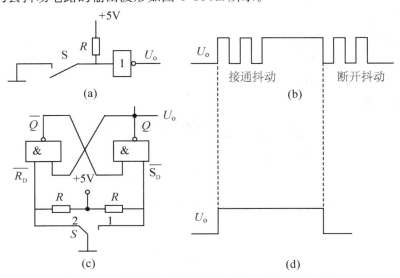

图 4-33　采用基本 RS 触发器构成的去抖动开关电路

# 实验项目四　集成触发器的逻辑功能测试及应用

## 一、实验目的

1. 掌握集成触发器逻辑功能的测试方法。
2. 掌握触发器逻辑功能的相互转换的方法。
3. 熟悉集成触发器的应用。

## 二、实验原理

触发器具有记忆功能，可存贮二进制信息，是组成时序逻辑电路的基本单元。在数字集成电路中，触发器多数用于构成计数器、寄存器和随机存储器等时序逻辑电路。

本实验采用 74LS74 型双 D 触发器，是上升沿触发的边沿触发器，引脚排列如图 4-34 所示，功能表如表 4-11 所示。

本实验采用 74LS112 型双 JK 触发器，是下降沿触发的边沿触发器，引脚排列如图 4-35 所示，功能表如表 S4-2 所示。

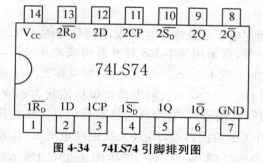

图 4-34　74LS74 引脚排列图

图 4-35　74LS112 引脚排列图

## 三、实验设备与器件

1. 电子课程设计实验箱
2. 双踪示波器
3. 四 2 输入与非门 74LS00
4. 双 D 触发器 74LS74
5. 双 JK 触发器 74LS112

## 四、实验内容

表 4-11　基本 RS 触发器的逻辑功能表

| $R$ | $S$ | $Q$ | $\overline{Q}$ |
|---|---|---|---|
| 1 | 1→0 |  |  |
|  | 0→1 |  |  |
| 1→0 | 1 |  |  |
| 0→1 |  |  |  |
| 0 | 0 |  |  |

（1）测试基本 RS 触发器的逻辑功能

用与非门 74LS00 构成基本 RS 触发器，自己设计电路图。输入端接逻辑开关，输出端接发光二极管，按表 4-11 要求测试逻辑功能，记录结果。

2）测试双 D 触发器 74LS74 的逻辑功能

①测试$\overline{R_D}$、$\overline{S_D}$、的复位、置位功能

将 74LS74 的$\overline{R_D}$、$\overline{S_D}$、D 端接逻辑开关，CP 端接单次脉冲，Q、$\overline{Q}$ 端接发光二极管，按表要求改变$\overline{R_D}$、$\overline{S_D}$（D、CP 处于任意状态），并在$\overline{R_D}=0$（$\overline{S_D}=1$）或$\overline{S_D}=0$（$\overline{R_D}=1$）作用期间任意改变 D、CP 的状态，观察 Q、$\overline{Q}$ 的状态，记录结果。

②测试 D 触发器的逻辑功能

按表要求改变 D、CP 端状态，观察 Q、$\overline{Q}$ 状态变化，观察触发器状态更新是否发生在 CP 脉冲的上升沿（即 CP 由 0→1），记录结果。

（3）测试双 JK 触发器 74LS112 的逻辑功能

①测试$\overline{R_D}$、$\overline{S_D}$的复位、置位功能

将 74LS112 的$\overline{R_D}$、$\overline{S_D}$、J、K 端接逻辑开关，CP 端接单次脉冲，Q、$\overline{Q}$ 端接发光二极管，按表要求改变$\overline{R_D}$、$\overline{S_D}$（J、K、CP 处于任意状态），并在$\overline{R_D}=0$（$\overline{S_D}=1$）或$\overline{S_D}=0$（$\overline{R_D}=1$）作用期间任意改变 J、K、CP 的状态，观察 Q、$\overline{Q}$ 的状态，记录结果。

②测试 JK 触发器的逻辑功能

按表要求改变 J、K、CP 端状态，观察 Q、$\overline{Q}$ 状态变化，观察触发器状态更新是否发生在 CP 脉冲的下降沿（即 CP 由 1→0），记录结果。

（4）触发器的应用

①实现计数功能

将 74LS112 按图 4-36 连线，CP 端接连续脉冲，用双踪示波器分别观察 CP 与 $Q_1$、$Q_2$ 的对应关系，并在坐标纸上画出其波形，说明该电路功能。也可以将 CP 接单次脉冲，$Q_1$、$Q_2$ 接发光二极管观察结果。

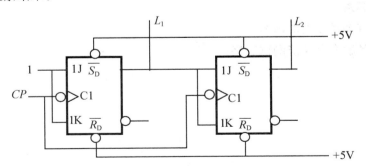

图 4-36 74LS112 构成计数器

②构成移位寄存器

用 74LS74 按图连线，CP 接单次脉冲，输出 $Q_0$、$Q_1$、$Q_2$、$Q_3$ 分别接发光二极管，异步输入端$\overline{R_D}$、$\overline{S_D}$接逻辑开关。接线完毕后先置数据 0001，再按动单次脉冲，观察在 CP 作用下触发器输出端的状态，填入表中，并说明该电路功能。

表 4-12　移位寄存器真值表

| $CP$ | $Q_0^n$ | $Q_1^n$ | $Q_2^n$ | $Q_3^n$ | $Q_0^{n+1}$ | $Q_1^{n+1}$ | $Q_2^{n+1}$ | $Q_3^{n+1}$ |
|:---:|:---:|:---:|:---:|:---:|:---:|:---:|:---:|:---:|
| ↑ | 0 | 0 | 0 | 1 | | | | |
| ↑ | | | | | | | | |
| ↑ | | | | | | | | |
| ↑ | | | | | | | | |

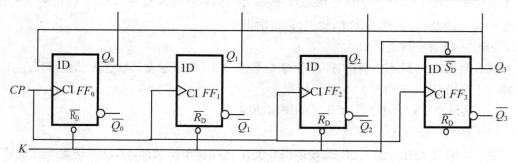

图 4-37　74LS74 构成移位寄存器

（5）触发器逻辑功能的相互转换

D 触发器与 JK 触发器的相互转换，请写出特性方程，设计出实验电路图，并进行功能测试。

**五、实验报告**

（1）列表整理各类型触发器的逻辑功能。

（2）总结 D 触发器 74LS74 和 JK 触发器 74LS112 特点。

（3）整理测试记录表格，并得出结论。

（4）整理波形图，说明触发方式。

（5）画出触发器的相互转换的电路图。

**六、预习要求**

（1）复习有关触发器的内容。

（2）画出各触发器功能测试表格。

# 本章习题

4-1　已知基本 RS 触发器的直接置"0"端$\overline{R_D}$和直接置"1"端$\overline{S_D}$的输入波形如图 4-38 所示,试画出触发器 $Q$ 端和 $\overline{Q}$ 端的波形图。

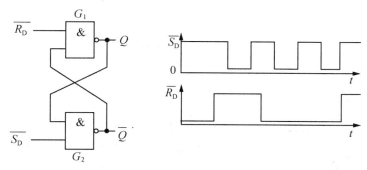

**图 4-38　习题 4-1 图**

4-2　图 4-39 是用或非门构成的基本 RS 触发器。已知 $S_D$ 和 $R_D$ 的波形,试画出输出端 $Q$ 和 $\overline{Q}$ 的波形。

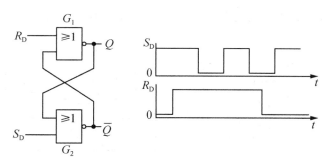

**图 4-39　习题 4-2 图**

4-3　已知同步 RS 触发器的输入波形如图 4-40 所示,试画出 $Q$ 和 $\overline{Q}$ 端的输出波形。

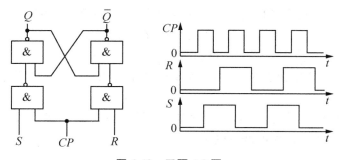

**图 4-40　习题 4-3 图**

4-4　已知主从 JK 触发器的输入波形如图 4-41 所示,试画出 $Q$ 和 $\overline{Q}$ 端的输出波形。设触发器的初始状态为 0。

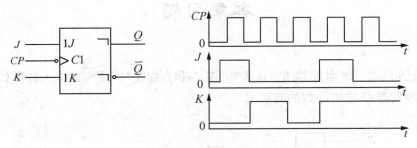

**图 4-41　习题 4-4 图**

4-5　边沿 D 触发器及相关波形如图 4-42 所示,试画出 $Q$ 和 $\overline{Q}$ 端的输出波形。设触发器的初始状态为 0。

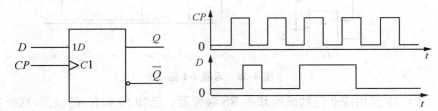

**图 4-42　习题 4-5 图**

4-6　设维持阻塞 D 触发器的起始状态为 0,当输入图 4-43 所示的 $CP$、$D$ 波形时,画出 $U_O$ 的波形。

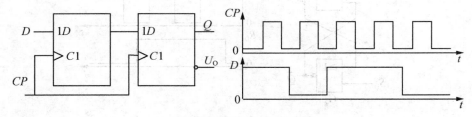

**图 4-43　习题 4-6 图**

4-7　写出 RS、JK、D、T、T′型时钟触发器的特性方程,列出它们的简化特性表。

4-8　简述基本触发器、同步触发器、主从触发器及边沿触发器各自的主要特点。

4-9　简述描述触发器逻辑功能常用的几种方法,并以 JK、D 触发器为例,具体说明之,即用这些方法表示 JK、D 触发器的逻辑功能。

4-10　设触发器初始状态为 0,试画出图 4-44 中各触发器在连续 6 各时钟脉冲(CP)作用时的输出波形。

4-11　如图 4-45(a)所示电路,设触发器的初始状态为 0,已知 $CP$、$A$、$B$ 端的输入波形如图 4-45(b)所示,画出 $Q$ 端的波形图。

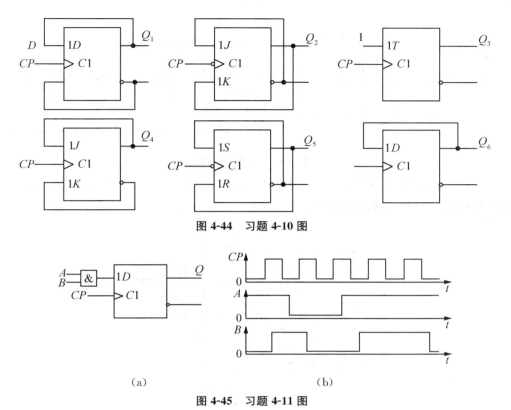

图 4-44 习题 4-10 图

图 4-45 习题 4-11 图

4-12 电路如图 4-46 所示,设各触发器的初始状态均为 0。已知 $CP$ 和 $A$ 的波形,试分别画出 $Q_1$、$Q_2$ 的波形。

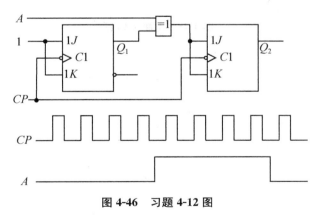

图 4-46 习题 4-12 图

4-13 在图 4-43 所示电路中,FF1 为 T 型触发器,FF2 为 $T'$ 型触发器,它们的起始状态均为 0,试对应画出 $Q_1$、$Q_2$ 的波形。

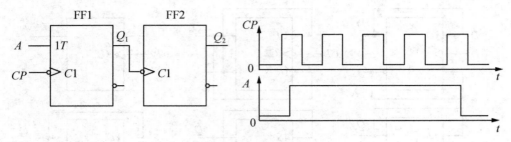

图 4-47　习题 4-13 图

4-14　电路如图 4-48 所示,设各触发器的初始状态均为 0。已知 $CP$ 的波形如图 4-48 所示,试分别画出 $Q_1$、$Q_2$ 和 $Y$ 的波形。

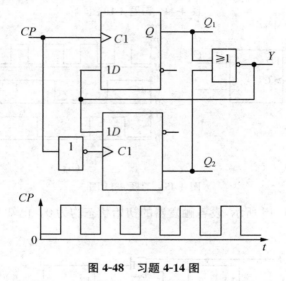

图 4-48　习题 4-14 图

# 第 5 章　时序逻辑电路

**本章导学**

　　本章重点学习时序逻辑电路的分析与设计方法。本章首先介绍时序逻辑电路的基本概念、特点及时序逻辑电路的一般分析方法。然后重点讨论典型时序逻辑部件计数器和寄存器的工作原理、逻辑功能、MSI 集成芯片及其使用方法及典型应用。最后说明时序电路的一般设计方法。

## 5.1　时序逻辑电路及其分析方法

　　组合逻辑电路仅由门电路组成,其输出只由输入状态决定,且符合一定的逻辑关系。而时序逻辑电路一般由门电路和触发器组成,它的输出不但与输入状态有关,而且还取决于电路输出端原来的状态。本节我们在理解时序逻辑电路相关概念的基础上,侧重学习时序逻辑电路的分析方法、能够应用这类方法确定相关时序电路的逻辑功能。

### 5.1.1　时序逻辑电路概述

**1. 时序逻辑电路的功能特点和电路组成**

　　时序逻辑电路简称时序电路,其逻辑功能特点是电路任何一个时刻的输出状态不仅取决于当时的输入信号,还与电路的原状态有关。因此,时序电路中必须含有具有记忆能力的存储器件。存储器件的种类很多,如触发器、延迟线、半导体存储器等,但最常用的是触发器。

　　由触发器作为存储部件的时序电路的基本结构框图如图 5-1 所示,一般来说,它由组合电路和触发器存储电路两部分组成。

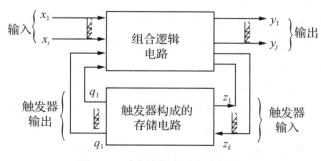

图 5-1　时序逻辑电路示意框图

由于时序逻辑电路的输出与电路原状态有关,因此图 5-1 所示的框图中、存储电路是时序逻辑电路的必不可少的部分,而组合逻辑电路在有些时序逻辑电路中则可以没有。此外、由该框图还可以看出,时序逻辑电路的输入信号与触发器构成的存储电路的输出信号共同决定了该时序逻辑电路的输出状态。

### 2. 时序逻辑电路的逻辑功能表示方法

时序逻辑电路的逻辑功能可以有多种不同的表示方法,但整体上可以分为两大类:驱动方程、状态方程、输出方程等方程式表示法和状态转换表、状态转换图、时序图等不同的图形表示法。

通过图 5-1 的时序逻辑电路基本结构框图可知:时序逻辑电路输入信号 $X(x_1、x_2、\cdots、x_i)$,输出信号 $Y(y_1、y_2、\cdots、y_j)$,触发器输入信号 $Z(z_1、z_2、\cdots、z_k)$,触发器输出信号 $Q(q_1、q_2、\cdots、q_l)$ 之间存在着一系列的逻辑关系。这些信号之间的逻辑关系可以用下述三组方程式来描述。

首先、我们将各个触发器输入端的逻辑表达式,称为驱动方程。即:

$$Z(t_n) = F[X(t_n), Q(t_n)] \tag{5-1}$$

其次、将驱动方程代入各自对应触发器的特性方程得出状态方程,即构成存储电路的各触发器的输出逻辑式。则:

$$Q(t_{n+1}) = G[Z(t_n), Q(t_n)] \tag{5-2}$$

式 9-2 中 $Q(t_n) = (q_1^n, q_2^n, \cdots, q_l^n) = (q_1, q_2, \cdots, q_l)$ 表示存储电路中每个触发器的现态;而 $Q(t_{n+1}) = (q_1^{n+1}, q_2^{n+1}, \cdots, q_l^{n+1})$ 被称为存储电路中每个触发器的次态。在这里、我们用组成存储电路的每个触发器的现态和次态来表示时序逻辑电路的现态和次态。

最后、写出时序逻辑电路各输出端的逻辑表达式,我们称之为输出方程。即:

$$Y(t_n) = H[X(t_n), Q(t_n)] \tag{5-3}$$

从理论上讲,有了驱动方程、状态方程、输出方程就可以将时序逻辑电路的逻辑功能描述出来。但由于时序逻辑电路的每一时刻状态都和电路的历史状态有关,所以利用上述这种方程式还不能获得电路逻辑功能的完整印象。只有将电路在一系列时钟信号作用下的状态转换过程全部找出来,才能清楚地描述出时序电路的逻辑功能。因此我们可以采用在触发器一章中介绍过的有关方法,列出时序逻辑电路的状态转换表,画出时序电路的状态转换图或时序图。通过这类图形表示法能够一目了然地看出时序逻辑电路的逻辑功能。

方程式表示法和图形表示法都是用来描述同一个时序电路的逻辑功能,所以它们之间能够相互转换。

### 3. 时序逻辑电路的分类方法

从不同的角度考虑,时序逻辑电路可以有多种不同的分类方法。

按照电路状态转换情况不同,时序电路分为同步时序电路和异步时序电路两大类。

在同步时序逻辑电路中,所有触发器状态的变化都是在同一时钟信号 CP 操作下同时发生的,各个触发器的 CP 信号都是输入时钟脉冲;而在异步时序电路中,触发器状态的变化不是同时发生的。在这种时序电路中,有的触发器、其 CP 信号就是输入时钟脉冲,有的触发器则不是输入时钟脉冲,是其他触发器的输出。

按照逻辑功能划分有计数器、寄存器、移位寄存器、顺序脉冲发生器。读写存储器等。这里金提到几种典型的电路,实际应用中完成各种各样操作的时序逻辑电路是举不胜举的。

此外、按照是否能够编程,又可分为可编程和不可编程时序逻辑电路;按照集成度不同,又有 SSI、MSI、LSI、VLSI 等类型。

时序逻辑电路的种类很多、功能各异,不可能都掌握。但是、只要掌握了它的分析方法,就可以比较方便地分析出所使用电路的逻辑功能。

### 5.1.2 同步时序电路的分析方法

#### 1. 同步时序电路分析的一般步骤

时序逻辑电路的分析是指根据给定的时序电路,写出它的一系列方程式、列出其状态转换表、画出状态转换图或时序图,进而最终确定其逻辑功能的过程。

同步时序逻辑电路的特点是,电路中所有触发器都要受同一个时钟脉冲信号 CP 来触发。这里的时钟脉冲信号 CP 只是控制触发器的翻转时刻,对触发器的翻转状态则没有任何影响,因此在分析同步时序逻辑电路时可以不考虑时钟脉冲信号 CP 的影响。

分析同步时序逻辑电路的一般步骤如下:

(1) 根据给定的时序电路图写出各触发器的驱动方程。

(2) 将驱动方程代入相应触发器的特性方程,求得各触发器的次态方程、也就是时序逻辑电路的状态方程。

(3) 根据给定的时序电路图写出时序电路的输出方程。

(4) 根据状态方程和输出方程,列出该时序电路的状态转换表。

(5) 画出该时序电路的状态转换图或时序图。

(6) 根据电路的状态转换表或状态转换图确定给定时序逻辑电路的逻辑功能。

下面举例说明同步时序逻辑电路的具体分析方法。

#### 2. 同步时序逻辑电路的分析举例

【例 5-1】试分析图 5-2 所示同步时序电路的逻辑功能,并确定该电路是否具有自启动能力。

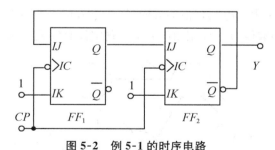

图 5-2 例 5-1 的时序电路

**解:**(1) 写出各触发器的驱动方程:

$$\begin{cases} J_1 = \overline{Q_2}, K_1 = 1 \\ J_2 = Q_1, K_2 = 1 \end{cases}, \tag{5-4}$$

(2) 将上述驱动方程代入 $JK$ 触发器的特性方程 $Q_i^{n+1} = J\overline{Q_i^n} + \overline{K}Q_i^n = J\overline{Q_i} + \overline{K}Q_i$,可以求得电路的状态方程:

$$\begin{cases} Q_1^{n+1} = \overline{Q_2 Q_1} \\ Q_2^{n+1} = Q_1 \overline{Q_2} \end{cases} \tag{5-5}$$

这里为了书写、分析方便,将触发器的现态 $Q_i^n$、$\overline{Q_i^n}$ 写成 $Q_i$、$\overline{Q_i}$。

(3) 写出时序电路的输出方程:

$$Y = Q_2 \tag{5-6}$$

(4) 根据状态方程和输出方程,列出该时序电路的状态转换表:

设电路的现态为 $Q_2 Q_1 = 00$,代入公式(5-5)和(5-6)中进行计算得出 $Q_2^{n+1} Q_1^{n+1} = 01$ 和 $Y = 0$。这说明第一个时钟脉冲 $CP$(计数脉冲)输入后,电路的状态由 00 翻到 01。然后再将 01 作为现态,即 $Q_2 Q_1 = 01$,重新代入公式(5-5)和(5-6)中进行计算得出 $Q_2^{n+1} Q_1^{n+1} = 10$ 和 $Y = 0$。这说明第二个时钟脉冲 $CP$(计数脉冲)输入后,电路的状态由 01 翻到 10。同理、当电路的现态为 $Q_2 Q_1 = 10$ 时,在第三个时钟脉冲 $CP$(计数脉冲)的作用下,电路的状态由 10 翻回到 00、此时输出 $Y = 1$。

当电路的现态为 $Q_2 Q_1 = 11$ 时,代入公式 5-5 和 5-6 中进行计算得出 $Q_2^{n+1} Q_1^{n+1} = 00$ 和 $Y = 1$。

根据上述分析、可画出本电路的状态转换表,如表 5-1 所示。

表 5-1　例 5-1 的状态转换表

| $Q_2$ | $Q_1$ | $Q_2^{n+1}$ | $Q_1^{n+1}$ | $Y$ |
|---|---|---|---|---|
| 0 | 0 | 0 | 1 | 0 |
| 0 | 1 | 1 | 0 | 0 |
| 1 | 0 | 0 | 0 | 1 |
| 1 | 1 | 0 | 0 | 1 |

(5) 画出该电路的状态转换图:

根据表 5-1 可以画出图 5-3 所示的状态转换图。图中的圆圈表示电路的一个状态,即两个触发器的状态;箭头表示电路转换的方向;箭头上方标注的 $X/Y$ 为转换条件:$X$ 是电路状态转换前输入变量的取值、$Y$ 为输出值;由于本题中没有输入变量,所以 $X$ 未标数值。

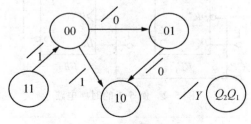

图 5-3　例 5-1 的状态转换图

(6) 确定电路的逻辑功能,并判断能否自启动:

根据本电路的状态转换表或状态转换图,在电路的现态为 $Q_2 Q_1 = 00$ 时、输入 3 个时钟脉冲 CP(计数脉冲)后,电路将按照递增规律 00→01→10→00 的顺序返回至原来的现态、同时输出端输出一个进位脉冲($Y$ 由 0→1)。因此、该电路是一个同步三进制加法计数器。

在这里、用到 00、01、10 三种工作状态,我们称被利用到的这 3 种工作状态为有效状态;

而把没有用到的状态 11 称为无效状态。现在、我们将无效状态 11 代入电路的状态方程,可得 $Q_2^{n+1}Q_1^{n+1}=00$,为有效状态。可见,图 5-2 所示的电路如果因为某种原因进入无效状态 11 时,只要输入计数脉冲 CP,电路就会自动返回到有效状态。我们称这种在计数脉冲 CP 作用下,电路能自动从无效状态进入有效状态的能力为具有自启动能力。

本例所分析的时序电路具有自启动能力。

可以画出在时钟脉冲 CP 作用下、电路有效状态的工作波形图,我们称这种波形图为时序图。本例的时序图如图 5-4 所示。

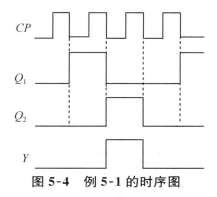

**图 5-4　例 5-1 的时序图**

通过图 5-4 的时序图可知,若时钟脉冲 CP 的频率为 $f_0$,则输出信号 Y 的频率为 $\frac{1}{3}f_0$。

即该电路实现了分频作用,几进制计数器、输出信号的频率就是输入频率的几分之一。因此,计数器也被称为分频器。

**【例 5-2】**试分析图 5-5 所示同步时序电路的逻辑功能。

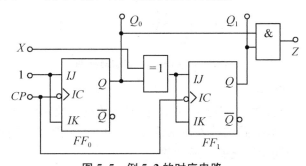

**图 5-5　例 5-2 的时序电路**

**分析:**本例与例题 5-1 相比,增加了一个输入控制信号 X。由于该信号可取 0、也可取 1,因此在得出状态方程和输出方程后,应按照 $X=0$ 和 $X=1$ 两种情况分别进行状态计算、列出状态转换表或画出状态转换图。

**解:**(1) 写出各触发器的驱动方程:

$$\begin{cases} J_0=1, K_0=1 \\ J_1=X\oplus Q_0, K_1=X\oplus Q_0 \end{cases}, \tag{5-7}$$

(2) 可以求得电路的状态方程:

$$\begin{cases} Q_0^{n+1}=\overline{Q_0} \\ Q_1^{n+1}=X\oplus Q_0\oplus Q_1 \end{cases} \tag{5-8}$$

（3）写出时序电路的输出方程：

$$Z = Q_0 Q_1 \tag{5-9}$$

（4）根据状态方程和输出方程，列出该时序电路的状态转换表：

设电路的现态为 $Q_1 Q_0 = 00$，代入公式 5-8 和 5-9 中进行计算得出本时序电路的状态转换表，如表 5-2 所示。

表 5-2　例 5-2 的状态转换表

| $X$ | $Q_1$ | $Q_0$ | $Q_1^{n+1}$ | $Q_0^{n+1}$ | $Z$ |
|---|---|---|---|---|---|
| | 0 | 0 | 0 | 1 | 0 |
| 0 | 0 | 1 | 1 | 0 | 0 |
| | 1 | 0 | 1 | 1 | 0 |
| | 1 | 1 | 0 | 0 | 1 |
| | 0 | 0 | 1 | 1 | 0 |
| 1 | 1 | 1 | 1 | 0 | 1 |
| | 1 | 0 | 0 | 1 | 0 |
| | 0 | 1 | 0 | 0 | 0 |

（5）画出该电路的状态转换图：

根据表 5-2 可以画出图 5-6 所示的状态转换图。

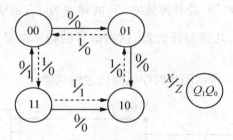

图 5-6　例 5-2 的状态转换图

（6）确定电路的逻辑功能：

根据本电路的状态转换表或状态转换图，在电路的输入控制信号 $X=0$ 时、电路实现同步四进制加法计数功能；而电路的输入控制信号 $X=1$ 时、电路实现同步四进制减法计数功能；因此、该电路是一个同步四进制可逆计数器。

### 5.1.3　异步时序电路的分析方法

**1. 异步时序电路分析的一般方法**

异步时序逻辑电路的分析思路与同步时序逻辑电路基本相同。但是、异步时序逻辑电路不同与同步时序逻辑电路的特点是、电路中只有部分触发器受时钟脉冲信号 CP 触发、其余的触发器要由电路内部信号触发。因此、在分析异步时序电路的逻辑功能时、应首先考虑各个触发器的时钟条件、写出时钟方程。只有在触发器满足各自的时钟条件时、其状态方程才能起作用、这一点是与同步时序电路根本不同的。分析异步时序逻辑电路的其余步骤与同步时序逻辑电路相同。

下面举例说明异步时序逻辑电路的具体分析方法。

**2. 异步时序逻辑电路的分析举例**

【例5-3】试分析图5-7所示异步时序电路的逻辑功能，

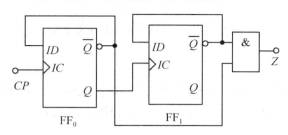

图5-7 例5-3的时序电路图

**解：**(1) 根据给定的时序电路图写出各触发器的时钟方程。

$CP_0 = CP$(时钟脉冲源的上升沿触发)

$CP_1 = Q_0$(仅当 $FF_0$ 的 $Q_0$ 由 0→1 时，$Q_1$ 才可能改变状态，否则 $Q_1$ 将保持原状态不变)

(2) 写出驱动方程，并求得时序逻辑电路的状态方程。

驱动方程：$D_0 = \overline{Q_0}$，$D_1 = \overline{Q_1}$

状态方程：$Q_0^{n+1} = D_0 = \overline{Q_0}$($CP$ 由 0→1 时此式有效)

$Q_1^{n+1} = D_1 = \overline{Q_1}$($Q_0$ 由 0→1 时此式有效)

(3) 写出时序电路的输出方程：$Z = \overline{Q_1}\ \overline{Q_0}$

(4) 根据状态方程和输出方程，列出该时序电路的状态转换表。

设电路的现态为 $Q_1Q_0 = 00$，计算得出本时序电路的状态转换表，如表5-3所示。

表5-3 例5-3的状态转换表

| $Q_2$ | $Q_1$ | $Q_2^{n+1}$ | $Q_1^{n+1}$ | $Z$ | $CP_1$ | $CP_0$ |
|-------|-------|-------------|-------------|-----|--------|--------|
| 0 | 0 | 1 | 1 | 1 | ↑ | ↑ |
| 1 | 1 | 1 | 0 | 0 | 0 | ↑ |
| 1 | 0 | 0 | 1 | 0 | ↑ | ↑ |
| 0 | 1 | 0 | 0 | 0 | 0 | ↑ |

(5) 画出该时序电路的状态转换图。

根据表5-3可以画出图5-8所示的状态转换图。

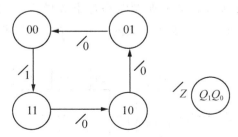

图5-8 例5-3的状态转换图

(6) 确定给定时序逻辑电路的逻辑功能。

由状态图可知：该电路一共有4个状态00、01、10、11，在时钟脉冲作用下，按照减1规律循环变化,所以是一个异步4进制减法计数器,$Z$ 是借位信号。

# 5.2　集成计数器

计数器是用以统计输入脉冲 CP 个数的逻辑部件,是时序逻辑电路的重要单元。任何一个数字系统几乎都包含计数器。它不仅可以用来计数,还可以用来定时、分频和进行数学运算。

计数器主要由触发器组成,其输出通常是现态的函数。计数器累计输入脉冲的最大数目称为计数器的"模",用 $M$ 表示。计数器的模实际上是电路的有效状态数。如十进制计数器的模 $M=10$,其有效状态数为 10。

计数器的分类方法很多,可以从不同的角度对计数器进行分类:

按计数进制可分为二进制计数器、十进制计数器和任意 $N$ 进制计数器。按照二进制数运算规律进行计数的电路称为二进制计数器;按照十进制数运算规律进行计数的电路称为十进制计数器;二进制计数器和十进制计数器之外的其他进制计数器统称为任意 $N$ 进制计数器。如六进制计数器、二十进制计数器等。

按计数值的增减趋势可分为加法计数器、减法计数器和可逆计数器。加法计数器是随着计数脉冲的输入作递增计数的电路;减法计数器是随着计数脉冲的输入作递减计数的电路;而在加/减控制信号的作用下,既能做递增计数、又能实现递减计数的电路称为可逆计数器。

按计数器中触发器翻转是否与计数脉冲 CP 同步分为同步计数器和异步计数器。计数脉冲只是加到部分触发器的时钟脉冲输入端上,而其它触发器的触发信号则由电路内部提供,使得触发器的状态更新出现先后次序的计数器称为异步计数器。计数脉冲同时加到全部触发器的时钟脉冲输入端上,使得触发器的状态更新同时变化的计数器称为同步计数器。显然、同步计数器的内部电路要比异步计数器复杂,但它的计数速度则比异步计数器快得多。

前面已经介绍了直接由触发器构成的计数器电路的分析方法。本节我们将侧重学习中规模集成计数器的基本原理和应用方法。

## 5.2.1　集成异步计数器

74 系列中规模集成异步计数器的典型电路是集成异步二-五-十进制计数器 74LS290 芯片。该电路的结构框图如图 5-9 所示。其内部由一个一位二进制计数器和一个五进制计数器两部分组成。

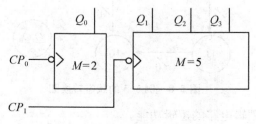

**图 5-9　74LS290 结构框图**

集成异步二-五-十进制计数器 74LS290 芯片的逻辑功能示意图和引脚图分别如图 5-10 和 5-11 所示。它有两个时钟脉冲输入端，分别是图中的计数脉冲 $CP_0$、$CP_1$；$Q_3$、$Q_2$、$Q_1$、$Q_0$ 是该电路的状态输出端；此外、该电路有两类特殊功能输入端：$R_{0A}$、$R_{0B}$ 被称为置 0 输入端，$S_{9A}$、$S_{9B}$ 被称为置 9 输入端，利用这两类输入端、可以很方便地实现输出端直接置 0 或直接置 9 的功能。

　　通过集成电路的功能表，我们可以很好地熟悉该芯片的逻辑功能和应用方法。集成异步二-五-十进制计数器 74LS290 芯片的功能表如表 5-4 所示。

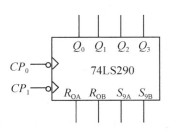

图 5-10　74LS290 逻辑功能示意图

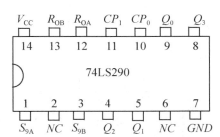

图 5-11　74LS290 引脚图

表 5-4　74LS290 的功能表

| 输入 | | | 输出 | | | | 功能说明 |
|---|---|---|---|---|---|---|---|
| $R_{0A} \cdot R_{0B}$ | $S_{9A} \cdot S_{9B}$ | $CP$ | $Q_3$ | $Q_2$ | $Q_1$ | $Q_0$ | |
| 1 | 0 | $\times$ | 0 | 0 | 0 | 0 | 直接置 0 |
| 0 | 1 | $\times$ | 1 | 0 | 0 | 1 | 直接置 9 |
| 0 | 0 | $\downarrow$ | 二进制计数 | | | | $CP{\to}CP_0$，$Q_0$ 输出 |
| | | | 五进制计数 | | | | $CP{\to}CP_1$，$Q_3\,Q_2\,Q_1$ 输出 |
| | | | 8421BCD 码十进制计数 | | | | $CP{\to}CP_0$，$Q_0{\to}CP_1$，$Q_3\,Q_2\,Q_1\,Q_0$ 输出 |

　　由表 5-4 可以得知 74LS290 芯片主要有以下功能：

　　异步置 0 功能：当 $R_0 = R_{0A} \cdot R_{0B} = 1$，$S_9 = S_{9A} \cdot S_{9B} = 0$ 时，该芯片被直接置 0，即 $Q_3 Q_2 Q_1 Q_0 = 0000$。这里的置 0 功能的实现与时钟脉冲信号无关，所以被称为异步置 0。

　　异步置 9 功能：当 $S_9 = S_{9A} \cdot S_{9B} = 1$，$R_0 = R_{0A} \cdot R_{0B} = 0$ 时，该芯片被直接置 9，即 $Q_3 Q_2 Q_1 Q_0 = 1001$。这里的置 9 功能的实现也与时钟脉冲信号无关，所以也称为异步置 9。

　　计数功能：当 $R_0 = R_{0A} \cdot R_{0B} = 0$，$S_9 = S_{9A} \cdot S_{9B} = 0$ 时，74LS290 芯片处于计数工作状态。此时表 9-4 体现出下述三种情况：

　　计数脉冲加在 $CP_0$ 上，此时将 $Q_0$ 作为计数器的状态输出端，可构成一位二进制计数器。

　　计数脉冲加在 $CP_1$ 上，此时将 $Q_3$、$Q_2$、$Q_1$ 作为计数器的状态输出端，若计数器的现态 $Q_3 Q_2 Q_1 = 000$，经过 5 个计数脉冲后、电路可按照三位二进制递增的顺序从 $Q_3 Q_2 Q_1 = 100$ 返回到 $Q_3 Q_2 Q_1 = 000$ 的状态。此时电路将构成五进制加法计数器。

　　计数脉冲加在 $CP_0$ 端、且将输出端 $Q_0$ 接至输入脉冲 $CP_1$ 上，此时将 $Q_3$、$Q_2$、$Q_1$、$Q_0$ 作为计数器的状态输出端，若计数器的现态为 $Q_3 Q_2 Q_1 Q_0 = 0000$，经过 10 个计数脉冲后、电路可按照 8421BCD 码递增的顺序从 $Q_3 Q_2 Q_1 Q_0 = 1001$ 返回到 $Q_3 Q_2 Q_1 Q_0 = 0000$ 的状态。此

时电路将构成 8421BCD 码的十进制加法计数器。

## 5.2.2 集成同步加法计数器

### 1. 集成同步二进制加法计数器

74LS161 芯片是具有异步清 0、同步置数、计数、保持等功能的集成四位同步二进制加法计数器。其逻辑功能示意图和引脚图分别如图 5-12 和图 5-13 所示。这里 $D_3$、$D_2$、$D_1$、$D_0$ 是数据并行输入端,$Q_3$、$Q_2$、$Q_1$、$Q_0$ 是计数输出端,$CP$ 为计数脉冲输入端,$EP$、$ET$ 为是否允许计数的使能端,$\overline{CR}$ 为异步清 0 端,$\overline{LD}$ 为同步置数端,$CO$ 是进位输出端。

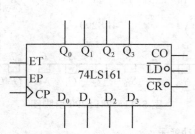

图 5-12　74LS161 逻辑功能示意图

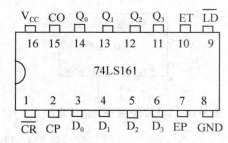

图 5-13　74LS161 引脚图

74LS161 芯片的功能表如表 5-5 所示,由功能表可知该芯片主要有以下功能:

表 5-5　74LS161 的功能表

| $CP$ | $\overline{CR}$ | $\overline{LD}$ | $EP$ | $ET$ | 功能说明 |
|---|---|---|---|---|---|
| × | 0 | × | × | × | 异步清 0 |
| ↑ | 1 | 0 | × | × | 同步置数 |
| × | 1 | 1 | 0 | 1 | 保持 |
| × | 1 | 1 | × | 0 | 保持(此时 $C=0$) |
| ↑ | 1 | 1 | 1 | 1 | 计数 |

在 $\overline{CR}=0$ 时,无论是否有时钟脉冲 $CP$ 和其他输入信号,计数器的输出端被置 0,即 $Q_3 Q_2 Q_1 Q_0 = 0000$。实现了异步清 0 的功能。

在 $\overline{CR}=1$,$\overline{LD}=0$ 时,通过输入时钟脉冲 $CP$ 上升沿的作用,并行输入的数据 $d_3 d_2 d_1 d_0$ 被置入计数器,即 $Q_3 Q_2 Q_1 Q_0 = d_3 d_2 d_1 d_0$。此时、由于在输入时钟脉冲 $CP$ 的作用下才能实现置数功能,因此称为同步置数。

在 $\overline{CR}=\overline{LD}=EP=ET=1$ 时、通过输入时钟脉冲 $CP$ 上升沿的作用,计数器将进行四位二进制加法计数,实现计数功能。

在 $\overline{CR}=\overline{LD}=1$,且 $EP$、$ET$ 中出现 0 时,计数器将保持原来状态不变,实现保持功能。此时、如果是 $EP=0$,$ET=1$,则 $CO=ET\cdot Q_3 Q_2 Q_1 Q_0 = Q_3 Q_2 Q_1 Q_0$,即进位输出信号 $CO$ 不变;但若是 $ET=0$,则 $CO=0$,即此时进位输出为低电平 0。

74LS163 芯片也是一种典型的集成四位同步二进制加法计数器。其逻辑功能示意图和引脚图与 74LS161 芯片相同,除了清 0 方式两者存在明显差异外、其余的逻辑功能也是相同的。74LS161 是异步清 0;而 74LS163 芯片在同步清 0 控制端 $\overline{CR}=0$ 时、计数器并不能被置 0,还需要输入一个计数脉冲 $CP$、在 $CP$ 上升沿的作用下才能被置 0,属于同步置 0 方式。

**2. 集成同步十进制加法计数器**

74LS160 芯片是一种典型的集成同步十进制加法计数器。其逻辑功能示意图和引脚图与 74LS161 芯片相同,除了计数规律实现的是 8421BCD 码十进制加法计数外、其余的逻辑功能也与 74LS161 芯片相同。

74LS162 芯片也是一种典型的按照 8421BCD 码进行计数的集成同步十进制加法计数器。其逻辑功能示意图和引脚图与 74LS160 芯片相同,逻辑功能的清 0 方式与 74LS160 芯片不同、是同步置 0 方式,其余的逻辑功能两者相一致。

### 5.2.3   集成同步可逆计数器

**1. 集成同步二进制可逆计数器**

74LS191 芯片是具有同步可逆计数、异步并行置数、保持等功能的单时钟集成四位二进制同步可逆计数器。其逻辑功能示意图和引脚图分别如图 5-14 和 5-15 所示。这里 $D_3$、$D_2$、$D_1$、$D_0$ 是数据并行输入端,$Q_3$、$Q_2$、$Q_1$、$Q_0$ 是状态输出端,$CP$ 为计数脉冲输入端,$\overline{U}/D$ 为加/减计数控制端,$\overline{CT}$ 为使能端,$\overline{LD}$ 为异步置数控制端,$CO/BO$ 是进位/借位信号输出端,$\overline{RC}$ 是多个芯片级联时级间串行计数使能端。

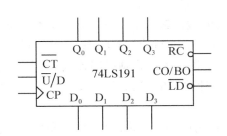

图 5-14   74LS191 逻辑功能示意图

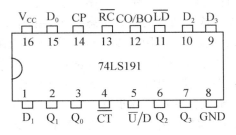

图 5-15   74LS191 引脚图

74LS191 芯片的功能表如表 5-6 所示,由功能表可知该芯片主要有以下功能:

表 5-6   74LS191 的功能表

| $CP$ | $\overline{CT}$ | $\overline{LD}$ | $\overline{U}/D$ | 功能说明 |
|:---:|:---:|:---:|:---:|:---:|
| × | 1 | 1 | × | 保持 |
| × | × | 0 | × | 异步置数 |
| ↑ | 0 | 1 | 0 | 加法计数 |
| ↑ | 0 | 1 | 1 | 减法计数 |

在 $\overline{LD}=0$ 时,无论是否有时钟脉冲 $CP$ 和其他输入信号,并行输入的数据 $d_3d_2d_1d_0$ 被置入计数器,即 $Q_3Q_2Q_1Q_0 = d_3d_2d_1d_0$。此时、由于无输入时钟脉冲 $CP$ 的作用下即可实现置数功能,因此称为异步置数。

在 $\overline{CT}=0$、$\overline{LD}=1$ 时,通过输入时钟脉冲 $CP$ 上升沿的作用,实现计数功能。此时、若 $\overline{U}/D=0$,进行加法计数;若 $\overline{U}/D=1$,则进行减法计数。进行加法计数时,$CO/BO= Q_3Q_0$;进行减法计数时,$CO/BO = \overline{Q_3} \cdot \overline{Q_2} \cdot \overline{Q_1} \cdot \overline{Q_0}$。

在 $\overline{CT}=\overline{LD}= 1$ 时,计数器将保持原来状态不变,实现保持功能。

74LS191 芯片没有专门的置 0 输入端,但可借助并行输入的数据 $d_3d_2d_1d_0=0000$ 时的异步置数功能来实现计数器置 0 功能。

**2. 集成同步十进制可逆计数器**

74LS190 芯片是一种典型的与 74LS191 芯片相对应的单时钟集成同步十进制加法计数器。其逻辑功能示意图和引脚图与 74LS191 芯片相同,除了计数规律实现的是 8421BCD 码十进制加法计数外、其余的逻辑功能与 74LS191 芯片也是相同的。

### 5.2.4 集成计数器的应用

市场上能买到的集成计数器一般为二进制和 8421BCD 码十进制计数器,如果需要其他进制的计数器,可将多个集成计数器串接起来,以获得容量更大的 $N$ 进制计数器。此外、利用集成计数器的清零端和预置数端,外加适当的门电路连接能实现二进制计数器和十进制计数器之外的其他任意 $N$ 进制计数器,这类方法被称为反馈清零法和反馈置数法。

**1. 异步反馈清零法**

异步反馈清零法就是利用集成计数器的异步清零功能实现任意 $N$ 进制计数器。由于异步置 0 输入端出现置 0 信号,计数器便立即被置 0。所以、在实现异步反馈清零时,应在输入第 $N$ 个计数脉冲 CP 后,通过控制电路或反馈线产生一个置 0 信号加到异步置 0 输入端上,使计数器归 0、实现 $N$ 进制计数。

设集成计数器的初始状态为 $S_0$,用 $S_1$、$S_2$、$\cdots$、$S_N$ 表示输入 1、2、$\cdots$、$N$ 个计数脉冲 CP 时计数器的状态。应用异步反馈清零法时,应首先写出 $N$ 进制计数器状态 $S_N$ 的二进制代码,并根据该组代码写置零端的逻辑表达式,最后根据本逻辑表达式画电路连线图、实现要求的 $N$ 进制计数器。因此、异步反馈清零法中,$N$ 进制计数器的状态 $S_0$、$S_1$、$\cdots$、$S_{N-1}$ 是有效状态,而 $S_N$ 就是为产生异步置 0 信号的过渡状态。

【**例 5-4**】利用异步反馈清零法将 74LS161 芯片构成同步六进制计数器,并画出状态图。

**解:**(1) 写 $S_6$ 的二进制代码:$S_6 = 0110$

(2) 写反馈归零函数:$\overline{CR} = \overline{Q_2 Q_1}$

(3) 根据反馈归零函数画接线图,如图 5-16 所示。

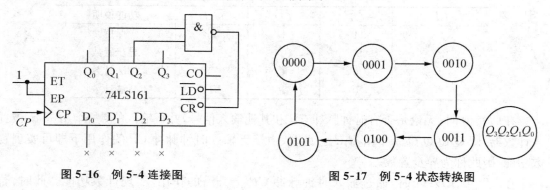

图 5-16　例 5-4 连接图　　　　　　图 5-17　例 5-4 状态转换图

该电路的状态转换图如图 5-17 所示。

**2. 同步反馈清零法**

同步反馈清零法就是利用集成计数器的同步清零功能实现任意 $N$ 进制计数器。由于同步置 0 输入端出现置 0 信号,计数器并不能立即被置 0,还需要再输入一个计数脉冲 CP

后才被置 0。所以，在实现同步反馈清零时，应在输入第 $N-1$ 个计数脉冲 CP 后，通过控制电路或反馈线产生一个置 0 信号加到同步置 0 输入端上，在输入第 $N$ 个计数脉冲 CP 时才使计数器归 0，实现 $N$ 进制计数。

设集成计数器的初始状态为 $S_0$，用 $S_1$、$S_2$、$\cdots$、$S_N$ 表示输入 1、2、$\cdots$、$N$ 个计数脉冲 CP 时计数器的状态。应用同步反馈清零法时，应首先写出 $N$ 进制计数器状态 $S_{N-1}$ 的二进制代码，并根据该组代码写置零端的逻辑表达式，最后根据本逻辑表达式画电路连线图、实现要求的 $N$ 进制计数器。同步反馈清零法中，$N$ 进制计数器的状态 $S_0$、$S_1$、$\cdots$、$S_{N-1}$ 是有效状态。由于时钟脉冲 CP 的作用，不需要为产生置 0 信号的过渡状态 $S_N$，这是与异步反馈归零法的根本不同之处。

**【例 5-5】**利用同步反馈清零法将 74LS163 芯片构成同步六进制计数器。

**解：**（1）写 $S_{6-1}$ 的二进制代码：$S_{6-1}=0101$

（2）写反馈归零函数：$\overline{CR}=\overline{Q_2Q_0}$

（3）根据反馈归零函数画接线图，如图 5-18 所示。

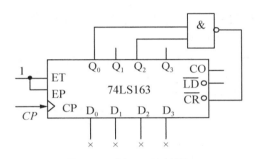

图 5-18　例 5-5 连接图

### 3. 同步反馈置数法

同步反馈置数法就是利用集成计数器的同步预置数功能实现任意 $N$ 进制计数器。同步预置数输入端出现预置数信号，计数器并不能立即实现置数，还需要再输入一个计数脉冲 $CP$ 后才能实现置数。所以、在实现同步反馈置数时，应在输入第 $N-1$ 个计数脉冲 CP 后，通过控制电路或反馈线产生一个有效信号加到同步预置数输入端上，在输入第 $N$ 个计数脉冲 $CP$ 时才使计数器被置数、实现 $N$ 进制计数。

设集成计数器的预置数初始状态为 $S_0$，用 $S_1$、$S_2$、$\cdots$、$S_N$ 表示输入 1、2、$\cdots$、$N$ 个计数脉冲 $CP$ 时计数器的状态。应用同步反馈置数法时，应首先写出 $N$ 进制计数器状态 $S_{N-1}$ 的二进制代码，并根据该组代码写置数端的逻辑表达式，最后根据本逻辑表达式画电路连线图、实现要求的 $N$ 进制计数器。

同步反馈置数法中，$N$ 进制计数器的状态 $S_0$、$S_1$、$\cdots$、$S_{N-1}$ 是有效状态。由于时钟脉冲 $CP$ 的作用，本方法不需要为产生置数信号的过渡状态 $S_N$。

**【例 5-6】**利用同步反馈置 0 法将 74LS163 芯片构成同步六进制计数器。

**解：**（1）因为本题采用同步反馈置 0 法，因此、取 $d_3d_2d_1d_0=0000$。

（2）写 $S_{6-1}$ 的二进制代码：$S_{6-1}=0101$

（3）写反馈置零函数：$\overline{LD}=\overline{Q_2Q_0}$

（4）根据反馈归零函数画接线图，如图 5-19 所示。

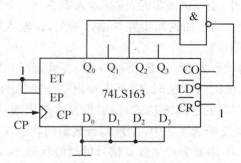

图 5-19　例题 5-6 连接图

【例 5-7】分析图 5-20 所示电路的逻辑功能,并画出状态转换图。

**解：**(1) 由图 5-20 可知,该电路是采用同步反馈置数法来实现任意 $N$ 进制计数器的接线图。

(2) 图中 $D_3D_2D_1D_0=0100$,可作为预置数输入信号。

(3) 本题采用进位输出信号 $CO$ 作为预置数端的控制信号,因此、$\overline{LD}=\overline{Q_3Q_0}$。

(4) 通过上述分析可知：该电路的状态输出端 $Q_3Q_2Q_1Q_0$ 从 0100 至 1001,在时钟脉冲 CP 的作用下按照递增计数的规律实现同步六进制加法计数。状态转换图如图 5-21 所示。

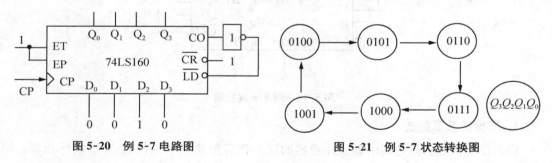

图 5-20　例 5-7 电路图　　　　　　　　　图 5-21　例 5-7 状态转换图

### 4. 异步反馈置数法

异步反馈置数法就是利用集成计数器的异步置数功能实现任意 $N$ 进制计数器。和异步反馈清零一样,异步置数和时钟脉冲无关。只要异步置数控制端出现置数信号时,并行数据输入端的信号 $D_3D_2D_1D_0$ 输入的数据便立刻置入计数器。所以,在应用异步反馈置数法构成 $N$ 进制计数器时,应在输入第 $N$ 个计数脉冲 $CP$ 的时候、通过控制电路或反馈线产生一个置数信号加到计数器的异步置数控制端上,使计数器立刻回到初始的预置数状态、实现 $N$ 进制计数。

应用异步反馈置数法构成 $N$ 进制计数器的方法与异步反馈清零法基本相同。只是必须首先将并行数据输入端的信号 $D_3D_2D_1D_0$ 输入计数的初始状态数据,一般设 $D_3D_2D_1D_0=0000$。

【例 5-8】利用异步反馈置数法将 74LS191 芯片构成同步六进制计数器,并画出状态图。

**解：**(1) 假定计数器从 $Q_3Q_2Q_1Q_0=0000$ 状态开始计数,所以、设 $D_3D_2D_1D_0=0000$。

(2) 写 $S_6$ 的二进制代码：$S_6=0110$

(3) 写反馈置数函数：$\overline{LD}=\overline{Q_2Q_1}$

（4）根据反馈归零函数画接线图，如图 5-22 所示。

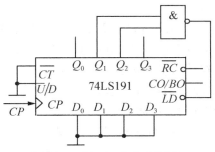

**图 5-22　例 5-8 电路连接图**

### 5. 集成计数器的级联

集成计数器的级联方法是指把多个集成计数器串接起来，从而获得所需的大容量 $N$ 进制计数器。把一个 $N_1$ 进制计数器和一个 $N_2$ 进制计数器串接起来，即可构成 $N＝N_1×N_2$ 进制的计数器。

常见的级联方式有串行进位方式和并行进位方式两种。在串行进位方式中，以低位片的进位输出信号作为高位片的时钟输入信号；而并行进位方式中，则是以低位片的进位输出信号作为高位片的工作状态控制信号、即是否允许计数的使能信号，两片的脉冲输入端则要同时接计数输入信号。下面我们以将 2 片集成四位同步二进制加法计数器 74LS161 芯片构成的 256 进制计数器为例分析这两种级联方法。

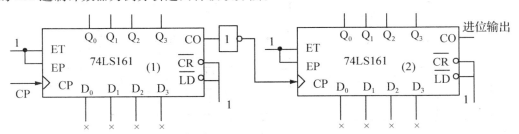

**图 5-23　串行进位方式的级联电路图**

图 5-23 所示电路是串行进位方式的级联方法。两片 74LS161 的 $EP$ 和 $ET$ 恒为 1，都工作在计数状态。第 1 片的 74LS161 芯片每计到 1111 时 $CO$ 端输出变为高电平 1，经反相器后使第 2 片的 74LS161 芯片的脉冲输入端 $CP$ 为低电平 0。下一个计数输入脉冲到达后，第 1 片 74LS161 回到 0000 状态，$CO$ 端跳回低电平，经反相器后使第 2 片的 74LS161 芯片的脉冲输入端 $CP$ 跳变为高电平 1，则第 2 片的 74LS161 芯片计数 1 次。可见，这种接法时两片的 74LS161 处于异步工作方式。

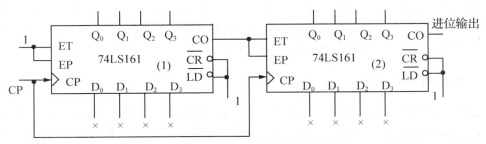

**图 5-24　并行进位方式的级联电路图**

图 5-24 所示电路是并行进位方式的级联方法。以第 1 片 74LS161 芯片的进位输出 $CO$ 作为第 2 片 74LS161 芯片的 $EP$ 和 $ET$ 输入。每当第 1 片的 74LS161 芯片计到 1111 时 $CO$ 端输出变为高电平 1，下个 CP 信号到达时第 2 片 74LS161 芯片工作在计数状态，计入 1，而第 1 片的 74LS161 芯片则回到 0000 状态，它的 $CO$ 端回到低电平。第 1 片 74LS161 芯片的 $EP$ 和 $ET$ 恒为 1，始终工作在计数工作状态。

在许多情况下，则需要先把计数器级联起来扩大容量后，再使用整体清零方式或整体置数方式获得大容量的任意 $N$ 进制计数器。

**【例 5-9】**试用整体清零方式将 74LS160 芯片实现 48 进制同步加法计数器。

**解：**因为 $N=48$，而 74LS16 芯片 0 为模等于 10 的计数器，所以要用两片 74LS160 构成此计数器。

先将两芯片采用同步级联方式连接成 100 进制计数器。

再借助 74LS160 异步清零功能、通过整体清零法，在输入第 48 个计数脉冲后，计数器输出状态为 0100 1000 时，高位片（2）的 $Q_2$ 和低位片（1）的 $Q_3$ 同时为 1，使与非门输出 0，加到两芯片异步清零端上，使计数器立即返回 0000 0000 状态，状态 0100 1000 仅在极短的瞬间出现，为过渡状态，这样，就组成了 48 进制计数器。

其逻辑电路如图 5-25 所示。

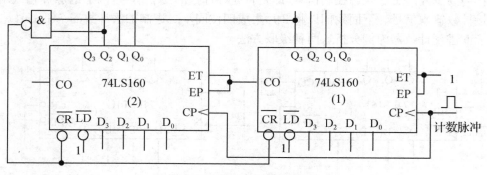

**图 5-25　例 5-9 逻辑电路图**

# 5.3　集成寄存器和移位寄存器

寄存器是存放数码、指令或运算结果的电路。移位寄存器不但可以存放数码等二进制数据，还能在移位脉冲的作用下，将移位寄存器中的数码根据需要向左或向右移位。寄存器和移位寄存器是数字系统中常用的基本部件，应用很广。本节我们将介绍常见的中规模集成寄存器和移位寄存器的基本原理和应用方法。

## 5.3.1　集成寄存器简介

寄存器是存储二进制数码的时序电路部件，它具有接收和寄存二进制数码的逻辑功能。前面介绍的各种集成触发器，可以看作是一种能够存储一位二进制数的寄存器，用 $n$ 个触发

器就可以存储 $n$ 位二进制数。

由 D 触发器可组成集成 4 位寄存器 74LSl75 芯片。该芯片的内部电路图如图 5-26 所示，引脚图如图 9-27 所示。其中，$\overline{CR}$ 是异步清零控制端。$D_0 \sim D_3$ 是并行数据输入端，CP 为时钟脉冲端，$Q_0 \sim Q_3$ 是并行数据输出端，$\overline{Q_0} \sim \overline{Q_3}$ 是反码数据输出端。

该电路的数码接收过程为：将需要存储的四位二进制数码送到数据输入端 $D_0 \sim D_3$，在 CP 端送一个时钟脉冲，脉冲上升沿作用后，四位数码并行地出现在四个触发器的 $Q$ 端。

74LS175 芯片的功能表见表 5-7 中。

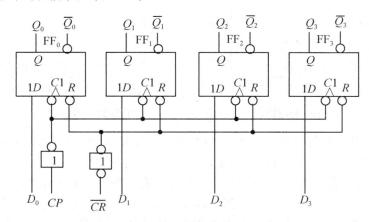

图 5-26　74LS175 的内部电路图

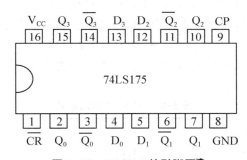

图 5-27　74LS175 的引脚图

表 5-7　74LS175 的功能表

| 清零 | 时钟 | 输　入 | | | | 输　出 | | | | 工作模式 |
|------|------|-------|------|------|------|-------|------|------|------|---------|
| $\overline{CR}$ | $CP$ | $D_0$ | $D_1$ | $D_2$ | $D_3$ | $Q_0$ | $Q_1$ | $Q_2$ | $Q_3$ | |
| 0 | $\times$ | $\times$ | $\times$ | $\times$ | $\times$ | 0 | 0 | 0 | 0 | 异步清零 |
| 1 | ↑ | $D_0$ | $D_1$ | $D_2$ | $D_3$ | $D_0$ | $D_1$ | $D_2$ | $D_3$ | 数码寄存 |
| 1 | 1 | $\times$ | $\times$ | $\times$ | $\times$ | 保　持 | | | | 数据保持 |
| 1 | 0 | $\times$ | $\times$ | $\times$ | $\times$ | 保　持 | | | | 数据保持 |

## 5.3.2　集成移位寄存器的基本原理

移位寄存器不但可以寄存数码，而且在移位脉冲作用下、移位寄存器中的数码可根据需要向左或向右移位。移位寄存器也是数字系统和计算机中应用很广泛的基本逻辑部件。双向移位寄存器 74LS194 芯片是常见的中规模集成移位寄存器电路。

74LS194 芯片是由四个触发器组成的功能很强的四位移位寄存器。该芯片的逻辑功能示意图如图 5-28 所示,引脚图如图 5-29 所示。其中:$\overline{CR}$ 是异步清零控制端。$D_{SL}$ 和 $D_{SR}$ 分别是左移和右移串行输入,$D_0 \sim D_3$ 是并行数据输入端,$CP$ 为时钟脉冲端,$Q_0$ 和 $Q_3$ 分别是左移和右移时的串行输出端,$Q_0 \sim Q_3$ 是并行数据输出端。

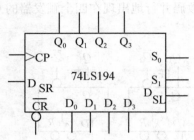

图 5-28　74LS194 的逻辑功能示意图

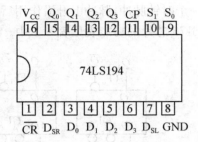

图 5-29　74LS194 的引脚图

74LS194 芯片的功能表见表 9-8,由功能表可以看出 74LS194 芯片具有如下功能:

(1) 异步清零:当 $\overline{CR}=0$ 时即刻清零,与其他输入状态及 $CP$ 无关。

(2) $S_1$、$S_0$ 是控制输入。当 $\overline{CR}=1$ 时 74LS194 有如下 4 种工作方式:

①当 $S_1 S_0 = 00$ 时,不论有无 $CP$ 到来,各触发器状态不变,为保持工作状态。

②当 $S_1 S_0 = 01$ 时,在 $CP$ 的上升沿作用下,实现右移(上移)操作。此时、$D_{SR}$ 为串行输入端,$Q_3$ 为串行输出端,数据流向是 $D_{SR} \to Q_0 \to Q_1 \to Q_2 \to Q_3$。

③当 $S_1 S_0 = 10$ 时,在 $CP$ 的上升沿作用下,实现左移(下移)操作。此时、$D_{SL}$ 为串行输入端,$Q_0$ 为串行输出端,数据流向是 $D_{SL} \to Q_3 \to Q_2 \to Q_1 \to Q_0$。

④当 $S_1 S_0 = 11$ 时,在 $CP$ 的上升沿作用下,实现置数操作:$D_0 \to Q_0$,$D_1 \to Q_1$,$D_2 \to Q_2$,$D_3 \to Q_3$。

表 5-8　74LS194 的功能表

| 输　　入 | | | | | | | | | | 输　　出 | | | | 工作模式 |
| 清零 | 控制 | | 串行输入 | | 时钟 | 并行输入 | | | | | | | | |
| $\overline{CR}$ | $S_1$ | $S_0$ | $D_{SL}$ | $D_{SR}$ | $CP$ | $D_0$ | $D_1$ | $D_2$ | $D_3$ | $Q_0$ | $Q_1$ | $Q_2$ | $Q_3$ | |
| 0 | × | × | × | × | × | × | × | × | × | 0 | 0 | 0 | 0 | 异步清零 |
| 1 | 0 | 0 | × | × | × | × | × | × | × | $Q_0$ | $Q_1$ | $Q_2$ | $Q_3$ | 保　持 |
| 1 | 0 | 1 | × | 1 | ↑ | × | × | × | × | 1 | $Q_0$ | $Q_1$ | $Q_2$ | 右移 |
| 1 | 0 | 1 | × | 0 | ↑ | × | × | × | × | 0 | $Q_0$ | $Q_1$ | $Q_2$ | |
| 1 | 1 | 0 | 1 | × | ↑ | × | × | × | × | $Q_1$ | $Q_2$ | $Q_3$ | 1 | 左移 |
| 1 | 1 | 0 | 0 | × | ↑ | × | × | × | × | $Q_1$ | $Q_2$ | $Q_3$ | 0 | |

### 5.3.3　集成移位寄存器的应用分析

**1. 环形计数器**

图 5-30 是用 74LS194 构成的环形计数器的逻辑电路图。当正脉冲起动信号 $ST$ 到来

时,使 $S_1 S_0 = 11$,从而不论移位寄存器 74LS194 的原状态如何,在 CP 作用下总是执行置数操作使 $Q_0 Q_1 Q_2 Q_3 = 1000$。当 ST 由 1 变 0 之后,$S_1 S_0 = 01$,在 CP 作用下移位寄存器进行右移操作。在第四个 CP 到来之前 $Q_0 Q_1 Q_2 Q_3 = 0001$。这样在第四个 CP 到来时,由于 $D_{SR} = Q_3 = 1$,故在此 CP 作用下 $Q_0 Q_1 Q_2 Q_3 = 1000$。可见该计数器共 4 个状态,为模 4 计数器。其状态转换图如图 5-31 所示。

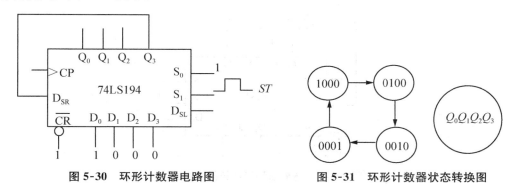

图 5-30 环形计数器电路图　　　　图 5-31 环形计数器状态转换图

环形计数器的电路十分简单,N 位移位寄存器可以计 N 个数,实现模 N 计数器,且状态为 1 的输出端的序号即代表收到的计数脉冲的个数,通常不需要任何译码电路。它的缺点是状态利用率太低。

在本电路中,随着移位脉冲 CP 的输入,电路进行右移操作,相当于由 $Q_0 \sim Q_3$ 端依次输出宽度为 CP 的一个周期的顺序脉冲。因此它实际也是一个顺序脉冲发生器。我们把在每个循环周期内,在时间上按一定先后顺序排列的脉冲信号称为顺序脉冲。产生顺序脉冲信号的电路称为顺序脉冲发生器。在数字系统中,常以控制某些设备按照事先规定的顺序进行操作和运算。

### 2. 扭环形计数器

为了增加有效计数状态,扩大计数器的模,将上述接成右移寄存器的 74LS194 的末级输出 $Q_3$ 反相后,接到串行输入端 $D_{SR}$,就构成了扭环形计数器,如图 5-32 所示,图 5-33 为其状态图。通过本电路的状态转换图可知该电路有 8 个计数状态,为模 8 计数器。

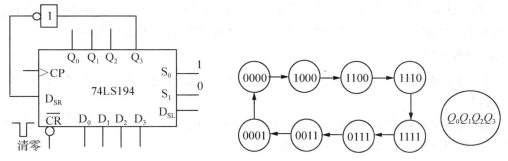

图 5-32 八进制扭环形计数器电路图　　　　图 5-33 八进制扭环形计数器状态转换图

一般来说,利用移位寄存器组成扭环形计数器是相当普遍的,并且有一定规律性。N 位移位寄存器组成模 2N 的扭环形计数器、即偶数分频电路,只需将第 N 位输出反相后,接到串行输入端 $D_{SR}$ 即可。如果将移位寄存器的第 N 位和 N−1 位的输出端通过与非门加到串

行输入端 $D_{SR}$ 时,则构成 $2N-1$ 进制扭环形计数器,即奇数分频电路。图 5-34 所示的电路中,$Q_3$ 为第 4 位输出,$Q_2$ 为第 3 位输出,则该电路构成了 $2\times4-1=7$ 进制扭环形计数器,即七分频电路。

扭环形计数器的优点是每次状态变化只有一个触发器翻转,译码器不存在竞争与冒险现象,电路比较简单。其主要缺点是电路状态利用率不高。

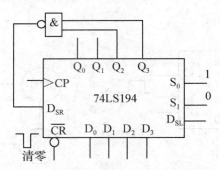

**图 5-34　7 进制扭环形计数器电路图**

# 5.4　同步时序逻辑电路的设计方法

同步时序逻辑电路的设计与分析正好相反,它是根据给定逻辑功能的要求,设计出满足一定要求的同步时序电路。

### 5.4.1　同步时序电路设计的基本步骤

同步时序电路的一般设计步骤如下:

**1. 根据设计要求,设定状态,画出对应状态图或状态表。**

**2. 进行状态化简,消去多余的状态,得简化状态图(表)。**

在保证满足所要求的逻辑功能的前提下,电路越简单越好。因此、在拟定状态转换图时,应将多余的重复状态合并为一个状态,这样可以获得最简的状态转换图。

**3. 状态分配:**

状态分配又称状态编码,是把一组适当的二进制代码分配给简化状态图(表)中各个状态的过程。

化简后的电路状态通常采用自然二进制数进行编码。每个触发器表示一位二进制数,触发器的数目可用公式 $2^n \geqslant N > 2^{n-1}$ 来确定。

**4. 选择触发器的类型,求出状态方程、驱动方程、输出方程。**

在求出触发器的状态方程、输出方程后,再将状态方程与触发器的特性方程进行比较,求出驱动方程。

JK 触发器使用比较灵活,在设计中多选用 JK 触发器。

**5. 根据输出方程和驱动方程画出逻辑图。**

**6. 检查电路能否自启动。**

如设计的电路存在无效状态时,应检查电路进入无效状态后,能否在时钟脉冲的作用下自动返回有效工作状态工作。如果能回到有效状态,则电路具有自启动能力;否则、需修改设计,使电路具备自启动能力。

总之、设计同步时序电路的关键是根据设计要求确定状态转换的规律和求出各触发器的驱动方程。只要抓住这两点,就能很好地掌握同步时序电路的设计方法。

### 5.4.2 同步时序电路设计举例

【例 5-10】试设计一个同步五进制加法计数器电路。

**解:**(1) 根据设计要求,设定状态,画出状态转换图,如图 5-35 所示。该状态图不需化简。

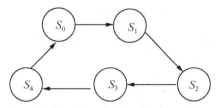

图 5-35 例 5-10 的状态图

(2) 状态分配,列状态转换编码表,如表 5-9 所示。

(3) 选择触发器。选用 JK 触发器

表 5-9 例 5-10 的状态转换编码表

| 状态转换顺序 | $Q_2$ | $Q_1$ | $Q_0$ | $Q_2^{n+1}$ | $Q_1^{n+1}$ | $Q_0^{n+1}$ | $Y$ |
|---|---|---|---|---|---|---|---|
| $S_0$ | 0 | 0 | 0 | 0 | 0 | 1 | 0 |
| $S_1$ | 0 | 0 | 1 | 0 | 1 | 0 | 0 |
| $S_2$ | 0 | 1 | 0 | 0 | 1 | 1 | 0 |
| $S_3$ | 0 | 1 | 1 | 1 | 0 | 0 | 0 |
| $S_4$ | 1 | 0 | 0 | 0 | 0 | 0 | 1 |

(4) 求各触发器的驱动方程和进位输出方程。

首先,画出电路的次态卡诺图,如图 5-36 所示。

则该电路的状态方程为:$Q_2^{n+1} = Q_1 Q_0 \overline{Q_2}$

$$Q_1^{n+1} = Q_0 \overline{Q_1} + \overline{Q_0} Q_1$$

$$Q_0^{n+1} = \overline{Q_2}\ \overline{Q_0}$$

电路的输出方程为:$Y = Q_2$

因此所选用触发器的驱动方程为:$J_2 = Q_1 Q_0, K_2 = 1$

$$J_1 = Q_0, K_1 = Q_0$$

$$J_0 = \overline{Q_2}, K_0 = 1$$

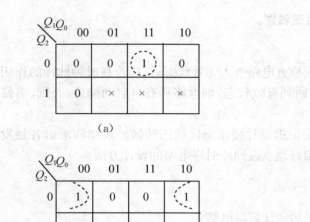

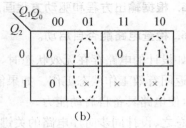

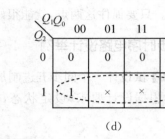

图 5-36　电路的次态卡诺图

(a) $Q_2^{n+1}$ 卡诺图　(b) $Q_1^{n+1}$ 卡诺图　(c) $Q_0^{n+1}$ 卡诺图　(d) $Y$ 卡诺图

（5）画出设计的逻辑图，如图 5-37 所示。

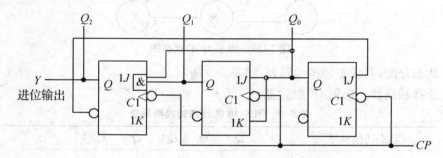

图 5-37　同步五进制加法计数器电路图

（6）检查能否自启动：

利用逻辑分析的方法画出电路完整的状态图，如图 5-38 所示。可见，如果电路进入无效状态 101、110、111 时，在 CP 脉冲作用下，分别进入有效状态 010、010、000。

所以电路能够自启动。

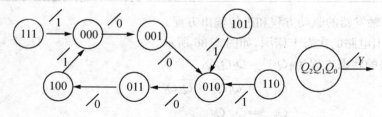

图 5-38　同步五进制加法计数器的完整状态转换图

# 实验项目五　集成计数器的逻辑功能测试及应用

**一、实验目的**

（1）学习中规模集成计数器的逻辑功能。

（2）熟练掌握常用中规模集成计数器及其应用方法。

**二、实验原理**

计数器是典型的时序逻辑电路，它用来累计和记忆输入脉冲的个数。计数是数字系统中非常重要的基本操作，所以也是应用最广泛的逻辑部件之一。

集成计数器是中规模集成电路，其种类有很多。如果按各触发器翻转的次序分类，计数器可分为同步计数器和异步计数器两种；如果按照计数数字的增减分类，可分为加法计数器、减法计数器和可逆计数器三种；如果按计数器进行规律分类，可分为二进制计数器、十进制计数器和 N 进制计数器三种。

计数器常从零开始计数，所以应具有"置零（清除）"功能。此外计数器还有"预置数"的功能，通过预置数据于计数器中，可以使计数器从任意值开始计数。常用集成计数器均有典型产品，不必自己设计，只需合理选用即可。

**三、实验用仪器与设备**

（1）电子课程设计实验箱

（2）4 位二进制同步计数器 74LS161

（3）异步二-五-十进制计数器 74LS290

（4）同步十进制可逆计数器 74LS192

（5）二四输入与非门 74LS20

**四、实验方法与步骤**

（1）测试 74LS161 的逻辑功能：CP 用单次脉冲，输出接发光二极管，按功能表要求依次测试，并记录结果。

（2）用 74LS161 实现十进制计数器，并接入译码显示电路，观察电路的计数、译码、显示过程。

（3）用两片 74LS161 实现二十一进制计数器，并进行代码显示，进行实验验证。

**五、实验准备及预习要求**

（1）预习有关计数器的内容。

（2）绘出各实验内容的详细电路图。

（3）拟出各实验内容所需的测试记录表格。

（4）熟悉实验所用各集成芯片的引脚排列图。

**六、实验注意事项**

实验前要看清芯片各管脚的位置；切忌电源极性接反，否则将会损坏集成块。

# 实验项目六　计数、译码与显示综合训练

## 一、实验目的

（1）进一步掌握中规模集成计数器的应用。

（2）掌握译码器的工作原理及其应用方法。

## 二、实验原理

本实验中，我们选用常用的共阴极半导体数码管及其译码驱动器，它们的型号分别为 LC5011-11 共阴数码管，74LS248 BCD 码 4-7 段译码驱动器。LC5011-11 共阴数码管和 74LS248 译码驱动器管脚排列如图 5-39 所示。

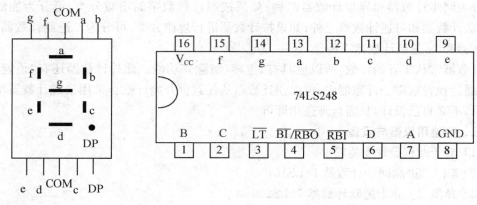

　　　（a）LC5011-11 引脚排列图　　　　　　　　（b）74LS248 引脚排列图

**图 5-39　数字显示器与译码驱动器引脚排列图**

　　LC5011-11 共阴数码管其内部实际是一个八段发光二极管负极连在一起的电路，当在 $a$、$b$、$c$、$d$、$e$、$f$、$g$、$DP$ 段加上正向电压时，发光二极管就亮。比如显示二进制数 0101（即十进制数 5），应使显示器的 $a$、$f$、$g$、$c$、$d$ 段加上高电平就行了。同理，共阳极显示应在各段加上低电平，各段亮。

　　74LS248 是 4 线-7 线译码器/驱动器。它的基本信号是 4 位二进制数（也可以是 8421BCD 码）$D$、$C$、$B$、$A$，基本输出信号有七个：$a$、$b$、$c$、$d$、$e$、$f$、$g$。用 74LS248 驱动 LC5011-11 的基本接法如图 5-40 所示。当输入信号从 0000 至 1111 变化 16 种不同状态时。

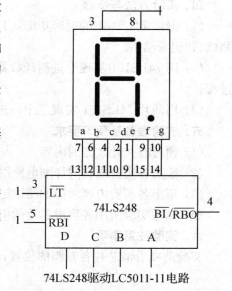

74LS248驱动LC5011-11电路

　　除了上述基本输入和输出外还有几个辅助输入、输出端，其辅助功能为：

　　1. 灭灯功能：只要 $\overline{BI}/\overline{RBO}$ 置入 0，则无论其他 **图 5-40　74LS248 驱动 LC5011-11 电路**

输入处于何状态，$a\sim g$ 各段均为 0，显示器这时为整体不亮。

2. 灭零功能：当 $\overline{LT}=1$ 且 $\overline{BI}/\overline{RBO}$ 作输出，不输入低电平时，如果 $\overline{RBI}=1$ 时，则在 $D$、$C$、$B$、$A$ 的所有组合下，仍然都是正常显示。如果 $\overline{RBI}=0$ 时，$DCBA=0000$ 时仍正常显示，当 $DCBA=0000$ 时，不再显示 0 的字形，而 $a$、$b$、$c$、$d$、$e$、$f$、$g$ 各段输出全为 0，与此同时 $\overline{RBO}$ 输出低电平。

3. 灯测试功能：在 $\overline{BI}/\overline{RBO}$ 端不输入低电平的前提下，当 $\overline{LT}=0$ 时，则无论其它输入处于何状态，$a\sim g$ 各段均为 1，显示器这时全亮。常常用此法测试显示器的好坏。

在计数器的实验中，我们已经做过中规模集成计数器的实验论证。这里我们选用 74LS290 集成计数器作为计数器部分来进行本实验显示的前级部分。如果我们把计数器的输出接到译码显示器的输入端，就构成了计数、译码显示器。

### 三、实验用仪器与设备

（1）电子课程设计实验箱

（2）异步二—五—十进制计数器 74LS290

（3）4 线-7 线译码器/驱动器 74LS248

（4）LC5011-11 共阴数码管

### 四、实验方法与步骤

（1）译码显示

按图 5-40 连线，其中 $\overline{LT}$、$\overline{RBI}$、$D$、$C$、$B$、$A$ 接逻辑开关，$a$、$b$、$c$、$d$、$e$、$f$、$g$ 七段分别接显示器对应的各段。地线、电源线接好后，若接线无误后，接通电源开始实验论证：

①$\overline{LT}=0$，其余状态为任意态，这时 LED 数码管全亮。

②再用一根导线把 0 电平接到 $\overline{BI}/\overline{RBO}$ 端这时数码管全灭，不显示。这说明译码显示器是好的。

③断开 $\overline{BI}/\overline{RBO}$ 与 0 电平相连的导线，使 $\overline{BI}/\overline{RBO}$ 悬空。且使 $\overline{LT}=1$，这时拨动 $D$、$C$、$B$、$A$ 逻辑开关，输入四位 8421 码二进制数，显示器就显示相应的十进制数。

④在步骤③后，仍使 $\overline{LT}=1$，$\overline{BI}/\overline{RBO}$ 接发光二极管，此时若 $\overline{RBO}=1$，拨动 $D$、$C$、$B$、$A$ 逻辑开关，显示器正常显示工作。若 $\overline{RBO}=0$，拨动 $D$、$C$、$B$、$A$ 逻辑开关，8421 码输出为 0000 时，显示器全灭，这时 $\overline{BI}/\overline{RBO}$ 端输出为低电平，即发光二极管灭。这就是"灭零"功能。

（2）计数译码显示

①按图 5-41 用 74LS290 构成十进制计数器电路，$Q_3$、$Q_2$、$Q_1$、$Q_0$ 分别接译码显示电路输入端，$R_{0A}$、$R_{0B}$、$R_{9A}$、$R_{9B}$ 全部接低电平 0，$CP_0$ 接单次脉冲，$Q_0$ 接 $CP_1$。接线完毕，接通电源，输入单次脉冲观察显示器状态，并记录结果。

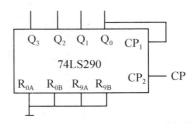

图 5-41　74LS290 构成十进制计数器

②用两片 74LS290 组成 100 进制计数器，译码显示则用二位，译码显示部分用 74LS248 和 LC5011-11 组合。

### 五、实验准备及预习要求

（1）复习译码、显示工作原理和逻辑电路图。

（2）查阅有关手册，熟悉 74LS248、LC5011-11 的逻辑功能。并对其译码、显示产品有所了解。

（3）复习计数器的逻辑功能及电路构成。

**六、实验注意事项**

实验前要看清芯片各管脚的位置；切忌电源极性接反，否则将会损坏集成块。

# 本章习题

5-1 为什么组合逻辑电路用逻辑函数就可以表示其逻辑功能，而时序逻辑电路需要用驱动方程、状态方程、输出方程才能表示其功能？

5-2 何为二进制计数器？4个触发器组成的二进制计数器能计几个数？$n$ 个触发器组成的二进制计数器能计几个数？

5-3 如何实现用频率为 1000 Hz 的脉冲获得秒脉冲的电路，试说明原因。

5-4 用 74LS161 芯片实现任意 $N$ 进制计数器，可以用异步清零法，也可以用同步置数法。这里的"异步"和"同步"各是什么含义？能否取消或互换？

5-5 分析图 5-42 所示同步时序逻辑电路的逻辑功能，并判断该电路是否具有自启动能力。

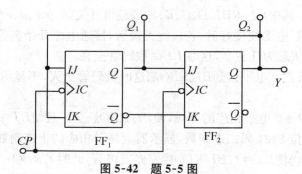

**图 5-42 题 5-5 图**

5-6 分析图 5-43 所示同步时序电路的逻辑功能，要求写出驱动方程、状态方程、输出方程，画出状态转换图并对逻辑功能进行说明。

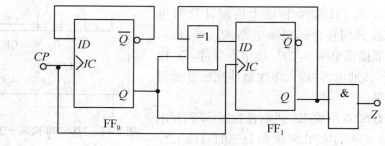

**图 5-43 题 5-6 图**

5-7 分析图 5-44 所示同步时序逻辑电路的逻辑功能，并判断该电路是否具有自启动能力。

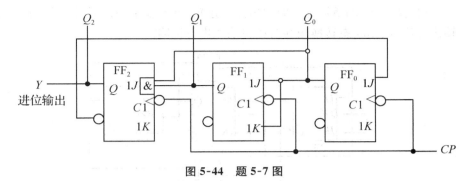

图 5-44　题 5-7 图

5-8　分析图 5-45 所示同步时序逻辑电路的逻辑功能,并判断该电路是否具有自启动能力。

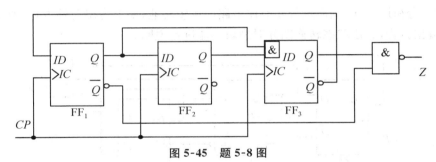

图 5-45　题 5-8 图

5-9　分析图 5-46 所示同步时序电路的逻辑功能,要求写出驱动方程、状态方程、输出方程,画出状态转换图并对逻辑功能进行说明。

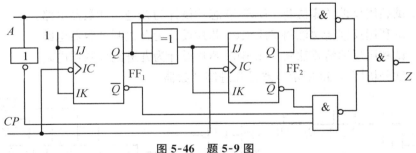

图 5-46　题 5-9 图

5-10　分析图 5-47 的所示同步时序电路的逻辑功能,要求写出驱动方程、状态方程、输出方程,画出状态转换图并对逻辑功能进行说明。

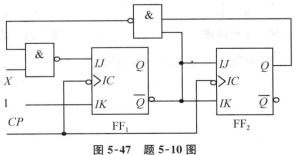

图 5-47　题 5-10 图

5-11　分析图 5-48 的所示异步时序电路的逻辑功能,要求写出时钟方程、驱动方程、状态方程、输出方程,画出状态转换图并对逻辑功能进行说明。

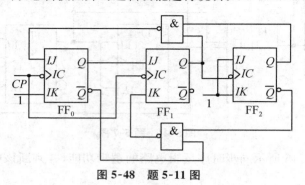

图 5-48　题 5-11 图

5-12　分析图 5-49 的所示异步时序电路的逻辑功能,要求写出时钟方程、驱动方程、状态方程、输出方程,画出状态转换图并对逻辑功能进行说明。

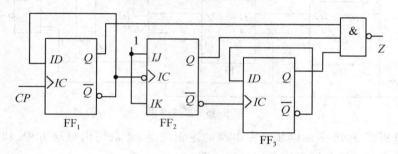

图 5-49　题 5-12 图

5-13　试利用反馈清零法将 74LS250 芯片设计为九进制计数器电路。

5-14　试利用反馈清零法将 74LS161 芯片设计为九进制计数器电路。

5-15　试利用反馈清零法将 74LS163 芯片设计为九进制计数器电路。

5-16　试分析图 5-50 所示电路是几进制计数器。

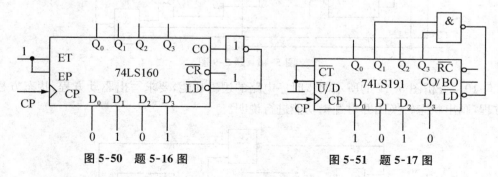

图 5-50　题 5-16 图　　　　　图 5-51　题 5-17 图

5-17　试分析图 5-51 所示电路是几进制计数器。

5-18　试分析图 5-52 所示电路是几进制计数器。

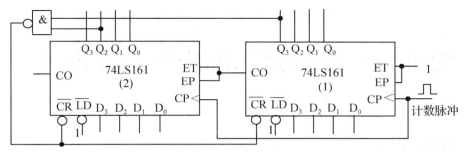

图 5-52　题 5-18 图

5-19　试分析图 5-53 所示电路是几进制计数器。

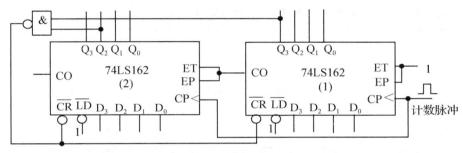

图 5-53　题 5-19 图

5-20　试分析图 5-54 所示电路是几进制计数器。

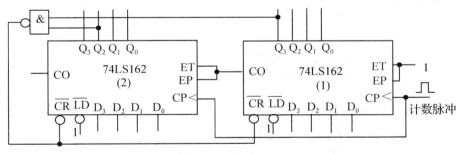

图 5-54　题 5-20 图

5-21　试用双向移位寄存器 74LS154 芯片和门电路构成扭环形六进制计数器。

5-22　试用双向移位寄存器 74LS154 芯片和门电路构成扭环形五进制计数器。

5-23　试用 JK 触发器设计一个七进制加法计数器。

5-24　试设计一个能产生 011100111001110 的序列脉冲发生器电路。

# 第6章　脉冲波形的产生与变换电路

**本章导学**

　　本章学习几种常见的脉冲波形的产生与变换方法。本章首先介绍施密特触发器、单稳态触发器、多谐振荡器的工作原理、工作波形以及参数计算；然后讨论了 555 定时器电路结构及其应用；通过本章的学习应掌握基本脉冲电路的设计。

## 6.1　概述

　　在数字电路或系统中，常常需要各种不同频率、有一定宽度和幅度的脉冲信号，例如时钟脉冲、控制过程的定时信号等。常用的脉冲信号有方波、矩形波、三角波、锯齿波、钟形脉冲等，其中最常用的是矩形波。下面以图 6-1 矩形波为例，来说明脉冲信号波形的一些参数。

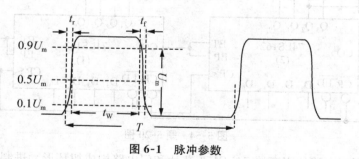

**图 6-1　脉冲参数**

脉冲幅度 $U_m$：最高电平对应的幅值。

脉冲上升时间 $t_r$：脉冲上升沿从 $0.1U_m$ 上升到 $0.9U_m$ 所需要的时间。

脉冲下降时间 $t_f$：脉冲下降沿从 $0.9U_m$ 下降到 $0.1U_m$ 所需要的时间。

脉冲宽度 $t_w$：脉冲前、后沿上 $0.5U_m$ 之间的时间间隔。

脉冲周期 $T$：对于周期性脉冲信号，两个相邻脉冲波形上相应点之间的时间间隔。

脉冲频率 $f$：单位时间的脉冲数，与脉冲周期是倒数的关系。

占空比 $q$：脉冲宽度与脉冲周期的比值，即 $q = \dfrac{t_w}{T}$。

　　在数字电路中，获取矩形脉冲信号的方法有两种：一种是利用多谐振荡器直接产生所需的脉冲信号，另一种是利用脉冲信号变换电路，如施密特触发器和单稳态触发器，将已有的脉冲信号变成所需的脉冲信号。

# 6.2　施密特触发器

施密特触发器(Schmitt Trigger)是脉冲波形转换中经常使用的一种电路。它在性能上有如下重要特点：

第一：它是一种电平触发的双稳态触发器，输入信号的高电平和低电平使输出处于两种对立状态的不同状态，即具有图 6-2(a)所示的滞后电压传输特性，此特性又称为回差特性。

第二：可以将边沿变化缓慢的信号波形转换为边沿陡峭的矩形波。

由于上述特点，施密特触发器的抗干扰能力很强。其符号如图 6-2(b)所示。

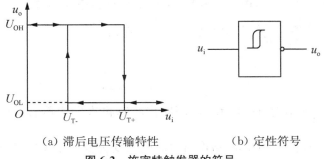

（a）滞后电压传输特性　　　　　（b）定性符号

**图 6-2　施密特触发器的符号**

## 6.2.1　用门电路组成的施密特触发器

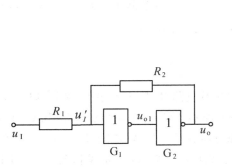

**图6-3　由 CMOS 门构成的施密特触发器**

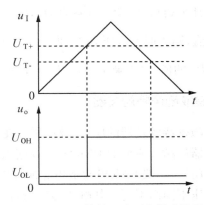

**图6-4　图 6-3 的输入波形和输出波形**

图 6-3 给出了由 CMOS 反相器组成的施密特电路的电路图。$G_1$ 和 $G_2$ 都是 CMOS 反相器，其电压阈值 $U_{TH} = \frac{1}{2} V_{DD}$，将这两个反相器串联，并用分压电阻 $R_1$ 和 $R_2 (R_1 < R_2)$ 把输出端电压反馈到输入端。现以输入信号 $u_I$ 为图 6-4 所示的三角波为例说明电路的工作原理。

当 $u_I = 0$ 时,由于 $R_1 < R_2$,所以,$u_I' = \dfrac{R_1}{R_1 + R_2} u_o < \dfrac{1}{2} V_{DD}$,$u_{o1}$ 为高电平,$u_o$ 为低电平,$u_o$ 经 $R_2$ 反馈回来,使 $u_{o1} \approx V_{DD}$、$u_o \approx 0$ V,$u_I' \approx 0$ V。

当 $u_I$ 逐渐升高,$u_I'$ 随 $u_I$ 一起升高。电路的正反馈过程如下:

$$u_I \uparrow \rightarrow u_I' \uparrow \rightarrow u_{o1} \downarrow \rightarrow u_o \uparrow$$

当 $u_I' = U_{TH} = \dfrac{1}{2} V_{DD}$ 时,反馈使 $u_o$ 迅速变为高电平,即 $u_o \approx V_{DD}$,由图可计算此时的输入:$u_I = \dfrac{1}{2} V_{DD} \left( 1 + \dfrac{R_1}{R_2} \right)$,我们把这个引起电路输出由低电平变为高电平所对应的输入电平值,称为正向触发阈值电平。记为 $U_{T+}$,即 $U_{T+} = \left( 1 + \dfrac{R_1}{R_2} \right) U_{TH}$,若此时 $u_I$ 继续上升,电路输出 $u_o$ 将持续高电平。

当 $u_I$ 由高电平开始下降,由于 $u_o \approx V_{DD}$,输入下降时,电流通过电阻反馈网络,从输出流向输入,$u_I' = V_{DD} - \dfrac{(V_{DD} - u_I) R_2}{R_1 + R_2}$,电路的正反馈过程如下:

$$u_I \downarrow \rightarrow u_I' \downarrow \rightarrow u_{o1} \uparrow \rightarrow u_o \downarrow$$

当 $u_I' = U_{TH} = \dfrac{1}{2} V_{DD}$ 时,$G_1$ 门和 $G_2$ 门输出状态再次发生翻转。$u_o \approx 0$ V,此时,$u_I = \dfrac{1}{2} V_{DD} \left( 1 - \dfrac{R_1}{R_2} \right)$,我们把这个引起电路输出由高电平变为低电平所对应的输入电平值,称为负向触发阈值电平。记为 $U_{T-}$,即 $U_{T-} = \left( 1 - \dfrac{R_1}{R_2} \right) \dfrac{1}{2} V_{DD}$,当 $u_I$ 继续下降,电路状态不会再发生变化,输出 $u_o$ 将持续低电平。

由上述分析可知,图 6-3 具有滞后电压传输特性,把正向阈值电压 $U_{T+}$ 与负向阈值电压 $U_{T-}$ 的差值,称为回差电压 $\Delta U_T$,即 $\Delta U_T = U_{T+} - U_{T-}$。本电路中,$\Delta U_T = \dfrac{R_1}{R_2} V_{DD}$,通过调节电阻 $R_1$、$R_2$ 的值,可以调节 $U_{T+}$、$U_{T-}$ 及回差电压 $\Delta U_T$ 的大小。

### 6.2.2 集成施密特触发器

由于施密特触发器的应用广泛,所以在 CMOS 电路和 TTL 电路中,都有单片集成的施密特触发器产品。典型的 CMOS 集成施密特电路有 CC40106(六反相器)和 CC4093(四 2 输入与非门)。一般 CMOS 集成电路所加电源电压在 3～18 V 之间,$U_{T+}$、$U_{T-}$ 及回差 $\Delta U_T$ 随电源电压不同而不同。其电压传输特性曲线如图 6-5 所示,该曲线和图 6-2 不同的是输出与输入信号反相。

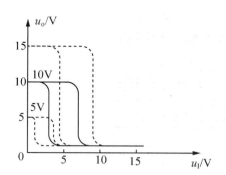

图 6-5　集成 CMOS 施密特电路加不
同电压的传输特性

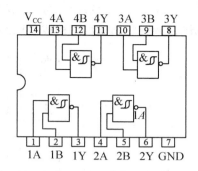

图 6-6　74LS232 内部逻辑图

典型的 TTL 集成施密特触发器,有 74LS13,74LS14,54132 等,图 6-6 为带施密特触发器的四 2 输入与非门 74LS132,其内部包括 4 个相互独立的 2 输入施密特触发器,都是在基本施密特触发电路的基础上,在输入端增加了与的功能,在输出端增加了反相器,因此称为施密特触发与非门。该电路的输出与输入满足与非的逻辑关系:两输入变量同时高于 $U_{T+}$ 时,输出才为低电平。74LS132 的正向触发电平 $U_{T+}$ 在 $1.5 \sim 2$ V,反向触发电平 $U_{T-}$ 在 $0.6 \sim 1.1$ V。回差电压 $\Delta U_T$ 典型值为 0.8 V。

TTL 施密特触发器对于阈值电压和滞回电压均有温度补偿,具有较强的带负载能力和抗干扰能力。

### 6.2.3　施密特触发器的应用

**1. 波形的变换**

利用施密特触发器可以将正弦波或三角波变换成矩形波,如图 6-7 所示、其输出脉宽 $t_W$ 可由回差 $\Delta U_T$ 调节。

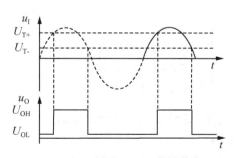

图 6-7　施密特触发器的波形变换作用

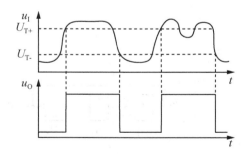

图 6-8　施密特触发器的波形整形作用

**2. 波形的整形**

在数字系统中,矩形脉冲信号经过传输之后往往会发生失真现象或带有干扰信号。利用施密特触发器可以有效地将波形整形和去除干扰信号(要求回差 $\Delta U_T$ 大于干扰信号的幅度)。如图 6-8 所示。

**3. 幅度鉴别**

图 6-9 所示是施密特触发器用作幅度鉴别的输入、输出波形。只有那些幅度大于 $U_{T+}$

的脉冲才能在输出端产生输出信号,调节 $U_{T+}$、$U_{T-}$ 可调节鉴别阈值。

利用施密特触发器还可以构成单稳态触发器和多谐振荡器。

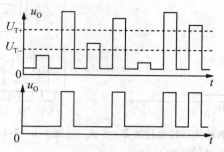

图 6-9　施密特触发器的鉴幅作用

# 6.3　多谐振荡器

多谐振荡器是一种自激振荡器,它无需外加输入信号,便能产生矩形脉冲。多谐振荡器没有稳定状态,只有两个暂稳态,故又称无稳态电路。

## 6.3.1　由门电路组成的多谐振荡器

### 1. 简单环形多谐振荡器

环形多谐振荡器是利用闭合回路中的正反馈作用产生自激振荡的。由于门电路存在传输延迟时间,故将奇数个非门首尾相接成环状,就组成了简单环形多谐振荡器。其原理如图 6-10(a)所示。

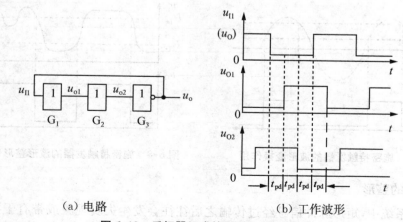

（a）电路　　　　　　　　　（b）工作波形

图 6-10　反相器组成的环形多谐振荡器

若 $u_o$ 为高电平,经三级门倒相后,$u_o$ 跳转为低电平。若门电路的平均传输延迟时间为 $t_{pd}$,则 $u_o$ 输出信号的周期为 $6t_{pd}$,其各点波形如图 6-10(b)所示。

用这种方法构成的振荡器很简单,但不实用。因为门电路的传输延迟时间极短,输出信号的频率很高,而且不能调节。为此,通常采用外加 RC 延迟电路来改进环形多谐振荡器。

**2. RC 环形多谐振荡器**

如图 6-11 所示。$R_S$ 是非门 $G_3$ 的限流保护电阻,一般在 100 Ω 左右,$RC$ 为定时器件,$R$ 的值要小于门的关门电阻,一般在 700 Ω 以下,否则电路无法工作。由于 $RC$ 的值足够大,传输时间增大,门延迟时间 $t_{pd}$ 可以忽略不计。下面对该电路的工作原理进行简单的定性分析。

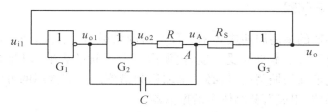

图 6-11 带 RC 延迟的多谐振荡器

设在 $t_0$ 时刻,$u_I = u_o$ 为低电平,则 $u_{o1}$ 为高电平,$u_{o2}$ 为低电平。此时 $u_{o1}$ 经电容 $C$、电阻 $R$ 到 $u_{o2}$ 形成电容的充电回路。随着充电过程的进行,电容 $C$ 上的电压逐渐增大,$A$ 点的电压相应减小,当接近门电路的阈值电压 $U_{TH}$ 时,形成下述正反馈过程:

$$u_A \downarrow \rightarrow u_o \uparrow \rightarrow u_{o1} \downarrow$$

正反馈的结果,使电路在 $t_1$ 时刻,$u_I = u_o$ 变为高电平,则 $u_{o1}$ 为低电平,$u_{o2}$ 为高电平。由于电容电压不能突变,在 $u_{o1}$ 由高电平变为低电平时,$A$ 点电压出现下跳,其幅度与 $u_{o1}$ 的变化幅度相同。此时 $u_{o2}$ 经电阻 $R$、电容 $C$ 到 $u_{o1}$ 形成电容的放电回路。随着放电过程的进行,$A$ 点的电压逐渐增大,当接近门电路的阈值电压时,形成下述正反馈过程:

$$u_A \uparrow \rightarrow u_o \downarrow \rightarrow u_{o1} \uparrow$$

正反馈的结果,使电路在 $t_2$ 时刻,返回到 $u_I = u_o$ 为低电平,$u_{o1}$ 为高电平,$u_{o2}$ 为低电平的状态,电容电压不能突变,在 $u_{o1}$ 由低电平变为高电平时,$A$ 点电压出现上跳,其幅度与 $u_{o1}$ 的变化幅度相同。此后,电路重复上述过程,周而复始地在两个暂稳态间转换,从而在 $G_3$ 门的输出端得到连续的方波。该电路的工作波形如图 6-12 所示。

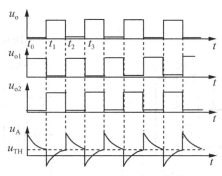

图 6-12 图 6-11 电路的工作波形

由上述分析可看出,多谐振荡器的两个暂稳态之间的转换过程是通过电容 $C$ 的充、放电作用来实现的。电容 $C$ 的充、放电作用又集中反映在图 6-11 中电压 $u_A$ 的变化上,因此 $A$ 点电压的变化是决定电路工作状态的关键。

通过定量计算,可得该电路的振荡周期为:

$$T \approx RC\ln\frac{U_{TH}-2U_{OH}}{U_{TH}-U_{OH}} \cdot \frac{U_{TH}+U_{OH}}{T_{TH}} \tag{6-1}$$

对于 TTL 门电路,可取 $U_{OH}=3.6$ V,$U_{TH}=1.4$ V,从而有 $T \approx 2.2RC$。

从以上分析看出,要改变脉宽和周期可以通过改变定时元件 $R$ 和 $C$ 来实现。

### 6.3.2 石英晶体振荡器

上述多谐振荡器的振荡周期或频率不仅与时间常数 $RC$ 有关,而且还取决于门电路的阈值电压 $U_{TH}$。由于 $U_{TH}$ 本身易受温度、电源电压及干扰的影响,因此频率稳定性不是很高。为了获得稳定度高的振荡信号,必须采取稳频措施。目前常用的方法是在多谐振荡的电路中接入石英晶体,组成石英晶体多谐振荡器。

石英晶体的选频特性非常好,具有一个极为稳定的串联谐振频率 $f_s$,如图 6-13 所示。只有当信号频率为晶体固有的谐振频率 $f_s$ 时,晶体的等效阻抗最小,信号最容易通过,而其他频率的信号均被晶体严重衰减,而 $f_s$ 只由石英晶体的结晶方向和外尺寸所决定,所以它的输出信号频率稳定度很高。目前,具有各种谐振频率的石英晶体(简称"晶振")已被制成标准化和系列化的产品出售。

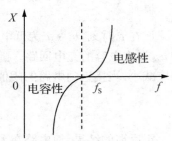

**图 6-13 石英晶体阻抗频率特性**

图 6-14 给出了两种常见的石英晶体振荡器电路。图 6-14(a)中,电阻 $R$ 的作用是使反相器工作在线性放大区,对于 TTL 门电路,其值通常在 $0.5 \sim 2$ kΩ 之间;对于 CMOS 门电路,其值通常在 $5 \sim 100$ MΩ 之间。电容 $C$ 用于两个反相器之间的耦合,电容 $C$ 的大小选择应使其在频率为 $f_s$ 时的容抗可以忽略不计。该电路的振荡频率即为 $f_s$,而与其它参数无关。

在图 6-14(b)中,反相器 $G_1$ 用于振荡,10 MΩ 电阻为反相器 $G_1$ 提供静态工作点。石英晶体和两个电容 $C_1$、$C_2$ 构成了一个 π 型网络,用于完成选频功能。电路的振荡频率仅取决于石英晶体的谐振频率 $f_s$。为了改善输出波形,增强带负载能力,通常在该振荡器的输出端再接一个反相器 $G_2$。

目前,家用电子钟几乎都采用具有石英晶体振荡器的矩形波发生器。由于它的频率稳定度很高,所以走时很准。

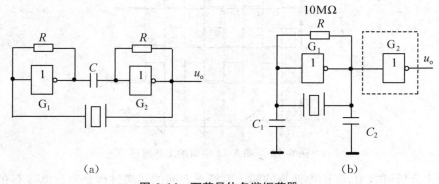

(a)　　　　　　　　　　(b)

**图 6-14 石英晶体多谐振荡器**

### 6.3.3　多谐振荡器的应用

以秒脉冲信号产生电路为例,介绍一下多谐振荡器的应用。

实用的秒脉冲信号产生电路一般均采用图 6-14 中的两种电路形式。为了得到 1 Hz 的秒脉冲信号,一种是在图 6-14(a)电路基础上稍作改动,得到如图 6-15 所示的电路。图中晶振的谐振频率为 4 MHz,故输出电压 $u_{o2}$ 的频率为 4 MHz,该信号经一个 $4 \times 10^6$ 分频电路后得到 1 Hz 的秒脉冲信号 $u_o$。分频电路可利用集成计数器实现。

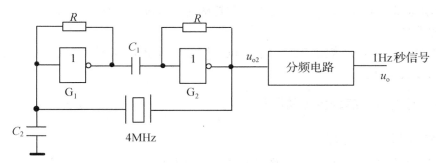

**图 6-15　秒信号产生电路 1**

另一种是在图 6-14(b)电路基础上增加一片集成电路 CD4060 而得到,如图 6-16 所示的电路。CD4060 是一个 14 位二进制串行计数器的 CMOS 集成电路,其内部包含用于构成多谐振荡器的两个反相器以及一个 14 级二分频器。图中晶振的谐振频率为 32768 Hz,经内部的 14 级二分频器后,从 $Q_4 \sim Q_{10}$ 和 $Q_{12} \sim Q_{14}$ 各输出端可分别得到频率为 2048 Hz,1024 Hz,512 Hz,256 Hz,128 Hz,64 Hz,32 Hz,8 Hz,4 Hz 和 2 Hz 的脉冲信号。将 2 Hz 信号再经一个外接的二分频电路即可得到 1 Hz 的秒脉冲信号。

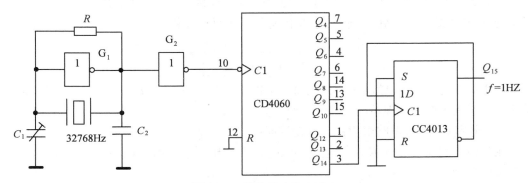

**图 6-16　秒信号产生电路 2**

# 6.4　单稳态触发器

单稳态触发器有一个稳定状态和一个暂稳态。其特点是：没有外加触发信号的作用，电路始终处于稳态；在外加触发器信号的作用下，电路能从稳态翻转到暂稳态，经过一段时间后，又能自动返回原来所处的稳态。暂稳态维持的时间取决于电路本身的参数，而与外触发信号的宽度无关。

根据单稳态触发器的这些特点，数字系统常用它构成整形、脉冲展宽、延时和定时（产生一定宽度的方波）等电路。

## 6.4.1　由门电路组成的单稳态触发器

### 1. 电路组成及工作原理

由集成门电路构成的单稳态触发器如图 6-17 所示，它的暂稳态是靠 $RC$ 电路的充放电过程来维持的，由于图示电路的 $RC$ 电路接成微分电路形式，故该电路又称为微分型单稳态触发器。

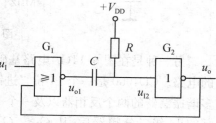

**图 6-17　门电路组成的单稳态触发器**

（1）输入信号 $u_1$ 为 0 时，电路处于稳态。

$u_{12}=V_{DD}$，$u_o=U_{OL}=0$，$u_{o1}=U_{OH}=V_{DD}$。

（2）外加触发信号，电路翻转到暂稳态。

当 $u_1$ 产生正跳变时，$u_{o1}$ 产生负跳变，经过电容 $C$ 耦合，使 $u_{12}$ 产生负跳变，$G_2$ 输出 $u_o$ 产生正跳变；$u_o$ 的正跳变反馈到 $G_1$ 输入端，从而有如下正反馈过程：

$$u_1 \uparrow \rightarrow u_{o1} \downarrow \rightarrow u_{12} \downarrow \rightarrow u_o \uparrow$$

该正反馈过程使 $G_1$ 导通、$G_2$ 截止，此时，电路处于 $u_{o1}=U_{OL}$、$u_o=u_{o2}=U_{OH}$ 的状态。然而这一状态是不能长久保持的，故称为暂稳态。

（3）电容 $C$ 充电，电路由暂稳态自动返回稳态。

在暂稳态期间，$U_{DD}$ 经 $R$ 对 $C$ 充电，使 $u_{12}$ 上升。当 $u_{12}$ 上升达到 $G_2$ 的 $U_{TH}$ 时，电路会发生如下正反馈过程：

$$C充电 \rightarrow u_{12} \uparrow \rightarrow u_o \downarrow \rightarrow u_{o1} \uparrow$$

该正反馈过程使电路迅速由暂稳态返回稳态，$u_{o1}=U_{OH}$、$u_o=u_{o2}=U_{OL}$。

从暂稳态自动返回稳态之后，电容 $C$ 将通过电阻 $R$ 放电，使电容上的电压恢复到稳态时的初始值。

### 2. 单稳态触发器的工作波形

单稳态触发器的工作波形如图 6-18 所示：

输出脉冲应该持续多长时间呢？显然，就是 $u_{12}$ 从 0 充电到 $\frac{1}{2}V_{DD}$ 的时间。设电容 $C$ 充电起点（即 $t_1$ 时刻）为 0 时刻，则有

$$u_{12}(0_+)=0, u_{12}(\infty)=V_{DD}, \iota=RC, u_{12}(t_w)=U_{TH}=\frac{1}{2}V_{DD}$$

根据三要素公式可得：

可得 $t_w=RC\ln2\approx0.7RC$

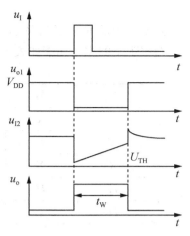

图 6-18 单稳态触发器的工作波形

### 6.4.2 集成单稳态触发器

由门电路和 $RC$ 元件构成的单稳态触发器电路简单，但输出脉宽的稳定性差，调节范围小，且触发方式单一。因此在数字系统中，广泛使用集成单稳态触发器。

目前使用的集成单稳态触发器有不可重复触发和可重复触发 2 种，不可重复触发的单稳态触发器在受触发进入暂稳态后，如果再有触发脉冲，不会影响电路的工作过程，直到该暂稳态结束后，它才接受下一个触发而再次进入暂稳态。可重复触发单稳态触发器在暂稳态期间，可接收触发脉冲，进行重复触发。

不可重复触发的单稳态触发器有 74121、74LS121、74221、74LS221 等。可重复触发的单稳态触发器有 74122、74123、74LS122、74LS123 等。下面以不可重复触发的单稳态触发器 74LS121 为例加以介绍。

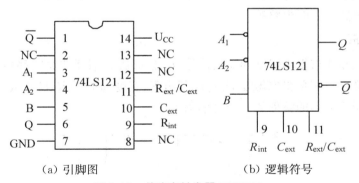

(a) 引脚图　　　　　　　　　(b) 逻辑符号

图 6-19 单稳态触发器 74LS121

74LS121 单稳态触发器的引脚图和逻辑符号如图 6-19(a)、(b)所示，引脚功能定义如下：

$A_1$、$A_2$：触发信号输入端、下降沿有效。

B：触发信号输入端、上升沿有效。

$Q$、$\overline{Q}$：状态信号输出端。

$R_{ext}/C_{ext}$、$C_{ext}$：外接电阻和电容的连接端。外接电阻 $R_{ext}$ 的取值范围为 2 kΩ～40 kΩ，外接电容 $C_{ext}$ 取值为 10pF～1000μF。$C_{ext}$ 接在 10、11 脚之间，$R_{ext}$ 接在 11 和电源 $U_{CC}$（14 脚）之间，此时 9 脚开路。

$R_{int}$：内接定式电阻端。当需要电阻较小时，可以直接使用阻值约为 2 kΩ 的内部电阻 $R_{int}$，此时将 $R_{int}$ 接 $U_{CC}$，即 9、14 脚相接。74LS121 的输出脉宽为：

$$t_W = 0.7RC \tag{6-2}$$

式 6-2 中的 $R$ 可以是 $R_{ext}$，也可以是芯片的内部电阻 $R_{int}$。

74LS121 的主要功能如表 6-1 所示：

表 6-1　74LS121 功能表

| $A_1$ | $A_2$ | $B$ | $Q$ | $\overline{Q}$ | 说明 |
|-------|-------|-----|-----|-----|------|
| $L$ | $X$ | $H$ | $L$ | $H$ | 保持稳态 |
| $X$ | $L$ | $H$ | $L$ | $H$ | |
| $X$ | $X$ | $L$ | $L$ | $H$ | |
| $H$ | $H$ | $X$ | $L$ | $H$ | |
| $H$ | ↓ | $H$ | 正脉冲 | 负脉冲 | 下降沿触发 |
| ↓ | $H$ | $H$ | 正脉冲 | 负脉冲 | |
| ↓ | ↓ | $H$ | 正脉冲 | 负脉冲 | |
| $L$ | $X$ | ↑ | 正脉冲 | 负脉冲 | 上升沿触发 |
| $X$ | $L$ | ↑ | 正脉冲 | 负脉冲 | |

### 6.4.3　单稳态触发器的应用

单稳态触发器可用于脉冲整形，将输入的窄脉冲变宽或将宽脉冲变窄。此外，还可用于构成脉冲延时电路和定时电路等。

**1. 脉冲整形**

单稳态触发器能够把不规则的输入信号 $u_I$，整形成为幅度和宽度都相同的标准矩形脉冲 $u_o$。$u_o$ 的幅度取决于单稳态触发器的高、低电平，宽度 $t_W$ 仅与 $R$、$C$ 参数有关。图 6-20 是单稳态触发器用于波形的整形的一个简单例子。

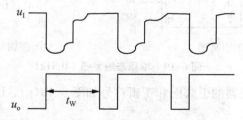

图 6-20　单稳态触发器用于波形的整形

**2. 定时**

利用单稳态触发器能够输出一定宽度 $t_W$ 的矩形脉冲这一特性，去控制某一系统，使其在 $t_W$ 时间内动作（或不动作），从而起到定时控制的作用。如图 6-21 所示，在定时时间 $t_W$ 内，$D$ 端输出脉冲信号，而在其他时间，$D$ 端不输出脉冲信号。

**3. 延时**

包括两种情况，一是边沿延时，如图 6-21 中 $B$ 波形所示，输出脉冲信号的下降沿相对于输入脉冲信号的下降沿延时了 $t_W$;二是脉冲信号整体延时一段时间,如图 6-22 所示。可采用两个单稳态触发器来实现。其中,第一个单稳态触发器采用上升沿触发,其输出脉冲宽度等于所要求的延时时间;第二个单稳态触发器采用下降沿触发,并使其输出脉冲宽度等于第一个单稳态触发器输入脉冲的宽度即可。

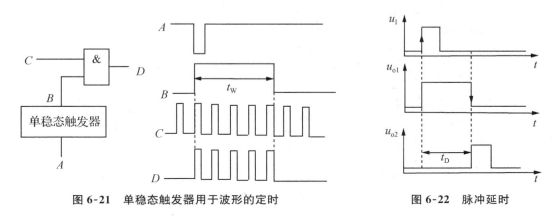

图 6-21　单稳态触发器用于波形的定时　　　　　　　图 6-22　脉冲延时

# 6.5　555 定时器及其应用

　　555 定时器是一种把模拟和数字电路结合起来的中规模集成器件,只要在外部配上适当的电阻、电容元件,就能构成施密特触发器、单稳态触发器以及多谐振荡器等脉冲的产生与变换电路。

　　常用的 555 定时器有双极型和 CMOS 两种类型,型号较多,但各型号的后 3 位数码都是555,内部结构大同小异,逻辑功能和引脚排列完全相同,下面以双极型 555 定时器为例介绍555 定时器的电路结构、功能及应用。

## 6.5.1　555 定时器的电路结构及功能

**1. 555 定时器的电路结构**

　　图 6-23 是 555 定时器的电路组成和引脚排列图。由图可见,该集成电路由电阻分压电路、电压比较器、基本 RS 触发器、放电管和输出缓冲器五部分组成。

　　(1) 电阻分压器

　　电阻分压器由 3 个阻值均为 $5\text{ k}\Omega$ 的电阻串联而成,当电阻分压器的上端 8 脚接 $V_{CC}$,下端 1 脚接地时,电阻分压器能够分别为电压比较器 $C_1$ 和 $C_2$ 提供参考电压 $V_A=\dfrac{2}{3}V_{CC}$ 和 $V_B=\dfrac{1}{3}V_{CC}$。5 脚为电压控制端,若在 5 脚直接加控制电压时,$C1$ 的同相输入端参考电压为外加控制电压 $V_{CO}$,$C_2$ 的反相输入端参考电压为 $\dfrac{1}{2}V_{CO}$;如工作中不需外加控制电压,则 5 脚通常通过一个 $0.01\ \mu\text{F}$ 的电容接地,以旁路高频干扰。

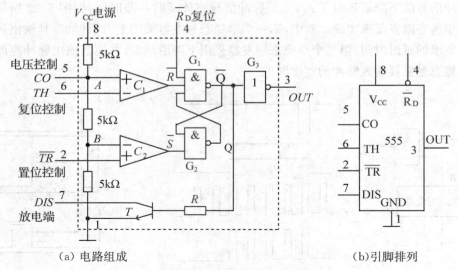

（a）电路组成                                （b）引脚排列

图 6-23   555 定时器的电路组成

**（2）电压比较器**

集成运放 $C_1$ 和 $C_2$ 构成两个电压比较器。$C_1$ 的同相输入端接到 $A$ 点，并引出作为电压控制端 $CO$，反相输入端用 $TH$ 表示，称为复位控制端；$C_2$ 的反相输入端接到 $B$ 点，同相输入端用表示，称为置位控制端。

**（3）基本 RS 触发器**

基本 RS 触发器由两个与非门 $G_1$ 和 $G_2$ 组成，触发器 $Q$ 端输出状态经缓冲器 $G_3$ 作为 555 定时器的输出，同时 $\overline{Q}$ 端又控制放电管 VT 的导通和截止。$\overline{R_D}$ 是异步复位端。当 $\overline{R_D}=0$ 时，基本 RS 触发器置 0，即 $Q=0$，$\overline{Q}=1$，555 定时器输出为 0。

**（4）放电管**

三极管 T 作为放电开关，其工作状态受 $\overline{Q}$ 端控制。当 $\overline{Q}$ 时，T 管截止；当 $\overline{Q}=1$ 时，T 管饱和导通，可流过较大电流。

**（5）输出缓冲器**

输出缓冲器由反相器 $G_3$ 构成，起作用时隔离负载对定时器的影响和提高定时器的带负载能力，非门 $G_3$ 的输出端为定时器的输出端。

**2. 逻辑功能**

由图 6-23 可知，若 5 脚悬空，则工作原理如下：

（1）当 $u_{TH}<\dfrac{2}{3}V_{CC}$，$u_{\overline{TR}}<\dfrac{1}{3}V_{CC}$ 时，比较器 $C_1$、$C_2$ 分别输出高电平和低电平，即 $\overline{R}=1$，$\overline{S}=0$，基本 RS 触发器置 1，$Q=1$，$\overline{Q}=0$，放电三极管 VT 截止，定时器输出 $u_o=1$。

（2）当 $u_{TH}<\dfrac{2}{3}V_{CC}$，$u_{\overline{TR}}>\dfrac{1}{3}V_{CC}$ 时，比较器 $C_1$、$C_2$ 的输出均为高电平，即 $\overline{R}=1$，$\overline{S}=1$。RS 触发器维持原状态，定时器输出 $u_o$ 保持不变。

（3）当 $u_{TH}>\dfrac{2}{3}V_{CC}$，$u_{\overline{TR}}>\dfrac{1}{3}V_{CC}$ 时，比较器 $C_1$ 输出低电平，$C2$ 输出高电平，即 $\overline{R}=0$，$\overline{S}=1$，基本 RS 触发器置 0，放电三极管 T 导通，定时器输出 $u_o=0$。

（4）当 $u_{TH} > \frac{2}{3}V_{CC}$，$u_{\overline{TR}} < \frac{1}{3}V_{CC}$ 时，比较器 $C_1$、$C_2$ 均输出低电平，即 $\overline{R} = 0$，$\overline{S} = 0$。这种情况对于基本 RS 触发器属于禁止输入状态。

综合上述分析，可得 555 定时器功能表如表 6-2 所示。

表 6-2　555 定时器功能表

| 输入 | | | 输出 | |
| --- | --- | --- | --- | --- |
| $TH$ | $\overline{TR}$ | $\overline{R_D}$ | $OUT$ | V 状态 |
| X | X | 0 | 0 | 导通 |
| $\geq \frac{2}{3}V_{CC}$ | $> \frac{1}{3}V_{CC}$ | 1 | 0 | 导通 |
| $< \frac{2}{3}V_{CC}$ | $\leq \frac{1}{3}V_{CC}$ | 1 | 1 | 截止 |
| $< \frac{2}{3}V_{CC}$ | $> \frac{1}{3}V_{CC}$ | 1 | 不变 | 不变 |

## 6.5.2　由 555 定时器组成的施密特触发器

**1. 电路组成**

将 555 定时器的 $TH$ 端（6 脚）和端（4 脚）输入端连在一起作为信号的输入端，即可组成施密特触发器。如图 6-24（a）所示。

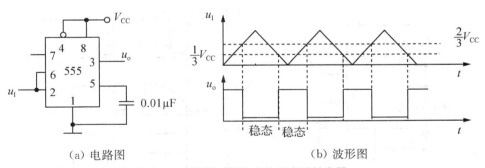

（a）电路图　　　　　　　　　　（b）波形图

图 6-24　555 定时器构成的施密特触发器

**2. 工作原理**

设 $u_I$ 是变化缓慢的三角波，其工作原理为：

当 $u_I < \frac{1}{3}V_{CC}$ 时，由于 $u_{TH} < \frac{2}{3}V_{CC}$，$u_{\overline{TR}} < \frac{1}{3}V_{CC}$，所以定时器输出 $u_o$ 为高电平。

当 $u_I$ 逐渐上升到 $\frac{1}{3}V_{CC} < u_I < \frac{2}{3}V_{CC}$ 时，$u_{TH} < \frac{2}{3}V_{CC}$，$u_{\overline{TR}} > \frac{1}{3}V_{CC}$，定时器输出 $u_o$ 保持高电平不变。若 $u_I$ 继续增加到 $u_I > \frac{2}{3}V_{CC}$ 时，$u_{TH} > \frac{2}{3}V_{CC}$，$u_{\overline{TR}} > \frac{1}{3}V_{CC}$，定时器输出 $u_o$ 下降为低电平。当 $u_I$ 逐渐下降到 $\frac{1}{3}V_{CC} < u_I < \frac{2}{3}V_{CC}$ 时，$u_{TH} < \frac{2}{3}V_{CC}$，$u_{\overline{TR}} > \frac{1}{3}V_{CC}$，定时器输出 $u_o$ 保持低电平不变；若继续减小到 $u_I < \frac{1}{3}V_{CC}$ 时，定时器输出 $u_o$ 又变为高电平。如此连续变化，则在

输出端可得到一个矩形波,其工作波形如图 6-24(b)所示。

### 3. 电压滞回特性

555 定时器构成的施密特触发器的电压滞回特性如图 6-25 所示。由图可知:

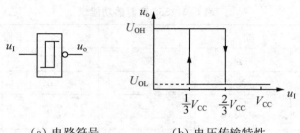

(a) 电路符号　　　　　(b) 电压传输特性

**图 6-25　555 定时器构成的施密特触发器**

正向阈值电压 $U_{T+} = \dfrac{2}{3}V_{cc}$,负向阈值电平 $U_{T-} = \dfrac{1}{3}V_{cc}$,回差电压 $\Delta U_T = U_{T+} - U_{T-} = \dfrac{1}{3}V_{cc}$。若在电压控制端(5 脚)外加电压 $V_{co}$,则将有 $U_{T+} = V_{co}$ 和 $U_{T-} = \dfrac{1}{2}V_{co}$。$\Delta U_T = \dfrac{1}{2}V_{co}$,当改变 $V_{co}$ 时,它们的值也将随之改变。

## 6.5.3　由 555 定时器组成单稳态触发器

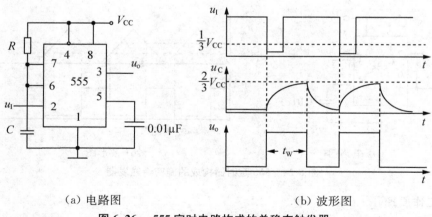

(a) 电路图　　　　　(b) 波形图

**图 6-26　555 定时电路构成的单稳态触发器**

### 1. 电路组成

图 6-26(a)为一个由 555 定时电路构成的单稳态触发器。电路中 $R$、$C$ 为单稳态触发器的定时元件,其连接点的信号 $u_c$ 加到阈值输入 $TH$(6 脚)和放电管 $TD$ 的集电极 $Q'$(7 脚)。复位输入端 $\overline{R}_D$(4 脚)接高电平,即不允许其复位;控制端 $CO$ 通过电容 $0.01\mu F$ 接地,以保证 555 定时器上下比较器的参考电压为 $\dfrac{2}{3}V_{cc}$、$\dfrac{1}{3}V_{cc}$ 不变。输出端可引出此单稳的输出信号 $u_o$。

**2. 工作原理**

当输入信号 $u_1$ 为高电平时,接通电源瞬间,电源 $V_{CC}$ 通过电阻 $R$ 向电容 $C$ 充电,使 $u_C$ 上升。当 $u_C$ 上升到 $\frac{2}{3}V_{CC}$ 时,$u_o$ 输出为低电平 0。此时,放电三极管 $T$ 导通,电容 $C$ 又通过三极管 $T$ 迅速放电,放电完毕后,$u_C$ 和 $u_o$ 均为低电平不变,电路进入稳态。

当外加负触发脉冲 $\left(u_1 < \frac{1}{3}V_{CC}\right)$ 作用时,触发器发生翻转,使输出 $u_o$ 为高电平,电路进入暂稳态。这时,三极管 $T$ 截止,电源通过 $R$ 给 $C$ 充电,$u_C$ 逐渐上升。当负触发脉冲撤消 $\left(u_1 > \frac{1}{3}V_{CC}\right)$ 后,输出状态保持暂稳态不变。当电容 $C$ 继续充电到 $u_C > \frac{2}{3}V_{CC}$ 时,电路又发生翻转,输出 $u_o$ 回到低电平,$T$ 导通,电容 $C$ 放电,电路自动恢复至稳态。这种单稳态触发器的工作波形如图 6-26(b)所示。

由以上分析可知,暂稳态时间由 $R$、$C$ 参数决定。若忽略 $T$ 的饱和压降,则电容 $C$ 上电压从 0 上升到 $\frac{2}{3}V_{CC}$ 的时间,就是暂稳态的持续时间。通过计算可得输出脉冲的宽度为:

上式说明,单稳态触发器输出脉冲宽度 $t_w$ 仅决定于定时元件 $R$、$C$ 的取值,与输入触发信号和电源电压无关,调节 $R$、$C$ 的取值,即可方便的调节 $t_w$。但为了保证电路正常工作,要求输入的触发器信号的负脉冲宽度小于 $t_w$,且低电平小于 $\frac{1}{3}V_{CC}$。

### 6.5.4　由 555 定时器组成多谐振荡器

**1. 电路组成**

555 定时器构成的多谐振荡器如图 6-27(a)所示。其中,电阻 $R_1$、$R_2$ 和电容 $C$ 串接在一起构成定时元件,电容 $C$ 和 $R_2$ 的连接点接到两个比较器 C1 和 C2 的输入端 $TH$ 和,$R_1$ 和 $R_2$ 的连接点接到放电管 $T$ 的输出端 $Q'$。

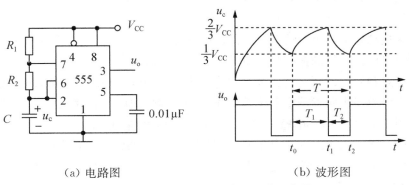

（a）电路图　　　　　　　　　　（b）波形图

**图 6-27　555 定时电路构成的多谐振荡器**

**2. 工作原理**

当电源 $V_{CC}$ 刚接通时,电容 $C$ 上的电压为 0 V,电路输出 $u_o$ 为高电平,放电管 $T$ 截止,电路处于第 1 暂稳态。之后 $V_{CC}$ 通过 $R_1$、$R_2$ 对 $C$ 充电。当 $u_C$ 上升到 $\frac{1}{3}V_{CC}$ 时,电路状态保持不变,当 $u_C$ 继续充电 $\frac{2}{3}V_{CC}$ 时,电路发生翻转,输出变为低电平。这时 T 由截止变为导通,电路处于第 2 暂稳态。电容 $C$ 通过 $R_2$、T 到地放电,$u_C$ 开始下降。当 $\frac{1}{3}V_{CC}$ 时,输出又翻回到高电平状态,放电管 T 截止,电容 $C$ 又开始充电。如此周而复始,就可在 3 脚输出连续的矩形波信号,工作波形如图 6-27(b)所示。由图可见,$u_C$ 将在 $\frac{1}{3}V_{CC}$ 与 $\frac{2}{3}V_{CC}$ 之间变化,因而可求得电容 $C$ 上的充电时间 $T_{W1}$ 和放电时间 $T_{W2}$:

$$T_{W1}=(R_1+R_2)C\ln2\approx0.7(R_1+R_2)C$$

输出波形的周期为:

$$T=T_{W1}+T_{W2}=(R_1+2R_2)C\ln2\approx0.7(R_1+2R_2)C \tag{6-3}$$

振荡频率为:

$$f=\frac{1}{T}\approx\frac{1.44}{(R_1+2R_2)C} \tag{6-4}$$

输出波形的占空比为:

$$q=\frac{T_1}{T}\approx\frac{R_1+R_2}{R_1+2R_2}>50\% \tag{6-5}$$

# 本章习题

6-1　填空题。

(1) 施密特触发器有(　　　)个稳定状态,单稳态触发器有(　　　)个稳定状态,多谐振荡器有(　　　)个稳定状态。

(2) 利用门电路的传输延迟时间,将(　　　)个非门首尾相接就构成一个简单的多谐振荡器。

(3) 多谐振荡器的两个暂稳态之间的转换是通过(　　　　　)来实现的。

(4) 石英晶体振荡器的振荡频率由(　　　　　)决定。

(5) 单稳态触发器的暂稳态持续时间取决于(　　　),而与外触发信号的宽度无关。

(6) 为了使单稳态触发器电路正常工作,对外加触发脉冲的宽度要求是(　　　　)。

(7) 使用 74LS121 构成单稳态触发器电路时,外接电容 $C_{ext}$ 接在(　　　)脚和(　　　)脚之间,外接电阻 $R_{ext}$ 接在(　　　)脚和(　　　)脚之间。它的输出脉宽为(　　　　)。

(8) 使用 74LS121 构成单稳态触发器电路时,若要求外加触发脉冲为上升沿触发,则该触发脉冲应输入到(　　　)脚。

(9) 555 定时器的 4 脚为复位端,在正常工作时应接(　　　)电平。

(10) 555 定时器的 5 脚悬空时,电路内部比较器 $C_1$、$C_2$ 的基准电压分别是(　　　)和(　　　)。

6-2　选择题

(1) 单稳态触发器的主要用途是(　　　)。

A. 整形、延时、鉴幅　　　　　　　　　B. 延时、定时、整形

　　C. 延时、定时、存储　　　　　　　　　D. 整形、鉴幅、定时

（2）多谐振荡器可以产生（　　　）

　　A. 正弦波　　　　　　　　　　　　　　B. 矩形脉冲

　　C. 三角波　　　　　　　　　　　　　　D. 锯齿波

（3）为了将正弦信号转换成与之频率相同的脉冲信号,可采用（　　　）。

　　A. 多谐振荡器　　　　　　　　　　　　B. 移位寄存器

　　C. 单稳态触发器　　　　　　　　　　　D. 施密特触发器

（4）石英晶体多谐振荡器的突出优点是（　　　）。

　　A. 速度高　　　　　　　　　　　　　　B. 电路简单

　　C. 振荡频率稳定　　　　　　　　　　　D. 输出波形边沿陡峭

（5）将三角波变换为矩形波,需选用（　　　）。

　　A. 单稳态触发器　　　　　　　　　　　B. 施密特触发器

　　C. 多谐振荡器　　　　　　　　　　　　D. 双稳态触发器

（6）用来鉴别脉冲信号幅度时,应采用（　　　）。

　　A. 稳态触发器　　　　　　　　　　　　B. 双稳态触发器

　　C. 多谐振荡器　　　　　　　　　　　　D. 施密特触发器

（7）滞后性是（　　　）的基本特性。

　　A. 多谐振荡器　　　　　　　　　　　　B. 施密特触发器

　　C. $T$ 触发器　　　　　　　　　　　　　D. 单稳态触发器

（8）下列电路中,（　　　）可以产生脉冲定时。

　　A. 多谐振荡器　　　　　　　　　　　　B. 单稳态触发器

　　C. 施密特触发器　　　　　　　　　　　D. 石英晶体多谐振荡器

（9）用 555 定时器组成施密特触发器,当输入控制端 $CO$ 外接 10 V 电压时,回差电压为（　　　）。

　　A. 3.33 V　　　　　　　　　　　　　　B. 5 V

　　C. 6.66 V　　　　　　　　　　　　　　D. 10 V

（10）由 555 定时器构成的单稳态触发器,其输出脉冲宽度取决于（　　　）。

　　A. 电源电压　　　　　　　　　　　　　B. 触发信号幅度

　　C. 触发信号宽度　　　　　　　　　　　D. 外接 $R$、$C$ 的数值

　　6-3　在图 6-28 示电路中,已知 CMOS 反相器 $G_1$ 和 $G_2$ 的电源电压 $V_{DD}=5$ V,$V_{OH}\approx$ 5 V,$V_{OL}\approx 0$ V,$V_{TH}=2.5$ V。若 $R_A=25K$,$R_B=50K$,试求电路的正向阈值电压 $V_{T+}$,负向阈值电压 $V_{T-}$ 和回差电压 $\Delta V_T$,并画出电路的电压传输特性。

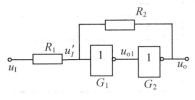

图 6-28　题 6-3 图

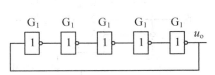

图 6-29　题 6-4 图

6-4　图 6-29 示环形振荡器,若每个非门平均传输延迟时间 $t_{pd}=9.5ns(10^{-9}\ s)$,求输出电压 $u_o$ 的频率,并画出 $u_o$ 的波形图。

6-5　某仪器中的时钟电路如图 6-30 所示,$R=1\ k\Omega$,$C=0.22\ \mu F$,$Q_1$、$Q_2$ 的初始值为 0。试画出 $u_o$,$Q_1$,$Q_2$ 的波形图,并求出它们的频率。

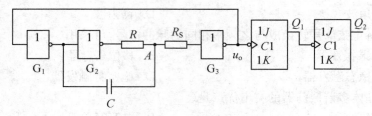

图 6-30　题 6-5 图

6-6　试用 6-31(a)所示的 555 定时器组成一个施密特触发器,要求:

(1) 画出电路接线图。

(2) 如 $V_{CC}=15\ V$,$CO$ 端悬空,计算回差电压 $\Delta V_T$ 是多少? 当输入三角波(见图 6-31(b))时,对应画出输出信号 $u_o$ 的波形。

(3) 如外加 $V_{CO}=6\ V$,输入信号不变,重新画出输出信号 $u_O$ 的波形。

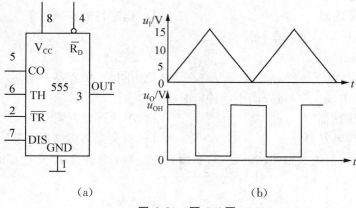

（a）　　　　　　　　　　　（b）

图 6-31　题 6-6 图

6-7　用 555 定时器接成的单稳态触发器电路中,已知 $V_{CC}=5\ V$,$R=10\ k\Omega$,$C=300\ pF$,试计算其输出脉冲宽度 $T_w$。

6-8　由集成定时器 555 的电路如图 6-32 所示,请回答下列问题:

(1) 构成电路的名称;

(2) 已知输入信号波形 $u_I$,画出电路中 $u_O$ 的波形(标明 $u_O$ 波形的脉冲宽度);

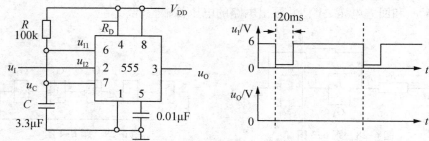

图 6-32　题 6-8 图

6-9 图 6-33 是用 555 定时器接成的多谐振荡电路。已知 $R_1=10\ \text{k}\Omega$，$R_2=20\ \text{k}\Omega$，$C=0.015\ \mu\text{F}$，试求输出脉冲的频率和占空比。

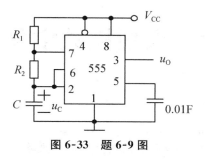

图 6-33 题 6-9 图

6-10 由 555 定时器和模数 $M=24$ 同步计数器及若干 $I$ 逻辑门构成的电路如图 6-34 所示。

（1）说明 555 构成的多谐振荡器，在控制信号 $A$、$B$、$C$ 取何值时起振工作？

（2）驱动喇叭啸叫的 $Z$ 信号是怎样的波形？喇叭何时啸叫？

（3）若多谐振荡器的多谐振荡器频率为 640 Hz，求电容 $C$ 的取值。

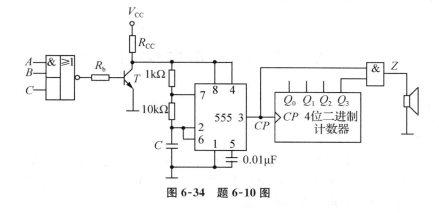

图 6-34 题 6-10 图

# 第7章  大规模数字集成电路

**本章导学**

　　本章介绍了半导体存储器和可编程逻辑器件这两类大规模以阵列电路为基础的大规模数字集成电路。在半导体存储器部分介绍了只读存储器和随机存储器的结构和工作原理。可编程逻辑器件部分介绍了现场可编程逻辑阵列 FPGA 的基本知识。这类器件的集成度特别高,并且具有现场可编程特性,可用于实现较大规模的数字逻辑电路。通过本部分内容的学习,为进一步学习有关电子设计自动化和数字系统设计的后续课程打下良好基础。

## 7.1  半导体存储器

### 7.1.1  概述

　　半导体存储器是一种能存储大量二值信息(或称为二值的数据)的半导体器件。在电子计算机以及其他一些数字系统的工作过程中,都需要对大量的数据进行存储。因此,存储器也就成了这些数字系统术可缺少的组成部分。

　　由于计算机处理的数据星越来越大,运算速度越来越快,这就要求存储器具有更大的存储容量和更快的存取速度:通常都把存储量和存取速度作为衡量存储器性能的重要指标。目前动态存储器的容量已达 $10^9$ 位/片。一些高速随机存储器的存取时间仅 10 ns 左右。

　　由于半导体存储器的存储单元数目极其庞大而器件的引脚数日有限,所以在电路结构上就不可能像寄存器那样把每个存储单元的输人和输出直接引出。为了解决这个矛盾,在存储器中给每个存储单元编了一个地址,只有被输入地址代码指定的那些存储单元才能与公共的输入/输出引脚接通,进行数据的读出或写入。

　　半导体存储器的种类很多,从存、取功能上可以分为只读存储器(简称 ROM)和随机存储器简称 RAM)两大类。

　　只读存储器在正常工作状态下只能从中读取数据,不能快速地随时修改或重新写入数据。ROM 的优点是电路结构简单,而且在断电以后数据不会丢失。它的缺点是只适用于存储那些固定数据的场合。只读存储器中又有掩模 ROM、可编程 ROM(简称 PROM)和可擦除的可编程 ROM(简称 EPROM)几种不同类型。掩模 ROM 中的数据在制作时已经确定,无法更改。PROM 中的数据可以由用户根据自己的需要写入.但一经写入以后就不能再修改了。EPROM 里的数据则不但可以由用户根据自己的需要写入,而且还能擦除重写,所以具有更大的使用灵活性。

随机存储器与只该存储器的根本区别在于,正常工作状态下就可以随时向存储器里写入数据或从中读出数据。根据所采用的存储单元工作原理的不同,又将随机存储器分为静态存储器(简称 SRAM)和动态存储器(简称 DRAM)。由于动态存储器存储单元的结构非常简单,所以它所能达到的集成度远高于静态存储器。但是动态存储器的存取速度不如静态存储器快。

另外,从制造工艺上又可以把存储器分为双极型和 MOS 型。鉴于 MOS 电路具有功耗低、集成度高的优点,所以目前大容量的存储器都是采用 MOS 工艺制作的。

### 7.1.2　只读存储器 ROM

#### 一、只读存储器的结构及原理

在采用掩模工艺制作 ROM 时,其中存储的数据是由制作过程中使用的掩模板决定的;这种掩模板是按照用户的要求而专门设计的。因此,掩模 ROM 在出厂时根据用户要求的存储内容,制作半导体器件。一旦制成,其内容就固定,无法更改,只供读出。如家电中的洗衣机程序,电风扇程序都是固定的。

ROM 的电路结构包含存储矩阵、地址译码器和输出缓冲器三个组成部分,如图 7-1 所示。

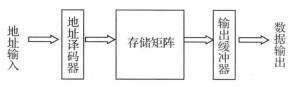

**图 7-1　ROM 电路结构框图**

存储短阵由许多存储单元排列而成。存储单元可以用二极管构成. 也可以用晶体管或 MOS 管构成。每个单元能存放 $l$ 位二值代码(0 或 1)。每一个或一组存储单元有一个对应的地址代码。

地址译码器的作用是将输入的地址代码译成相应的控制信号,利用这个控制信号从存储矩阵中把指定的单元选出,并把其中的数据送到输出缓冲器。

输出缓冲器的作用有两个,一是能提高存储器的带负载能力,二是实现对输出状态的三态控制,以便与系统的总线联接。

图 7-2 是具有 2 位地址输入码和 4 位数据输出的 ROM 电路,它的存储单元使用二极管构成。它的地址译码器由 4 个二极管与门组成。2 位地址代码 $A_1A_0$ 能给出 4 个不同的地址。地址译码器将这 4 个地址代码分别译成 $W_0 : W_3$ 4 根线上的高电平信号。存储矩阵实际上是由 4 个二极管或门组成的编码器,当 $W_0 : W_3$ 每根线上给出高电平信号时,都会在把 $D_3 : D_0$ 4 根线上输出一个 4 位二值代码。通常将每个输出代码叫一个“字”,并把 $W_0 : W_3$ 叫做字线,把 $D_3 : D_0$ 叫做位线(或数据线),而 $A_1$、$A_0$ 称为地址线。输出端的缓冲器用来提高带负载能力,并将输出的高、低电平变换为标准的逻辑电平。同时,通过给定 EN 有效信号实现对输出的三态控制。

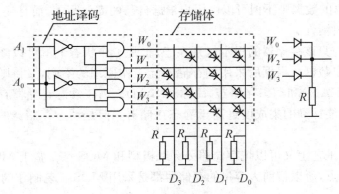

图 7-2　4×4ROM 电路

在读取数据时,只要输入指定的地址码并令 EN 有效,则指定地址内各存储单元所存的数据就会出现在输出数据线上。不难看出,字线和位线的每个交叉点都是一个存储单元。交点处接有二极管时相当于存 $1$,没有接二极管时相当于存 $0$。交叉点的数目也就是存储单元数。习惯上用存储单元的数目表示存储器的存储容量),并写成"(字数)×(位数)"的形式。图 7-2 所示电路的存储容量为:$S_N = 2^2 \times 4$

读出的信息内容如表 7-1 所示:

表 7-1　4×4ROM 电路读出信息表

| 地址 | | 字选线 | 字输出 | | | |
|---|---|---|---|---|---|---|
| $A_1$ | $A_0$ | $W$ | $D_3$ | $D_2$ | $D_1$ | $D_0$ |
| 0 | 0 | $W_0$ | 0 | 1 | 1 | 1 |
| 0 | 1 | $W_1$ | 1 | 0 | 1 | 0 |
| 1 | 0 | $W_2$ | 1 | 1 | 0 | 1 |
| 1 | 0 | $W_3$ | 0 | 0 | 1 | 1 |

通过表 7-1 可知:ROM 没有记忆电路,且由固定的"与"阵列和固定的"或"阵列组成,所以是一种组合逻辑电路,为此,ROM 也可用简化图表示为点阵图(或称为阵列图)的形式,如图 7-3 所示。我们可以通过 ROM 实现逻辑函数,并画出其阵列图。如果"与"和"或"阵是可编程时,就是组合型可编程逻辑器件(PLD)了,表明 PLD 器件是由 ROM 逐步发展过来的

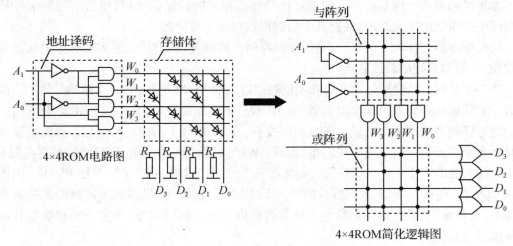

图 7-3　4×4ROM 电路的点阵图

### 二、其他类型 ROM 简介

1. 一次编程（改写）的只读存储器 PROM：可以编程一次，编程后内容就固定了，再无法更改。在这种 PROM 中的存储体内，字位线的每个交叉点上都做上一个半导体器件，没使用前全部数据为 1；要存入 0：找到要输入 0 的单元地址，输入地址代码，使相应字线输出高电平；在相应位线上加高电压脉冲，使半导体器件导通，大电流使熔断丝熔断。

2. 可多次编程（改写）的只读存储器 EPROM（紫外线擦除式可编程只读存储器 UVEP-ROM）：这种 ROM 在每个字位线的交叉点都做上一个特殊的 MOS 器件。一种是 FAMOS（Floating gate Avalanche Injunction MOS）；另一种是 SIMOS（Stacked gate Injunction MOS）。

EPROM 可多次编程，编程次数达 100 百次以上；每次编程前，需先用 UV 擦除，时间约 20 分钟；编程后需防空气中 UV，数据可保存 20 年以上。

3. EEPROM（电擦除式可编程只读存储器 EEPROM）

EEPROM 的擦除只需电信号（高压编程 电压和高压脉冲），且擦除速度快；可以单字节擦除或改写，而 EPROM 只能整片擦除；有些 EEPROM 可 5 V 编程；EEPROM 既具有 ROM 器件的非易失性优点，又具备类似 RAM 器件的可读写功能（只不过写入速度相对较慢）。

## 7.1.3　随机存取存储器 RAM

### 一、RAM 的电路结构及工作原理

RAM 的一般结构它由由行、列地址译码器，存储体和 I/O 及读/写控制电路三部分电路组成，如图 7-4 所示：

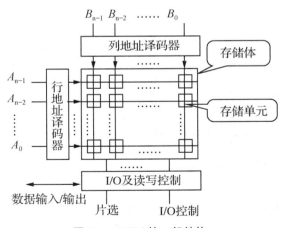

**图 7-4　RAM 的一般结构**

行、列地址译码器：它是一个二进制译码器，将地址码翻译成行列对应的具体地址，然后去选通该地址的存储单元，对该单元中的信息进行读出操作或进行写入新的信息操作。

例如：一个 10 位的地址码 $A_4A_3A_2A_1A_0 = 00101$，$B_4B_3B_2B_1B_0 = 00011$ 时，则将对应于第 5 行第 3 列的存储单元被选中。

存储体：它是存放大量二进制信息的"仓库"，该仓库由成千上万个存储单元组成。而每个存储单元存放着一个二进制字信息，二进制字可能是一位的，也可能多位。

存储体或 RAM 的容量:存储单元的个数×每个存储单元中数据的位数。

　　例如,一个 10 位地址的 RAM,共有 210 个存储单元,若每个存储单元存放一位二进制信息,则该 RAM 的容量就是 210(字)×1(位)=1024 字位,通常称 1K 字位(容量)。

　　I/O 及读/写控制电路:该部分电路决定着存储器是进行读出信息操作还是写入新信息操作。输入/输出缓冲器起数据的锁存作用,通常采用三态输出的电路结构。因此,RAM 可以与其它的外面电路相连接,实现信息的双向传输(即可输入,也可输出),使信息的交换和传递十分方便。

　　按照数据存取的方式不同,RAM 中的存储单元分为两种:静态存储单元—静态 RAM(SRAM);动态存储单元—动态 RAM(DRAM)。

　　静态存储单元存在静态功耗,集成度做不高,所以,存储容量也做不大。动态存储单元,利用了栅源间的 MOS 电容存储信息。其静态功耗很小,因而存储容量可以做得很大。静态 RAM 功耗大,密度低,动态 RAM 功耗小,密度高。动态 RAM 需要定时刷新,使用较复杂。

　　动态 RAM 的刷新:由于 DRAM 靠 MOS 电容存储信息。当该信息长时间不处理时,电容上的电荷将会因漏电等原因而逐渐的损失,从而造成存储数据的丢失。及时补充电荷是动态 RAM 中一个十分重要的问题。补充充电的过程称为"刷新",也称"再生"。

### 二、RAM 存储容量的扩展

　　通常微处理器的数据总线为 8 位、16 位或 32 位,而地址总线为 16 位或 24 位不等。当静态 RAM 的地址线和数据线不能与微机相匹配时,可用地址线扩展、数据线扩展或地址和数据线同时进行扩展的方法加以解决。

### 1. RAM 容量的扩展——位数扩展 数据线扩展

　　如 SRAM 2114:10 位地址,4 位数据线,其容量=210×4=1024 ×4=4096 字位(4 K),如图 7-5 所示。

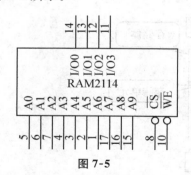

| 地址 | $\overline{CS}$ | $\overline{WE}$ | $I/O_3$ | $I/O_0$ |
|---|---|---|---|---|
| 有效 | 1 | × | 高阻态 | |
| 有效 | 0 | 1 | 输出 | |
| 有效 | 0 | 0 | 输入 | |

**图 7-5**

　　例:用 4 K 容量的 RAM2114,实现一个容量为 1024×8 (≈8 K 字位)字位容量的 RAM。

　　**解**:1024×8 字位容量,其地址仍是十位,故只要进行数据位扩展即可,选用 RAM2114 两片,将两片的地址线,读/写线及片选线并联,两片的位线分别作为高 4 位数据和低 4 位数据,组成 8 位的数据线即可。扩展后的电路如图 7-6 所示:

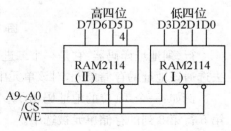

**图 7-6**

**2. SRAM 容量的扩展——字位扩展,地址扩展,数据位扩展。**

例:用 RAM2114,扩展成容量为 $4096 \times 8$ 字位(32 K)的 RAM。

解:4096 需要 12 位地址,而 RAM2114 只有 10 位地址,所以需要进行地址扩展,同时应该将一字 4 位,扩展成一字 8 位。字的位扩展用前面方法,地址扩展用译码器完成,用 8 片 RAM2114。扩展后的电路如图 7-7 所示:

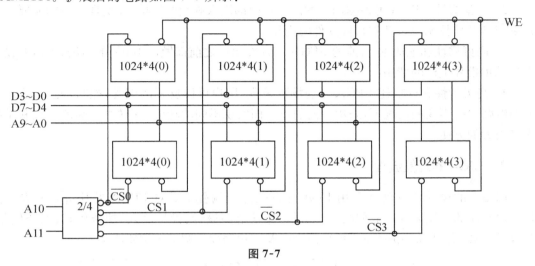

图 7-7

# 7.2 现场可编程逻辑阵列 FPGA

## 7.2.1 FPGA 概述

FPGA(Field Programmable Gate Array)现场可编程逻辑门阵列,它是在 PAL、GAL、CPLD 等可编程器件的基础上进一步发展的产物。它是作为专用集成电路(ASIC)领域中的一种半定制电路而出现的,既解决了定制电路的不足,又克服了原有可编程器件门电路数有限的缺点。它是当今数字系统设计的主要硬件平台,其主要特点就是完全由用户通过软件进行配置和编程,从而完成某种特定的功能,且可以反复擦写。在修改和升级时,不需额外地改变 PCB 电路板,只是在计算机上修改和更新程序,使硬件设计工作成为软件开发工作,缩短了系统设计的周期,提高了实现的灵活性并降低了成本。

**一、什么是可编程逻辑器件**

在数字电子系统领域,存在三种基本的器件类型:存储器、微处理器和逻辑器件。存储器用来存储随机信息,如数据表或数据库的内容。微处理器执行软件指令来完成范围广泛的任务,如运行字处理程序或视频游戏。逻辑器件提供特定的功能,包括器件与器件间的接口、数据通信、信号处理、数据显示、定时和控制操作、以及系统运行所需要的所有其它功能。逻辑器件又分为固定逻辑和可编程逻辑,固定逻辑是器件复杂性不同,从设计、原型到最终生产,当应用发生变化时就要从头设计,可编程逻辑器件较固定的优点就在于当应用发生变化和器件工作不合适时不用从头设计,直接从新编写逻辑器件后就可以了,这样就节省了前期的开发费用和周期。

**二、FPGA 的特点**

1. 高性能是实时性,由于 FPGA 芯片内部是通过上百万个逻辑单元完成硬件实现,具有并行处理的能力,运算速度比平常的单片机和 DSP 快很多。

2. 高集成性 FPGA 可根据用户的需求在内部嵌入硬/软 IP 核,以实现不同的而要求而且采用 SOPC 技术也可节省目标硬件的面积

3. 高可靠性和地成本 目前的 FPGA 芯片在出厂之前都做过 100% 的检测,不需要设计人员承担投片生产的费用

4. 高灵活性和低功耗 FPGA 是现场可编程,用户可以反复的编程,擦写,使用,或者在外围电路保持不变的情况下,采用不同的设计而实现不同的功能,这样给产品的升级和维护带来极大的方便

### 7.2.2　FPGA 的开发流程

FPGA 的设计流程就是利用 EDA 开发软件和编程工具对 FPGA 芯片进行开发的过程。FPGA 的开发流程一般如图 7-8 所示,包括电路设计、设计输入、功能仿真、综合优化、综合后仿真、实现、布线后仿真、板级仿真以及芯片编程与调试等主要步骤。

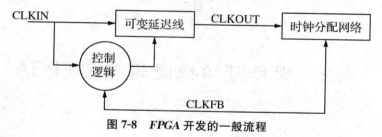

**图 7-8　FPGA 开发的一般流程**

**1. 电路设计**

在系统设计之前,首先要进行的是方案论证、系统设计和 FPGA 芯片选择等准备工作。系统工程师根据任务要求,如系统的指标和复杂度,对工作速度和芯片本身的各种资源、成本等方面进行权衡,选择合理的设计方案和合适的器件类型。一般都采用自顶向下的设计方法,把系统分成若干个基本单元,然后再把每个基本单元划分为下一层次的基本单元,一直这样做下去,直到可以直接使用 EDA 元件库为止。

**2. 设计输入**

设计输入是将所设计的系统或电路以开发软件要求的某种形式表示出来,并输入给 EDA 工具的过程。常用的方法有硬件描述语言(HDL)和原理图输入方法等。原理图输入方式是一种最直接的描述方式,在可编程芯片发展的早期应用比较广泛,它将所需的器件从元件库中调出来,画出原理图。这种方法虽然直观并易于仿真,但效率很低,且不易维护,不利于模块构造和重用。更主要的缺点是可移植性差,当芯片升级后,所有的原理图都需要作一定的改动。目前,在实际开发中应用最广的就是 HDL 语言输入法,利用文本描述设计,可以分为普通 HDL 和行为 HDL。普通 HDL 有 ABEL、CUR 等,支持逻辑方程、真值表和状

态机等表达方式,主要用于简单的小型设计。而在中大型工程中,主要使用行为 HDL,其主流语言是 Verilog HDL 和 VHDL。这两种语言都是美国电气与电子工程师协会(IEEE)的标准,其共同的突出特点有:语言与芯片工艺无关,利于自顶向下设计,便于模块的划分与移植,可移植性好,具有很强的逻辑描述和仿真功能,而且输入效率很高。

### 3. 功能仿真

功能仿真,也称为前仿真,是在编译之前对用户所设计的电路进行逻辑功能验证,此时的仿真没有延迟信息,仅对初步的功能进行检测。仿真前,要先利用波形编辑器和 HDL 等建立波形文件和测试向量(即将所关心的输入信号组合成序列),仿真结果将会生成报告文件和输出信号波形,从中便可以观察各个节点信号的变化。如果发现错误,则返回设计修改逻辑设计。常用的工具有 Model Tech 公司的 ModelSim、Sysnopsys 公司的 VCS 和 Cadence 公司的 NC-Verilog 以及 NC-VHDL 等软件。

### 4. 综合优化

所谓综合就是将较高级抽象层次的描述转化成较低层次的描述。综合优化根据目标与要求优化所生成的逻辑连接,使层次设计平面化,供 FPGA 布局布线软件进行实现。就目前的层次来看,综合优化(Synthesis)是指将设计输入编译成由与门、或门、非门、RAM、触发器等基本逻辑单元组成的逻辑连接网表,而并非真实的门级电路。真实具体的门级电路需要利用 FPGA 制造商的布局布线功能,根据综合后生成的标准门级结构网表来产生。为了能转换成标准的门级结构网表,HDL 程序的编写必须符合特定综合器所要求的风格。由于门级结构、RTL 级的 HDL 程序的综合是很成熟的技术,所有的综合器都可以支持到这一级别的综合。常用的综合工具有 Synplicity 公司的 Synplify/Synplify Pro 软件以及各个 FPGA 厂家自己推出的综合开发工具。

### 5. 综合后仿真

综合后仿真检查综合结果是否和原设计一致。在仿真时,把综合生成的标准延时文件反标注到综合仿真模型中去,可估计门延时带来的影响。但这一步骤不能估计线延时,因此和布线后的实际情况还有一定的差距,并不十分准确。目前的综合工具较为成熟,对于一般的设计可以省略这一步,但如果在布局布线后发现电路结构和设计意图不符,则需要回溯到综合后仿真来确认问题之所在。在功能仿真中介绍的软件工具一般都支持综合后仿真。

### 6. 实现与布局布线

实现是将综合生成的逻辑网表配置到具体的 FPGA 芯片上,布局布线是其中最重要的过程。布局将逻辑网表中的硬件原语和底层单元合理地配置到芯片内部的固有硬件结构上,并且往往需要在速度最优和面积最优之间作出选择。布线根据布局的拓扑结构,利用芯片内部的各种连线资源,合理正确地连接各个元件。目前,FPGA 的结构非常复杂,特别是在有时序约束条件时,需要利用时序驱动的引擎进行布局布线。布线结束后,软件工具会自动生成报告,提供有关设计中各部分资源的使用情况。由于只有 FPGA 芯片生产商对芯片结构最为了解,所以布局布线必须选择芯片开发商提供的工具。

### 7. 实现与布局布线

时序仿真,也称为后仿真,是指将布局布线的延时信息反标注到设计网表中来检测有无时序违规(即不满足时序约束条件或器件固有的时序规则,如建立时间、保持时间等)现象。时序仿真包含的延迟信息最全,也最精确,能较好地反映芯片的实际工作情况。由于不同芯片的内部延时不一样,不同的布局布线方案也给延时带来不同的影响。因此在布局布线后,通过对系统和各个模块进行时序仿真,分析其时序关系,估计系统性能,以及检查和消除竞争冒险是非常有必要的。在功能仿真中介绍的软件工具一般都支持综合后仿真。

**8. 板级仿真与验证**

板级仿真主要应用于高速电路设计中,对高速系统的信号完整性、电磁干扰等特征进行分析,一般都以第三方工具进行仿真和验证。

**9. 芯片编程与调试**

设计的最后一步就是芯片编程与调试。芯片编程是指产生使用的数据文件(位数据流文件,Bitstream Generation),然后将编程数据下载到 FPGA 芯片中。其中,芯片编程需要满足一定的条件,如编程电压、编程时序和编程算法等方面。逻辑分析仪(Logic Analyzer,LA)是 FPGA 设计的主要调试工具,但需要引出大量的测试管脚,且 LA 价格昂贵。目前,主流的 FPGA 芯片生产商都提供了内嵌的在线逻辑分析仪(如 Xilinx ISE 中的 ChipScope、Altera QuartusII 中的 SignalTapII 以及 SignalProb)来解决上述矛盾,它们只需要占用芯片少量的逻辑资源,具有很高的实用价值。

# 本章习题

7-1　现有如图 7-9 所示的 $4 \times 4$ 位 RAM 若干片,现要把它们扩展成 $8 \times 8$ 位 RAM。

(1) 试问需要几片 $4 \times 4$ 位 RAM?

(2) 画出扩展后电路图(可用少量门电路)。

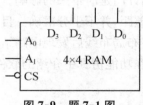

**图 7-9　题 7-1 图**

7-2　在微机中,CPU 要对存储器进行读写操作,首先要由地址总线给出地址信息,然后发出相应读或写的控制信号,最后才能在数据总线上进行信息交流。现有 $256 \times 4$ 位的 RAM 二片,组成一个页面,现需 4 个页面的存储容量,画出用 $256 \times 4$ 位组成 $1K \times 8$ 位的 RAM 框图,并指出各个页面的地址分配。

7-3　试用 $4 \times 2$ 位容量的 ROM 实现半加器的逻辑功能,画出用 ROM 点阵图。

# 第 8 章　D/A 与 A/D 转换

**本章导学**

本章介绍了 A/D、D/A 转换的基本思想、共性问题及对它们进行归纳和分类的原则。在 D/A 转换器中,重点介绍权电阻网络 D/A 转换器和倒 T 形电阻网络 D/A 转换器。逐次渐进型 A/D 转换器的转换速度比较快,而且它所用的器件也比较少,易于实现,所以本章对此做了较详细的讨论。

## 8.1　概述

数字系统具有很多优点,随着数字技术,特别是计算机技术的飞速发展与普及,在现代控制、通信及检测领域中,对信号的处理广泛采用了数字计算机技术。由于系统的实际处理对象往往都是一些模拟量(如温度、压力、位移、图像等),要使计算机或数字仪表能识别和处理这些信号,必须首先将这些模拟信号转换成数字信号;而经计算机分析、处理后输出的数字量往往也需要将其转换成为相应的模拟信号才能为执行机构所接收。这样,就需要一种能在模拟信号与数字信号之间起桥梁作用的电路——模数转换电路和数模转换电路。

能将模拟信号转换成数字信号的电路称为模数转换器(Analog to Digital Converter 简称 A/D 转换器或 ADC);能将数字信号转换为模拟信号的电路称为数模转换器(Digital to Analog Converter 简称 D/A 转换器或 DAC)。A/D 和 D/A 转换器是数字系统和模拟系统之间重要的接口部件。

在本章中,将介绍几种常用 A/D 与 D/A 转换器的电路结构、工作原理及其应用。

## 8.2　D/A 转换器

### 8.2.1　D/A 转换工作原理

D/A 转换器的输入是数字量,输出是模拟量,可将 D/A 转换器看成是一个译码器。数字量是用代码按数位组合起来表示的,对于有权码,每位数码都有一定的权值。为了将数字量转换成模拟量,D/A 转换器必须将输入的每一位二进制代码按其权值的大小转换成相应的模拟量，然后将代表各位的模拟量相加，所得的总模拟量与数字量成正比，从而实现了从数字量到模拟量的转换。

输入 $n$ 位数码用二进制数 $D_{n-1}D_{n-2}LD_n$ 表示，数字量的值转可将二进制数码按位权展开转换为十进制数表示，为 $\sum\limits_{i=0}^{n-1}(D_i \times 2^i)$。

输出模拟量为某一电压值，记作 $v_o$。输出模拟量应该和输入数字量成正比例关系，则输入与输出的关系表示为：$v_o = k\sum\limits_{i=0}^{n-1}(D_i \times 2^i)$。

理想的 D/A 转换器的转换特性，应使输出模拟量与输入数字量成正比。$k$ 为一常数，表示输出模拟量和输入数字量之间的正比例关系，是 D/A 转换器的转换比例系数。

D/A 转换器的一般组成如图 8-1 所示，$n$ 位数据寄存器用来寄存输入的 $n$ 位数字信号。$n$ 个数据寄存器的输出控制 $n$ 位模拟电子开关的状态，某位数码为 1 时，相应位的电子开关闭合，否则开关断开，电子开关使数码为 1 的位在电阻解码网络中产生与其位权大小成正比的电流值，再经运算放大器将各路电流值求和，转换成电压值输出。电阻解码网络实际上就是一个加权求和电路，将二进制值转换为十进制值。

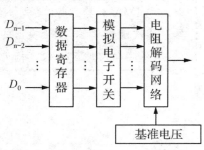

图 8-1　D/A 转换器的一般组成

根据电阻解码网络的不同形式，D/A 转换器可分为权电阻网络 D/A 转换器，倒 T 型电阻网络 D/A 转换器，单值电流型网络 D/A 转换器等。按照模拟开关的类型不同，D/A 转换器可分为 COMS 型和双极性两种。按输出模拟信号不同可分为电流型和电压型两种。常用的 D/A 转换器大部分是电流型，若需要将模拟电流转换成模拟电压时，在输出端接运算放大器即可。

**1. 倒 T 型电阻网络 D/A 转换器**

倒 T 型电阻网络 D/A 转换器是目前使用最为广泛的一种 D/A 转换器，其电路结构如图 8-2 所示。电路由运算放大器，R-2R 倒 T 型电阻网络 D/A 转换器，基准电压源构成。

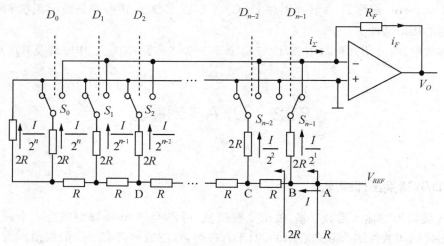

图 8-2　倒 T 型电阻网络 D/A 转换电路

倒 T 型电阻网络 D/A 转换器工作原理如图,电路中只有阻值为 R 和 2R 的两种电阻,构成倒 T 型电阻网络。从 A 点向左看,对地的等效电阻为 R,从 B、C、D 向左看对地的等效电阻为 2R。从最左侧将电阻折算到最右侧,先是 2R 与 2R 并联,电阻值为 R,再与 R 串联,按照串并联电阻值的算法一直折算到最右侧,可得出以上结论。$V_{REF}$ 为基准电压源,设基准电压源流出的总电流为 I,则 $I=VREF/R$。每经过一个 2R 电阻,电流就被分流一半。流入每个 2R 电阻的电流从高位到低位按 2 的整倍数递减,即从右到左流过各 2R 电阻的电流分别为 $I/2$、$I/4$、$I/8\cdots I/2^n$。

$S_i$ 为模拟电子开关,其状态由输入数码 $D_i$ 的取值决定。一位二进制数码 $D_i$ 控制对应位的 $S_i$。当 $D_i=1$ 时,$S_i$ 将 2R 电阻的上端连至运算放大器的反相输入端,电流流向运放的反相输入端,。按照虚短、虚断的计算方法,运算放大器反相输入端相当于虚地。当 $D_i=0$ 时,$S_i$ 将 2R 电阻上端接地,,电流流向地。因此模拟开关 $S_i$ 在运放求和点与地之间切换,2R 电阻总相当于接地,无论开关状态如何,流过 2R 电阻的电流都可视为恒流。在实际电路中,模拟电子开关为"先通后断"的工作方式,无论开关的状态如何,2R 电阻上端不会在开关状态的转换时刻悬空,因此不存在寄生电容的充放电现象,电路工作速度较高。

由图可知,设流向运算放大器求和点的电流为

$$i_{\sum}, i_{\sum} = \frac{1}{2}D_{n-1} + \frac{1}{4}D_{n-2} + \cdots + \frac{1}{2^n}D_0。$$

其中 $D_i$ 为二进制数码,取值为 0 或 1。

将 $I=V_{REF}/R$ 带入上式,得

$$i_{\sum} = \frac{V_{REF}}{2^nR}(2^{n-1}D_{n-1} + 2^{n-2}D_{n-2} + \cdots + 2^0D_n) = \frac{V_{REF}}{2^nR}\sum_{i=0}^{n-1}(D_i \times 2^i)$$

输出电压 $v_o$ 为(注意 $v_o$ 与 $i_F,i$ 的关联方向)

$$v_o = -i_FR_F = -i_{\sum}R_F$$

$$= -\frac{V_{REF}R_F}{2^nR}(2^{n-1}D_{n-1} + 2^{n-2}D_{n-2} + \cdots + 2^0D_n)$$

$$= \frac{V_{REF}R_F}{2^nR}\sum_{i=0}^{n-1}(D_i \times 2^i)$$

$k = -\frac{V_{REF}R_F}{2^{n-1}R}$,可知,R-2R 倒 T 型 D/A 转换器的转换系数由基准电压,电阻 R 和 $R_F$ 决定。

一般 R-2R 倒 T 型 D/A 转换器取 $R_F=R$,则

$$v_o = -\frac{V_{REF}}{2^n}\sum_{i=0}^{n-1}(D_i \times 2^i)$$

$$k = -\frac{V_{REF}}{2^{n-1}}$$

倒 T 型电阻网络 D/A 转换器的优点是电阻种类少,只有 R 和 2R 两种,不存在电阻阻值多且差别大的缺点,精度较高。无寄生电容的充放电现象,电路工作速度较高。由于倒 T 型电阻网络 D/A 转换器中各支路的电流直接流入了运算放大器的输入端,它们之间不存在传输时间差,因而提高了转换速度并减小了动态过程中输出端可能出现的尖峰脉冲。同时,由于模拟开关通和断时各支路电阻上的电流保持不变,因而不需要电流的建立时间,这有助

于提高电路的工作速度。因此,倒 T 型电阻网络 D/A 转换器是目前使用的 D/A 转换器中速度较快的一种,也是用的较多的一种。

采用倒 T 型电阻网络的集成 D/A 转换器芯片有 AD7524、ADC0832、AD7534、AD7546 等。

**【例 8-1】** 已知倒 T 形电阻网络 DAC 的 $R_F = R$,$V_{REF} = 10$ V,试分别求出 4 位 DAC 和 8 位 DAC 的输出最大电压,并说明这种 DAC 输出最大电压与位数的关系。

**解**:4 位 DAC 的最大输出电压

$$V_{omax} = -\frac{V_{REF}}{2^4} \frac{R}{R} \times (2^4 - 1) = -\frac{10}{2^4} \times 15 = -9.37 \text{ V}$$

8 位 DAC 的最大输出电压

$$V_{omax} = -\frac{V_{REF}}{2^8} \frac{R}{R} \times (2^8 - 1) = -\frac{10}{2^8} \times 255 = -9.96 \text{ V}$$

由此题可知,DAC 最大输出电压随位数的增加而增加,但增加的幅度并不大。

**2. 权电阻网络 D/A 转换器**

权电阻网络 D/A 转换器的电路图如图 8-3 所示。由权电阻网络、模拟电子开关、基准电压源和集成运算放大器组成。

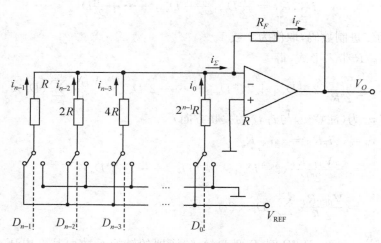

**图 8-3　权电阻网络 D/A 转换器原理图**

权电阻网络 D/A 转换器工作原理如下,基准电压源提供基准电压 $V_{REF}$,输入数据 $D_{n-1}$ $D_{n-2} \cdots D_1 D_0$,存放于数据寄存器中,并控制相应模拟电子开关 $S_{n-1} S_{n-2} \cdots S_1 S_0$,$S_0$ 的状态。当某位数据 $D_i$ 为 0 时,相应的模拟开关 $S_i$ 使权电阻接地。$D_i$ 为 1 时,模拟开关将权电阻接至基准电压 $V_{REF}$。

权电阻网络由阻值为 $R, 2R, \cdots, 2^{n-2}R, 2^{n-1}R$ 的 $n$ 个电阻构成,每一个电阻的阻值都与各位二进制数的权值有关,称为权电阻。$D_i$ 位的权电阻的阻值和该位的权值呈反比,权值越大,对应的权电阻值越小。一般来说,若数码共有 $n$ 位,$D_{n-1} D_{n-2} \cdots D_1 D_0$,则对于任意位 $D_i$,权值为 $2i$,控制开关 $S_i$,对应的权值电阻为 $R_i = 2^{n-1-i}R$。

当输入数码的某一位 $D_i = 0$ 时,开关 $S_i$ 将相应位的权电阻 $R_i$ 接地,由于对应的权电阻 $R_i$ 下端接运放的求和点(虚地),因此电阻两端点位相等,$R_i$ 上无电流通过。当输入数码的

某一位 $D_i=1$ 时,开关 $S_i$ 将相应位的权电阻 $R_i$ 接基准电压,则通过该电阻 $R_i$ 上的电流 $I_i$ 为:$I_i=\dfrac{V_{REF}}{R_i}D_i$。

因此,通过各权电阻上的电流值与对应的权值成正比。流向集成运算放大器的总电流为:

$$
\begin{aligned}
i_{\sum} &= I_{n-1}+I_{n-2}+\cdots+I_1+I_0 \\
&= \frac{V_{REF}}{2^0 R}D_{n-1}+\frac{R_{REF}}{2^1 R}D_{n-2}+\cdots+\frac{V_{REF}}{2^{n-2}R}D_1+\frac{V_{REF}}{2^{n-1}R}D_0 \\
&= \frac{V_{REF}}{2^{n-1}R}(2^{n-1}D_{n-1}+2^{n-2}D_{n-2}+\cdots+2^1 D_1+2^0 D_0) \\
&= \frac{V_{REF}}{2^{n-1}R}\sum_{i=0}^{n-1}(D_i\times 2^i)
\end{aligned}
$$

上式表明,流向集成运放反向端的总电流 $i_{\sum}$ 与输入数字量的大小成正比关系。

集成运算放大器与权电阻网络共同构成反向求和放大电路,将流向运放的电流值转换为电压值输出,并能作为权电阻网络的缓冲,减少输出模拟信号负载变化的影响。它的输出电压为(注意 $v_o$ 与 $i_F$,$i_{\sum}$ 的关联方向)

$$
v_o=-i_F R_F=-i_{\sum}R_F=-\frac{V_{REF}R_F}{2^{n-1}R}\sum_{i=0}^{n-1}(D_i\times 2^i)
$$

$$
k=-\frac{V_{REF}R_F}{2^{n-1}R}
$$

可知,权电阻网络 D/A 转换器的转换系数由基准电压,电阻 $R$ 和 $R_F$ 决定。

若取 $R_F=\dfrac{R}{2}$,则 $v_o=-\dfrac{V_{REF}}{2^n}\sum_{i=0}^{n-1}(D_i\times 2^i)$

转换系数为 $k=-\dfrac{V_{REF}}{2^n}$

在集成运算放大器输出端得到一个与输入数字量大小成正比的输出电压 $v_o$,完成了 D/A 的转换。

权电阻网络 D/A 转换器中包含有多种阻值不同的权电阻,电阻阻值的误差较大,因而这种电路的精度难以得到保证,在集成的 D/A 转换器很少应用这种形式。

【例 8-2】权电阻 D/A 转换器如图 8-4 所示,已知 $R_f=4R$,基准电压 $V_{REF}=-5\,\mathrm{V}$,输入数字量 $N$ 由三位二进制加法器提供,当 $Q_i=1$ 时,模拟开关 $S_i=1$;当 $Q_i=0$ 时,模拟开关 $S_i=0$,试求:(1) 该 D/A 转换器的输出电压 $v_o$。(2) 设计数器的初态为 000,画出与十个连续 $CP$ 脉冲相对应的输出波形。

解:(1)

$$
i_{\sum}=\frac{V_{REF}}{2^2 R}(2^2 Q_2+2^1 Q_1+2^0 Q_0)=\frac{V_{REF}}{2^2 R}\sum_{i=0}^{2}2^i Q_i
$$

$$
v_o=-i_{\sum}R_f=-\frac{V_{REF}}{2^2 R}\sum_{i=0}^{2}2^i Q_i R_f=-V_{REF}\sum_{i=0}^{2}2^i Q_i
$$

(2) 三位二进制加法器从 000～111 共有八种输出状态,即提供的输入数字量 $N$ 共有八组,将各组输入数字量分别代入输出方程 $v_o$ 中得表 8-1。

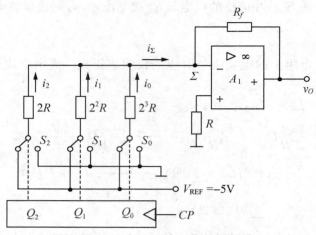

图 8-4 权电阻 D/A 转换器电路图

表 8-1 三位二进制加法器输出状态

| CP | 输入数字量 | | | 输出（V） |
|---|---|---|---|---|
| | $Q_2$ | $Q_1$ | $Q_0$ | $v_O$ |
| 0 | 0 | 0 | 0 | 0 |
| 1 | 0 | 0 | 1 | 5 |
| 2 | 0 | 1 | 0 | 10 |
| 3 | 0 | 1 | 1 | 15 |
| 4 | 1 | 0 | 0 | 20 |
| 5 | 1 | 0 | 1 | 25 |
| 6 | 1 | 1 | 0 | 30 |
| 7 | 1 | 1 | 1 | 35 |
| 8 | 0 | 0 | 0 | 0 |
| 9 | 0 | 0 | 1 | 5 |
| 10 | 0 | 1 | 0 | 10 |

输出波形见图 8-5。

### 3. 单值电流型网络 D/A 转换器

$R$-$2R$ 倒 T 型电阻网络 D/A 转换器和权电阻网络 D/A 转换器均为电压型转换器，电路的输入为基准电压。而电子开关工作时存在道通压降和导通电阻，引起转换误差。单值电流型网络 D/A 转换器属于电流型 D/A 转换器，电路的输入为恒流源，由于恒流源的内阻很大，可视为开路，

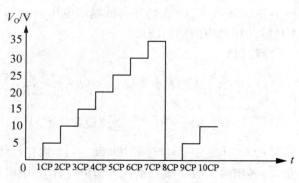

图 8-5 权电阻 D/A 转换器输出波形

因此模拟电子开关对转换精度的影响小,提高了转换精度。

单值电流型网络 D/A 转换器的原理图如图 8-6。电路由 $n$ 个相同的恒流源,$n$ 个模拟电子开关 $S_i$,$R$ 与 $2R$ 电阻,集成运算放大器构成。

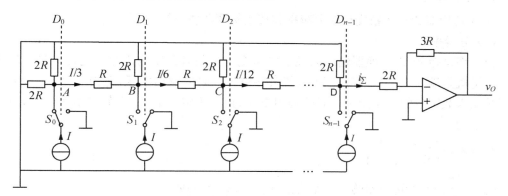

图 8-6  单值电流型网络 D/A 转换器原理图

单值电流型网络 D/A 转换器工作原如下,恒流源流出的电流相等,均为 $I$,因此成为单值电流型网络。当输入数码某位 $D_i=1$ 时,恒流源通过相应位模拟电子开关 $S_i$ 接入电阻网络,当输入数码某位 $D_i=0$ 时,恒流源接地。

观察电阻网络可知,在节点 $A$,$B$,$C$ 处,三条支路对地等效电阻值均为 $2R$,若该节点接通恒流源,通过每条支路的电流值相等,即电流通过此节点后被分为三等份。可求得每条支路上的电流为 $I/3$。电流经每个节点向右的支路流向运算放大器,经其余支路流向地,观察可知,电流向右流时,每经过一个节点又被分成二等份。这样,权值越小的位,最终流向运放的电流值越小,权值越大的位,最终流向运放的电流值越大。

如图若只有 $D_0=1$ 时,$I$ 通过 $S_0$ 接入电阻网络,在节点 $A$ 被分成 3 等份,$A$ 节点右边支路上的电流值为 $I/3$。经节点 $B$,电流被二等分,节点 $B$ 右侧支路上的电流为 $I/(3\times2)$,以此类推,经过一系列的二等分,最终流向运放的电流值为

$$i_\Sigma = \frac{1}{3}\left[\left(\frac{1}{2}\right)^0 D_{n-1} + \left(\frac{1}{2}\right)^1 D_{n-2} + \cdots + \left(\frac{1}{2}\right)^{n-1} D_0\right]$$

$$= \frac{1}{3} \times \frac{1}{2^{n-1}}(2^{n-1}D_{n-1} + 2^{n-2}D_{n-2} + \cdots + 2^0 D_0)$$

运放输出电压为

$$v_o = -3Ri_\Sigma = -3R \times \frac{1}{3} \times \frac{1}{2^{n-1}}(2^{n-1}D_{n-1} + 2^{n-2}D_{n-2} + \cdots + 2^0 D_0)$$

$$= -\frac{2IR}{2^n}(2^{n-1}D_{n-1} + 2^{n-2}D_{n-2} + \cdots + 2^0 D_0)$$

$$= -\frac{2IR}{2^n}\sum_{i=0}^{n}(D_i \times i^2)$$

比例系数 $k = -\dfrac{2IR}{2^n}$

### 8.2.2　D/A 转换器主要技术指标

**1. 转换精度**

D/A 转换器的转换精度包括分辨率和转换精度两项指标。

（1）分辨率

分辨率是指 D/A 转换器输出的最小电压变化量与满刻度输出电压之比。最小输出电压变化量就是输入数字量最低位为 1，其余各位为 0 时的输出电压，记为 $LSB$，满刻度输出电压是输入数字量的各位全是 1 时的输出电压，记为 $FSB$。设 D/A 转换器为 $n$ 位，则分辨率可表示为：

$$分辨率 = \frac{LSB}{FSB} = \frac{1}{2^n - 1}$$

例如 8 位 D/A 转换器的分辨率为 $\dfrac{1}{2^8 - 1} = \dfrac{1}{255} \approx 0.004$

由上式可知，分辨率的大小和输入数字量的位数 $n$ 有关。位数越多，输出电压 $v_o$ 取值的个数就越多，共有 $2^n$ 个，输出电压的变化也就越细微，分辨率越高。

（2）转换精度

转换器的精度是指输出模拟电压的实际值与理想值之差，即最大静态转换误差。它包含三种误差：

①非线性误差

非线性误差由模拟电子开关的导通压降和电阻网络中电阻值的偏差产生。

②漂移误差

漂移误差由运算放大器的零点漂移产生的误差。若输入数字量为 0，由于运放的零点漂移导致输出电压不为零。

③增益误差

增益误差由基准电压 $V_{REF}$ 和运放的增益误差引起，增益误差定义为 $(\Delta v_o / FSR)\%$，其中 $\Delta v_o$ 为输出端的误差电压。

影响转换精度的因素有电路中元件的参数，环境温度，集成运放的温度漂移，以及转换器的位数等。要获得较高的转换精度，应该正确选用 D/A 转换器的位数，低漂移高精度的集成运算放大器，参数适当的电路元件。

**2. 转换速度**

转换速度一般由建立时间决定。建立时间是指 D/A 转换器在输入数字信号开始转换，到输出的电压达到稳定值所需的时间，它是 D/A 转换器工作速度的指标。转换时间越小，工作速度就越高。D/A 转换器的建立时间较快，10 位的单片集成 D/A 转换器的建立时间大都在 1 ms 之内。

**3. 温度系数**

在输入不变的情况下，输出模拟电压随温度变化产生的变化量。一般用满刻度输出条件下温度每升高 1℃，输出电压变化的百分数作为温度系数。

### 8.2.3 集成 D/A 转换器件

集成 D/A 转换器种类繁多,基本上所有的集成 D/A 转换器都内部集成了电阻解码网络和电子模拟开关。有的集成 D/A 转换器在此基础上增加了数据锁存器、寄存器、基准电压源、求和运放等电路。若集成芯片带有使能控制端,还可直接与微机及单片机接口,使用方便,应用广泛。

常用的集成 D/A 有 CDA7524、DAC0832、DAC0808、DAC1230、MC1408 等。

#### 1. 集成 D/A 转换器 CDA7524

CDA7524 是一种低功耗,8 位 CMOS 型 D/A 转换器。CDA7524 具有电阻网络,
电子模拟开关和数据锁存器,还有片选控制和数据输入控制端,可作为微处理器的接口电路,多用于微机控制系统中,应用广泛。CDA7524 的供电电压范围为 +5 V～±15 V,基准电压可正可负,电路的输出电压极性与基准电压极性一致,CDA7524 还有一个显著的特点是在芯片内有直接可与 CPU 数据总线相连接的输入数据寄存器,在与 CPU 传递信息时,不需要并行通道接口电路。CDA7524 内部采用倒 T 型电阻网络,工作速度较快,精度高,非线性误差小于 0.05%。

(1) CDA7524 的写模式

当 $CS$ 和 $WR$ 端同时为低电平时进入写模式。在写模式下,数据总线 $D_0 \sim D_7$ 上的数据写入 CDA7524 的输入寄存器,CDA7524 模拟输出由 8 位输入数据决定。

(2) CDA7524 的保持模式

当 $CS$ 和 $WR$ 端不同时为低电平时,CDA7524 进入保持模式。进入保持模式后,不能向电路写入数据,输出模拟量取决于 $WR$ 或 $CS$ 变高时刻前输入数字量的值。

CDA7524 的电路原理图如图 8-7。

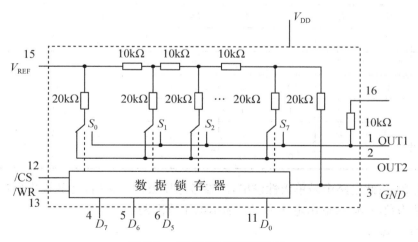

图 8-7 CDA7524 电路原理图

#### 2. CDA7524 的单极性输出应用

CDA7524 单极性输出应用的电路原理图如图 8-8 所示。

$R_1$、$R_2$ 可以调整放大器的增益。增大 $R_1$ 的值可以使最大输出电压值下降,减小 $R_1$ 的值可以使最大输出电压值上升,因此,调整 $R_1$ 是增益校准。当输入数码为全零时,若输出模拟

量不为零,则可以通过调整 $R_2$ 的值使输出模拟量为零。因此,调整 $R_2$ 为零点校准。通过调整 $R_1$,$R_2$ 可以提高电路的精度。

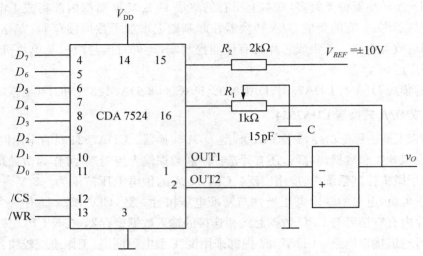

图 8-8  CDA7524 的单极性输出应用

CDA7524 内部不含运算放大器,负输入端 $OUT_1$ 通常外接运算放大器的负输入端,正输入端 $OUT_2$ 接地。对于高速的运算放大器需要接补偿电容 $C$,对运算放大器做相位补偿,消除高频干扰。16 脚为外接运放的负反馈电阻引线,接运放的输出端。当 $CS$ 和 $WR$ 同时为 0 时,电路进入写模式,从 $D_0 \sim D_7$ 写入 8 位数据至 CDA7524 的输入寄存器,输出模拟量由 8 位输入数据决定。输出模拟量与输入数字量的关系见表 8-2。

表 8-2  输出模拟量与输入数字量的关系

| 输入 | | | | | | | | 输出 |
|---|---|---|---|---|---|---|---|---|
| $D_7$ | $D_6$ | $D_5$ | $D_4$ | $D_3$ | $D_2$ | $D_1$ | $D_0$ | $v_O$ |
| 1 | 1 | 1 | 1 | 1 | 1 | 1 | 1 | $\pm V_{REF} \cdot 255/256$ |
| 1 | 0 | 0 | 0 | 0 | 0 | 0 | 1 | $\pm V_{REF} \cdot 129/256$ |
| 1 | 0 | 0 | 0 | 0 | 0 | 0 | 0 | $\pm V_{REF} \cdot 128/256$ |
| 0 | 1 | 1 | 1 | 1 | 1 | 1 | 1 | $\pm V_{REF} \cdot 127/256$ |
| 0 | 0 | 0 | 0 | 0 | 0 | 0 | 1 | $\pm V_{REF} \cdot 1/256$ |
| 0 | 0 | 0 | 0 | 0 | 0 | 0 | 0 | $\pm V_{REF} \cdot 0/256$ |

CDA7524 在此电路中是单极性输出,当参考电压极性为正时,运放输出电压为负,当参考电压极性为负时,运放输出电压为正。输出电压范围是

$$0 \leqslant v_o \leqslant + v_{omax}$$

$v_{omax}$ 是输入数码为全 1 时对应的最大模拟输出量。若 $v_{REF} = -10$ V,

$$v_{omax} = -\frac{V_{REF}}{2^n}(2^n - 1) = \frac{10}{256} \times 255 = 9.96 \text{ V}$$

因此该 A/D 转换器的输出电压范围是 $0 \leqslant v_o \leqslant 9.96$ V

若输入数字量最低位为 1,其余位为 0,则 $LSB$ 为 $LSB = \frac{10}{256} = 0.039$ V

**3. CDA7524 的双极性输出应用**

D/A 转换器实现双极性输出的方法有，用输入数字量的最高位状态控制基准电压的极性，或者由极性输出得到双极性输出：$v_{o双极性}=v_{o单极性}\times(-2)+V_{REF}\times(-1)$。

CDA7524 的双极性输出电路图如图 8-9 所示，该电路比单极性输电路出增加了一个运算放大器，作为双极性输出。在该电路中，$v_{o1}$ 和 $v_{o2}$ 的关系为：

$$v_o=v_{o1}\times(-2)+V_{REF}\times(-1)$$

输出模拟量与输入数字量的关系见表 8-3。

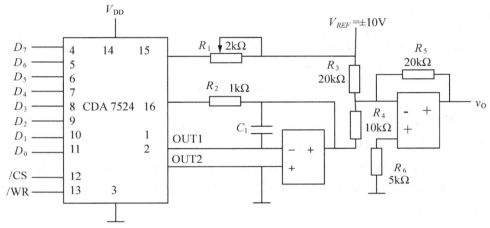

**图 8-9　CDA7524 的双极性输出电路**

**表 8-3　输出模拟量与输入数字量的关系**

| 输入 | | | | | | | | 输出 |
| --- | --- | --- | --- | --- | --- | --- | --- | --- |
| $D_7$ | $D_6$ | $D_5$ | $D_4$ | $D_3$ | $D_2$ | $D_1$ | $D_0$ | $v_O$ |
| 1 | 1 | 1 | 1 | 1 | 1 | 1 | 1 | $\pm V_{REF}\cdot 127/128$ |
| 1 | 0 | 0 | 0 | 0 | 0 | 0 | 1 | $\pm V_{REF}\cdot 1/128$ |
| 1 | 0 | 0 | 0 | 0 | 0 | 0 | 0 | $\pm V_{REF}\cdot 0/256$ |
| 0 | 1 | 1 | 1 | 1 | 1 | 1 | 1 | $\pm V_{REF}\cdot 127/128$ |
| 0 | 0 | 0 | 0 | 0 | 0 | 0 | 1 | $\pm V_{REF}\cdot 1/128$ |
| 0 | 0 | 0 | 0 | 0 | 0 | 0 | 0 | $\pm V_{REF}\cdot 128/128$ |

# 8.3　A/D 转换器

模拟信号是指幅度上连续变化的信号，而数字信号则指幅度上离散变化的信号。A/D 转换器的作用是将输入的模拟量转换成在时间上也离散的数字量，要将连续的模拟信号转换为离散的数字信号一般要通过采样，保持，量化，编码四个步骤。A/D 转换的原理图如图 8-10 所示。

在实际应用中，A/D 转换器常常作为模拟系统与数字系统之间的接口电路。A/D 转换器的种类很多，按照转换方法的不同，可以分为直接型 A/D 转换器和间接型 A/D 转换器两种。直接型 A/D 转换器将输入的模拟电压值直接转换为数字量输出。直接型 A/D 转换器有反馈比较型和并联比较型两种。

　　间接型 A/D 转换器是将输入模拟电压值先转换为一个中间变量（如频率 $f$ 或时间 $T$），然后再将中间变量变为数字量输出。

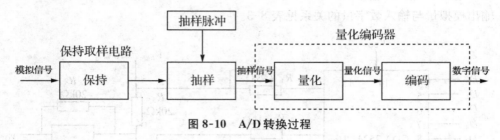

图 8-10　A/D 转换过程

### 1. 采样保持

　　将模拟信号转换为时间离散数字信号，需要经过采样、保持、量化及编码四个步骤。在实际过程，有些过程是合并进行的，如采样和保持，量化和编码在转换过程中常常合并进行。

　　采样是将时间连续的模拟信号转换为时间上离散的模拟信号，即得到某时间点（离散时间）上的模拟量值。

　　采样定理

　　模拟信号经采样后得到的信号成为采样信号。模拟信号经采样后，大部分被丢弃，我们关心的是采样信号是否能重新恢复出原模拟信号，采样定理就这一问题给出了解答。采样定理表述如下，若待采样的模拟信号为带限信号，对模拟信号进行等时间间隔采样，若采样频率的大小满足 $f \geqslant 2f_{\mathrm{t}}$，$f$ 就能利用采样信号再将原模拟信号恢复出来。其中 $f_{\mathrm{s}}$ 为采样频率，$f_{\mathrm{m}}$ 为模拟信号频谱中的最高频率。$2f_{\mathrm{m}}$ 为保证从采样信号中恢复原模拟信号采用的最小采样频率。采样定理为模数转换的可行性提供了理论依据，经采样后的信号仍然可以重建原模拟信号。

　　由于电路将采样信号转换为数字信号需要一定的时间，在这段时间内输入值需要保持稳定，因此，必须有保持电路保存采样所得的模拟值。采样和保持通常是通过采样－保持电路同时完成的。

### 2. 量化编码

　　采样保持后产生的信号是在时间上离散的模拟信号，它的幅值仍是连续的，即幅值有无限多种可能的取值，而数字信号的位数是有限的，若数字信号采用 $n$ 位二进制数表示，则有 $2^n$ 种取值，无法与无限多采样值一一对应。因此，要将采样信号转换为数字信号，必须采取近似的方法，将无限多采样值转换为有限个离散电平值，这一过程称为量化。量化后，将量化值用一组 $n$ 位 $M$ 进制数码表示，这种用数码表示量化值的过程称为编码。量化电平的个数等于 $n$ 位 $M$ 进制数码的组合数 $M^n$。若采用用二进制数表示量化值，则称为二进制编码。通常 A/D 转换器都采用二进制编码。

　　如何实现量化过程呢？量化的基本思想是，把采样值近似成某个最小数量单位的整数倍,这个最小数量单位叫做量化单位,用 $\triangle$ 表示。采样电压的取值不一定是 $\triangle$ 的整数倍,因而不可避免产生误差,这种误差称为量化误差,是采样信号值与量化信号值之差。设采样信号的幅值为 $v_1$,量化电平幅值为 $v_2$,则量化误差 $\delta = v_1 - v_2$。量化误差取决于近似方法和量化单位的大小。量化单位越小,量化误差就会越小,但是量化级数增加,对应的二进制数位数越多。量化单位越大,量化误差就会越大,量化级数少,对应的二进制数位数越少。

近似的方法有只舍不入法和四舍五入法两种。

（1）只舍不入法:

将幅值落在某一量化级内的所有采样值均量化为该量化级的量化电平。如采样电压为 2.55 V,量化级范围是 2 V≤$v_1$≤3 V,输出的量化电平为 2 V,量化单位 $\triangle = 1$ V,量化误差 $\delta = 2.55$ V $-2$ V $= 0.55$ V。采用这种方法的最大量化误差为 $\triangle$。

（2）四舍五入法:

这种方法类似数学近似使用的四舍五入法。如量化单位 $\triangle = 1$ V,采样电压为 2.55 V,与量化电平为 2 V 相减,2.55 V $-2$ V $= 0.55$ V>$\triangle / 2$,则输出量化电平为 3 V。若量化单位 $\triangle = 1$ V,采样电压为 2.94 V,与量化电平为 2 V 相减,2.49 V $-2$ V $= 0.49$ V<$\triangle / 2$,则输出量化电平为 2 V。采用这种方法的最大量化误差为 $\triangle / 2$。因此,四舍五入法的量化误差比只舍不如法的量化小,在实际应用中普遍采用。只舍不入法与四舍五入法的近似原理见图 8-11。

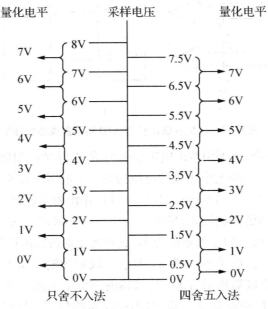

图 8-11　只舍不入法与四舍五入法

### 8.3.1　A/D 转换器工作原理

A/D 转换器的种类繁多,按照转换方法的不同可分并联比较型,逐次逼近型,双积分型三种,它们各有优点。并联比较型转换速度快,但精度不高。双积分型精度较高,抗干扰能力强,但转换速度慢。逐次逼近型转换精度较高但速度不如并联比较型快。

**1. 并联比较型**

三位并联比较型 A/D 转换器原理电路如图 8-12 所示。它由电阻分压器、电压比较器、寄存器和优先编码器四部分组成。

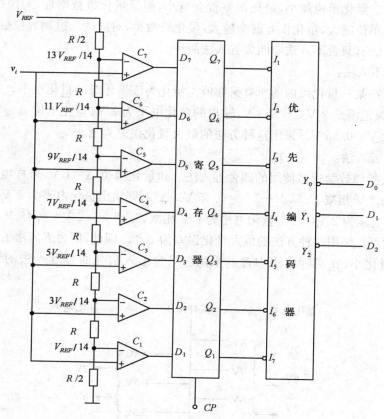

**图 8-12　三位并联比较型 A/D 转换器电路原理图**

八个电阻构成分压器，上下两端的电阻阻值为 $R/2$，其他电阻阻值均为 $R$，这样，将参考电压 $V_{REF}$ 分成八个电压，其中七个等级的电压接到 7 个电压比较器 $C_1$ 到 $C_7$ 的反相输入端，电压值分别为 $V_{REF}/14$、$3V_{REF}/14$、……、$13V_{REF}/14$，并作为比较器 $C_1 \sim C_7$ 的参考电压。输入电压为 $v_i$，作为比较器的同相输入，当 $0 \leqslant v_i < V_{REF}/14$ 时，$C_1 \sim C_7$ 的输出均为 0，当 $V_{REF}/14 \leqslant v_i \leqslant 3V_{REF}/14$ 时，比较器 $C_1$ 的输出为 1，其它比较器的输出均为 0。当 $V_{REF} \leqslant 14 \leqslant v_i \leqslant 5V_{REF}/14$ 时，比较器 $C_1$ 和 $C_2$ 的输出为 1，其它比较器的输出均为 0，以此类推。输入的参考电压值，可以确定各比较器输出状态。比较器的输出结果送至由 $D$ 触发器组成的寄存器储存，在 $CP$ 的作用下，$D$ 触发器 $Q_7 \sim Q_1$ 输出比较器的状态。$D$ 触发器的输出作为优先编码器的输入量，$Q_7$ 的优先级别最高，$Q_1$ 最低。编码器将输入量编码后输出数字量 $D_2 D_1 D_0$。

设输入模拟电压 $v_i$ 的变化范围是 $0 \sim V_{REF}$，输出的 3 位数字量为 $D_2 D_1 D_0$，三位并联比较型 A/D 转换器的输入输出关系见表 8-4。

表 8-4　三位并联比较型 A/D 转换器输入输出关系

|  | $Q_7$ | $Q_6$ | $Q_5$ | $Q_4$ | $Q_3$ | $Q_2$ | $Q_1$ | $D_2$ | $D_1$ | $D_0$ |
|---|---|---|---|---|---|---|---|---|---|---|
| $0 \leqslant v_i \leqslant V_{REF}/14$ | 0 | 0 | 0 | 0 | 0 | 0 | 0 | 0 | 0 | 0 |
| $V_{REF}/14 \leqslant v_i \leqslant 3V_{REF}/14$ | 0 | 0 | 0 | 0 | 0 | 0 | 1 | 0 | 0 | 1 |
| $3V_{REF}/14 \leqslant v_i \leqslant 5V_{REF}/14$ | 0 | 0 | 0 | 0 | 0 | 1 | 1 | 0 | 1 | 0 |
| $5V_{REF}/14 \leqslant v_i \leqslant 7V_{REF}/14$ | 0 | 0 | 0 | 0 | 1 | 1 | 1 | 0 | 1 | 1 |
| $7V_{REF}/14 \leqslant v_i \leqslant 9V_{REF}/14$ | 0 | 0 | 0 | 1 | 1 | 1 | 1 | 1 | 0 | 0 |
| $9V_{REF}/14 \leqslant v_i \leqslant 11V_{REF}/14$ | 0 | 0 | 1 | 1 | 1 | 1 | 1 | 1 | 0 | 1 |
| $11V_{REF}/14 \leqslant v_i \leqslant 13V_{REF}/14$ | 0 | 1 | 1 | 1 | 1 | 1 | 1 | 1 | 1 | 0 |
| $13V_{REF}/14 \leqslant v_i \leqslant 15V_{REF}/14$ | 1 | 1 | 1 | 1 | 1 | 1 | 1 | 1 | 1 | 1 |

　　将输入信号电压 $v_i$ 转换为二进制数所经历的时间是电压比较器、寄存器和优先编码器的延迟时间之和,因而转换速度快,并联比较型 A/D 转换器是各种 A/D 转换器中转换速度最快的一种,这是它最大的优点。各位数码的转换同时进行,因此增加输出数码位数对转换速度的影响很小。

　　并联比较型 A/D 转换器的缺点是使用的比较器和触发器较多。若要提高分辨率,需要增加输出数码的位数,所需元件数目急速增加,电路非常复杂。由于它成本高,电路复杂,适用场合较少。

### 2. 逐次逼近型 A/D 转换器

　　逐次比较型 A/D 转换器由顺序脉冲发生器、逐次逼近寄存器、D/A 转换器和电压比较器组成。逐次比较型 A/D 转换器框图如图 8-13 所示。

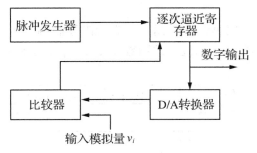

图 8-13　逐次比较型 A/D 转换器框图

四位逐次逼近型 A/D 转换器原理图如图 8-14 所示。

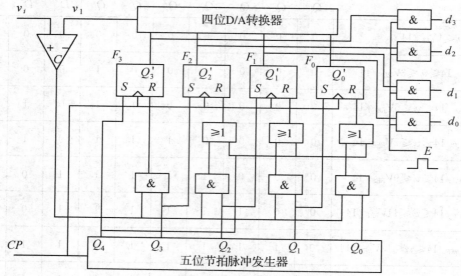

**图 8-14　四位逐次逼近型 A/D 转换器原理图**

电路的组成部分如下：电压比较器 $C$。$v_i$ 加在 $C$ 的同相输入端，与 D/A 转换器产生的比较电压 $v_1$ 比较。若 $v_i > v_1$，则 $C$ 输出为 1；若 $v_i < v_1$，则 $C$ 输出为 0。它的输出端接四个与门的输入端。

逐次逼近寄存器，它由四个 RS 触发器 $F_3$、$F_2$、$F_1$、$F_0$ 组成，输出四位二进制数 $d_3 d_2 d_1 d_0$。

五位节拍脉冲发生器。它是一个环形计数器，输出是五个在时间上有一定先后顺序的脉冲 $Q_4$、$Q_3$、$Q_2$、$Q_1$、$Q_0$，波形如图所示。$Q_4$ 端接 $F_3$ 的 S 端和三个或门的输入端；$Q_3$、$Q_2$、$Q_1$、$Q_0$ 分别接四个与门的输入端，$Q_3$、$Q_2$、$Q_1$ 还分别接 $F_2$、$F_1$、$F_0$ 的 S 端。

四位 D/A 转换器，它的输入是逐次逼近寄存器 $F_3$、$F_2$、$F_1$、$F_0$ 的输出，输出电压 $v_1$ 送到电压比较器 C 的反相输入端。

控制逻辑门，控制逻辑门包括四个与门和三个或门，用来控制逐次逼近寄存器的输出状态。

读出与门，右边四个与门为读出与门。$E$ 为读出控制端。当 $E=0$ 时，四个与门关闭。当 $E=1$ 时，四个与门打开，输出四位二进制数 $d_3 d_2 d_1 d_0$，从而完成 A/D 转换。电路的输出波形见图 8-15。

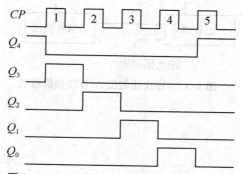

**图 8-15　五位节拍脉冲发生器的输出波形**

逐次比较型 A/D 转换器工作的基本思想是:由 D/A 转换器产生一系列比较电压 $v_1$,再逐次与输入电压 $v_i$ 比较,以逐步逼近的方式产生输出。

　　转换开始前所有寄存器清零。开始转换后,时钟脉冲 CP 的上升沿首先将寄存器 $F_3$ 置 1,其余寄存器置 0,这样,输出数码 $Q'_3 Q'_2 Q'_1 Q'_0$ 为 1000。这个数码被 D/A 转换器转换成相应的模拟电压 $v_1$,送到比较器 C 中与 $v_i$ 比较。当 $v_i > v_1$ 时,说明数字量大了,将 $F_3$ 置 0;当 $v_i < v_1$ 时,说明数字量小了,将 $F_3$ 状态保持为 1。然后根据比较结果将 $F_3$ 置 1 或置 0。以此类推,逐位比较下去,一直到 $F_0$ 为止。比较完成后,寄存器中的值对应的输出数字量,到此 A/D 转换完成。

　　$v_1$ 的计算方法如下:

$$v_1 = \frac{v_i}{2^4}(d_3 \times 2^3 + d_2 \times 2^2 + d_1 \times 2^1 + d_0 \times 2^0)$$

### 3. 双积分型 A/D 转换器

　　双积分型 A/D 转换器又称为双斜率 A/D 转换器,原理图见图 8-16。它由开关 $S_1$、$S_2$,基准电压源 $-V_{REF}$,积分器,比较器,$n$ 位二进制计数器,辅助触发器,与非门和非门组成。

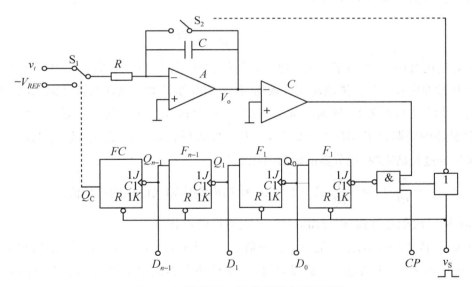

**图 8-16　双积分型 A/D 转换器电路原理图**

　　双积分型 A/D 转换器的基本思想是:对输入模拟电压和基准电压进行两次积分。先对输入模拟电压进行积分,将其变换成与之成正比的时间间隔,并用计数器测量此时间间隔的长度,则计数器输出的数字量与输入的模拟电压成正比关系;然后再对基准电压进行同样的积分和计数,从而完成 A/D 转换。

　　积分器由运放 A 和 $R$,$C$ 组成,输出为 $v_o$,它是电路的核心。

　　比较器 C 的同相输入端接地,反相输入端接积分器的输出,比较器 C 的输出为 $v_\omega$。比较器对积分器输出的电压极性进行判断,当 $c_o \leqslant 0$ 时,比较器 C 输出 $v_\omega = 1$,当 $v_o \geqslant 0$ 时,比较器 C 输出 $v_\omega = 0$。

$n$ 位二进制计数器，由 $n$ 个 JK 触发器构成。

辅助触发器 $FC$，它的状态由 $n$ 位二进制计数器的输出信号 $Q_{n-1}$ 的下降沿触发。

开关 $S_1$ 的状态由辅助触发器 $FC$ 的输出 $QC$ 控制，$QC=0$ 时，将输入模拟电压送入积分器。$QC=1$ 时，将基准电压 $-V_{REF}$ 送入积分器。其中输入电压 $v_i$ 为正电压，基准电压 $-V_{REF}$ 为负电压。

开关 $S_2$ 的状态由非门的输出控制，$S_2$ 控制积分器的工作状态，当非门输出 0 时，$S_2$ 断开，非门输出 1 时，$S_2$ 闭合，电容放电。

工作原理：

（1）初始准备

在积分转换开始之前，控制信号 $v_s=0$，$n$ 位二进制计数器和辅助触发器清零。$v_s=0$，非门输出 1，开关 $S_2$ 闭合，电容放电。辅助触发器清零，开关 $S_1$ 掷向 $v_i$。

（2）第一次积分过程（积分器对 $v_i$ 进行定时积分）

设转换开始时刻为 $t=0$，这时控制信号 $v_s=1$，非门输出 0，开关 $S_2$ 断开，积分器开始对 $v_i$ 积分。积分器的输出电压 $v_o$ 为：

$$v_o(t) = -\frac{1}{RC} \int_0^t v_i \, \mathrm{d}t$$

在对 $v_i$ 进行积分时，由于 $v_i$ 为正电压，所以 $v_o$ 为负电压，则比较器 C 输出高电平，与非门打开，$CP$ 脉冲进入 $n$ 位二进制加法计数器，计数器开始计数。当计数器计满 $2n$ 归零时，辅助触发器 $FC$ 置 1，开关 $S_1$ 掷向基准电压源，第一次积分过程结束。设第一次积分时间为 $T_1$，$CP$ 脉冲的周期为 $T_C$，则 $T_1=2^n T_C$，$n$、$T_C$ 与输入模拟信号 $v_i$ 无关，故 $T_1$ 为固定值。在第一次积分过程结束时，积分器的输出电压 $v_o$ 为：

$$v_o(T_1) = -\frac{V_i}{RC} T_1 = -\frac{V_i}{RC} T_C \times 2^n \qquad v_i \text{ 为 } T_1 \text{ 时间内输入电压的平均值。}$$

（3）第二次积分过程（积分器对 $-V_{REF}$ 进行反向积分）

开关 $S_1$ 接通基准电压 $-V_{REF}$ 后，积分器从 $T_1$ 时刻对 $-V_{REF}$ 进行反向积分，积分器输出的起始电压值为 $v_o$，为负电压。假设经过 $T_2$ 时间积分器输出电压为 0，积分器的输出电压 $v_o$ 为：

$$v_o = v_o(T_1) - \frac{1}{RC} \int_{T_1}^t -V_{REF} \, \mathrm{d}t$$

与此同时，比较器 C 的输出为高电平，与非门打开，计数器开始计数。随着反向积分的进行，$v_o$ 逐渐升高，在 $t=T_1+T_2$ 时刻，$v_o$ 上升到 0，比较器输出 $v_\omega$ 变为低电平，与非门关闭，计数器停止计数，第二次积分过程结束，第二次积分时间为 $T_2$。

$$v_o = v_o(T_1) - \frac{1}{RC} \int_{T_1}^{T_1+T_2} -V_{REF} \, \mathrm{d}t = -\frac{T_1}{RC} V_i + \frac{V_{REF}}{RC} T_2 = 0$$

设第二次积分过程结束时，计数器中所计的脉冲数为 $N$，有：

$$T_2 = N \times T_C$$

$$N = \left[ \frac{2^n}{V_{REF}} V_i \right]_{取整}$$

$$V_i = \frac{V_{REF}}{T_1} T_2 = \frac{V_{REF}}{2^n} N$$

上式说明计数器所计的脉冲数 $N$ 与输入模拟电压 $v_i$ 成正比,只要 $v_i < V_{REF}$ ,A/D 转换器就能将输入模拟电压转换为数字信号,并从计数器得到转换结果。

双积分型 A/D 转换器抗干扰能力强,转换精度高,电路较简单,但是工作速度低。通常用于转换精度较高,转换速度较低的场合,如数字万用表等。

并联比较型、逐次逼近型和双积分型 A/D 转换器各有特点,可应用在不同的场合。并联比较型 A/D 转换器适合于高速但精度要求不高的场合,但成本较高。双积分型 A/D 转换器可应用于精度高,抗干扰能力强的低速场合。逐次逼近型 A/D 转换器兼有以上两种 A/D 转换器的优点,速度较快、精度较高、价格适中,应用范围比较广泛。

### 8.3.2　A/D 转换器主要技术指标

**1. 分辨率**

A/D 转换器的分辨率用输出二进制数的位数表示,位数越多,误差越小,转换精度越高。例如,输入模拟电压的变化范围为 0～5 V,输出 8 位二进制数可以分辨的最小模拟电压为 5 V $\times 2^{-8} \approx 20$ mV;而输出 12 位二进制数可以分辨的最小模拟电压为 5 V $\times 2^{-12} \approx 1.22$ mV。

**2. 相对精度**

相对精度是指实际的各个转换点偏离理想特性的误差。在理想情况下,所有的转换点应当在一条直线上。

**3. 转换速度**

转换速度是指完成一次转换所需的时间。转换时间是指从接到转换控制信号开始,到输出端得到稳定的数字输出信号所经过的这段时间。

### 8.3.3　集成 ADC 器件

ADC0809 是 8 位通道的 CMOS 型 A/D 转换器,带有 8 路模拟开关和微处理器兼容的控制逻辑的 CMOS 组件,可与单片机直接接口。内部采用逐次逼近式 A/D 转换器,采用 28 脚双列直插封装,原理框图如图 8-17 所示。

$IN_0 - IN_7$ :8 条模拟量输入通道,8 路模拟开关通道可允许 8 路模拟量分时输入,共用 A/D 转换器进行转换。三态输出锁存器用于锁存 A/D 转换完的数字量,当 OE 端为高电平时,才可以从三态输出锁存器取走转换完的数据。ADC0809 对输入模拟量要求:信号单极性,电压范围是 0～5 V,若信号太小,必须进行放大;输入的模拟量在转换过程中应该保持不变,如若模拟量变化太快,则需在输入前增加采样保持电路。

ALE:地址锁存允许输入线,高电平有效。当 ALE 线为高电平时,地址锁存与译码器将

$A,B,C$ 三条地址线的地址信号进行锁存,$A$ 为低位地址,$C$ 为高位。

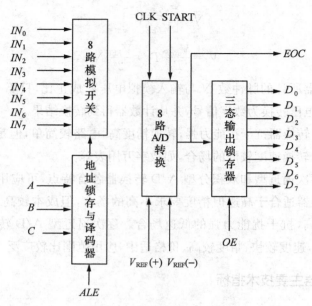

图 8-18  ADC0809 原理框图

地址,经译码后被选中的通道的模拟量进转换器进行转换。$A,B$ 和 $C$ 为地址输入线,用于选通 $IN_0 \sim IN_7$ 上的一路模拟量输入。通道选择表如表 8-5 所示。

表 8-5  ADC0809 通道选择表

| $C$ | $B$ | $A$ | 选择的通道 |
|-----|-----|-----|-----------|
| 0 | 0 | 0 | $IN_0$ |
| 0 | 0 | 1 | $IN_1$ |
| 0 | 1 | 0 | $IN_2$ |
| 0 | 1 | 1 | $IN_3$ |
| 1 | 0 | 0 | $IN_4$ |
| 1 | 0 | 1 | $IN_5$ |
| 1 | 1 | 0 | $IN_6$ |
| 1 | 1 | 1 | $IN_7$ |

$START$:$START$ 上跳沿时,所有内部寄存器清"0";$START$ 下跳沿时,开始进行 A/D 转换;在 A/D 转换期间,$START$ 应保持低电平。

$D_7 - D_0$:数据输出线,为三态缓冲输出形式。

$OE$:输出允许信号,用于控制三态输出锁存器向单片机输出转换得到的数据。$OE=0$,输出数据线呈高电阻;$OE=1$,输出转换得到的数据。

$CLK$ 时钟信号:ADC0809 的内部没有时钟电路,所需时钟信号由外界提供。通常使用频率为 500 kHz 的时钟信号。

$EOC$:转换结束信号。$EOC=0$,正在进行转换;$EOC=1$,转换结束。

$V_{CC}$:+5 V 电源。

$V_{REF}$:参考电源。参考电压用来与输入的模拟信号进行比较,作为逐次逼近的基准。典型值为$+5$ V,($V_{REF}(+)=5$ V,$V_{REF}(-)=0$ V)。

ADC0809 的主要技术指标:

电源:$+5$ V。

分辨率:8 位。

模拟量输入:8 路 0~5 V。

时钟频率:$\leqslant 640$ kHz。

转换时间:$\geqslant 100\mu s$。

不可调误差:$\pm 1$LSB。

## 本 章 习 题

8-1  A/D 转换的过程可分为_____、_____、_____、_____4 个步骤。

8-2  就逐次逼近型和双积分型两种 A/D 转换器而言,_____的抗干扰能力强,_____的转换速度快。

8-3  A/D 转换器两个最重要的指标是_____和_____。

8-4  D/A 转换可能存在哪几种转换误差?试分析误差的特点及其产生误差的原因。

8-5  比较权电阻型、$R$-$2R$ 网络型、权电流型等 D/A 转换器的特点,结合制造工艺、转换的精度和转换的速度等方面比较。

8-6  10 位的逐次渐进 A/D 转换器,若时钟信号的频率 $f_{CP}=1$ MHz,试计算完成一次转换所需要的时间是多少?

8-7  10 位的双积分 A/D 转换器,若时钟信号的频率 $f_{CP}=1$ MHz,试计算最大转换时间是多少?

8-8  求如图 8-19 所示电路的集成运放反向端电流 $I_E$ 和输出电压 $u_o$。

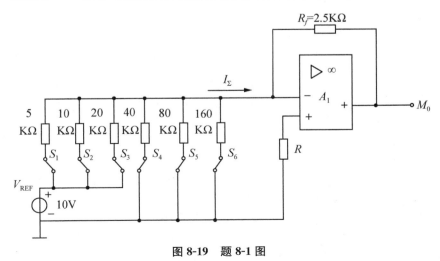

**图 8-19 题 8-1 图**

8-9 在如图 8-20 所示电路中,试求当输入数字量 $D_9 \sim D_0 = 0FDH$ 时的 $u_0$ 值。

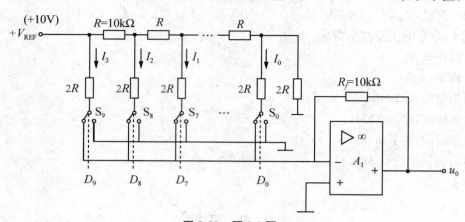

图 8-20 题 8-2 图

# 第 9 章　数字电路 EDA 设计基础

 本章导学

　　EDA 是 Electronic Design Automation(电子设计自动化)的缩写。EDA 技术就是以微电子技术为物理层面,现代电子设计技术为灵魂,计算机软件技术为手段,最终形成集成电子系统或专用集成电路 ASIC(Application Specific Integrated Circuit)为目的的一门新兴技术。现代电子设计技术的核心是 EDA 技术,EDA 技术就是依靠功能强大的计算机,在 EDA 工具软件平台上,对以硬件描述语言 HDL(Hardware Description Language)为系统逻辑描述手段完成的设计文件,自动地完成逻辑编译、化简、分割、综合、布局布线以及逻辑优化和仿真测试,直至下载到可编程逻辑器件 CPLD/FPGA 或专用集成电路 ASIC 芯片中,实现既定的电子电路设计功能。

　　本章从硬件描述语言 VHDL、Quartus Ⅱ 开发工具、基本数字电路的 EDA 实现、典型数字系统的 EDA 实现四个方面介绍数字电路的 EDA 设计。

## 9.1　硬件描述语言 VHDL 快速入门

　　为了便于程序的阅读和调试,特作如下约定:

（1）语句结构描述中方括号"[ ]"内的内容为可选内容。

（2）程序文字的大小写是不加区分的。

（3）程序中的注释使用双横线"——"。"——"后的文字都不参加编译和综合。

（4）书写和输入程序时,使用层次缩进格式。

### 9.1.1　VHDL 的程序结构

　　一个相对完整的 VHDL 程序(或称为设计实体)通常包含实体(Entity)、结构体(Architecture)、配置(Configuration)、程序包(Package)和库(Library)5 个部分。其中,库、程序包使用说明用于打开(调用)本设计实体将要用到的库、程序包,程序包存放各个设计模块共享的数据类型、常数和子程序等,库是专门存放预编译程序包的地方。实体用于描述所设计的系统的外部接口信号,是可视部分。结构体用于描述系统内部的结构和行为,建立输入和输出之间的关系,是不可视部分。配置说明语句主要用于以层次化的方式对特定的设计实体进行元件例化,或是为实体选定某个特定的结构体。

## 一、实体(ENTITY)

实体的功能是对这个设计实体与外部电路进行接口描述。实体是设计实体的表层设计单元,实体说明部分规定了设计单元的输入输出接口信号或引脚,是设计实体经封装后对外的一个通信界面。实体说明单元的语句结构如下:

ENTITY 实体名 IS

[GENERIC(类属表);]

[PORT(端口表);]

END ENTITY 实体名;

(1) 其中实体名是设计者自己给设计实体的命名,可作为其他设计实体对该设计实体进行调用时用。

(2) 类属(GENERIC)说明语句

类属(GENERIC)参量是一种端口界面常数,常以一种说明的形式放在实体或块结构体前的说明部分。比较常见的情况是选用类属来动态规定一个实体端口的大小,或设计实体的物理特性,或结构体中的总线宽度等。类属说明的一般书写格式如下:

GENERIC([常数名:数据类型[:设定值]{;常数名:数据类型[:设定值 ]});

(3) PORT 端口说明

由 PORT 引导的端口说明语句是对于一个设计实体界面的说明。实体端口说明的一般书写格式如下:

PORT (端口名:端口模式　　数据类型;
{端口名:端口模式　　数据类型});

其中,端口名是设计者为实体的每一个对外通道(系统引脚)所取的名字;端口模式(端口方向)是指这些通道上的数据流动方向,即定义引脚是输入还是输出;数据类型是指端口上流动的数据的表达方式。IEEE 1076 标准包中定义了 4 种常用的端口模式如表 9-1 所示。

表 9-1　端口模式说明

| 端口模式 | 端口模式说明(以设计实体为主体) |
|---|---|
| IN | 输入,只读模式,将变量或信号信息通过端口读入 |
| OUT | 输出,单向赋值模式,将信号通过该端口输出 |
| BUFFER | 具有读功能的输出模式,可以读或写,只能有一个驱动源 |
| INOUT | 双向,可以通过该端口读入或写出信息 |

## 二、结构体(ARCHITECTURE)

结构体是设计实体的一个重要部分,结构体将具体实现一个实体。每一个实体都有一个或一个以上的结构体,对于具有多个结构体的实体,必须用 CONFIGURATION 配置语句指明用于综合的结构体和用于仿真的结构体,即在综合后的可映射于硬件电路的设计实体中,一个实体只对应一个结构体。

(1) 结构体的一般语句格式

ARCHITECTURE 结构体名 OF 实体名 IS

[说明语句]

BEGIN

［功能描述语句］

END［ARCHITECTURE］［结构体名］；

其中，实体名必须是对应实体的名字，而结构体名可以由设计者自己选择

（2）结构体说明语句

结构体中的说明语句是对结构体的功能描述语句中将要用到的信号（SIGNAL）、数据类型（TYPE）、常数（CONSTANT）、元件（COMPONENT）、函数（FUNCTION）和过程（PROCEDURE）等加以说明的语句。但在一个结构体中说明和定义的数据类型、常数、元件、函数和过程只能用于这个结构体中，若希望其能用于其他的实体或结构体中，则需要将其作为程序包来处理。

（3）功能描述语句

结构体描述设计实体的具体行为，它包含两类语句：并行语句和顺序语句（具体语句将在后面详细描述）。

**三、库**

库是经编译后的数据的集合，它存放包定义、实体定义、构造定义和配置定义。在设计单元内的语句可以使用库中的结果，库的好处就是设计者可以共享已经编译的设计结果，在VHDL 中有很多库，但他们相互独立。常用的库有 IEEE 库、STD 库，另外还有 ASIC 库、WORK 库和用户自定义库等。

IEEE 库：在 IEEE 库中有一个 STD_LOGIC 的包，它是 IEEE 正式认可的包。

STD 库：STD 库是 VHDL 的标准库，在库中有名为 STANDARD 的包，还有TEXTIO 包。

**四、程序包**

通常在一个实体中对数据类型、常量等进行的说明只可以在一个实体中使用，为使这些说明可以在其它实体中使用，VHDL 提供了程序包结构，包中包括 VHDL 中用到的信号定义、常数定义、数据类型、元件语句、函数定义和过程定义，它是一个可编译的设计单元，也是库结构中的一个层次。

在使用库和程序包之前，一定要进行说明，库和包的说明总是放在设计单元的前面，例如：

LIBRARY 库名；

USE LIBRARY name. package. name. ITEM. name

**五、配置**

配置用于在多结构体中的实体中选择结构体，配置语句格式：

CONFIGURATION 配置名　OF 实体名 IS

［说明语句］

END 配置名；

## 9.1.2　VHDL 的语法规则

**一、VHDL 文字规则**

VHDL 文字（Literal）主要包括数值和标识符。数值型文字主要有数字型、字符串型、位串型。

1. 数字型文字的值有多种表达方式，现列举如下：

（1）整数文字：整数文字都是十进制的数，如：

478,356E2（＝35600），15_234_287（＝15234287），0

数字间的下划线仅仅是为了提高文字的可读性，相当于一个空的间隔符，而没有其他的意义，不影响文字本身的数值。

（2）实数文字：实数文字也都是十进制的数，但必须带有小数点，如：

128.993,28_560_551.442_109,1.0,44.99E－2（＝0.4499），1.335

（3）以数制基数表示的文字，其表示方式为：

用十进制数标明数制进位的基数 ♯ 以对应的基数表示的数 ♯ 指数

例如：2♯1111_1110♯       ——（二进制数表示，等于254）

     16♯F.01♯E＋2      ——（十六进制数表示，等于3841.00）

2. 字符串型文字：字符是用单引号引起来的 ASCII 字符，可以是数值，也可以是符号或字母。而字符串则是一维的字符数组，须放在双引号中。VHDL 中有两种类型的字符串：文字字符串和数位字符串。

（1）文字字符串：文字字符串是用双引号引起来的一串文字，如："ABCD"。

（2）数位字符串：数位字符串也称位矢量，是预定义的数据类型 BIT 的一位数组，它们所代表的是二进制、八进制或十六进制的数组，其位矢量的长度即为等值的二进制数的位数。数位字符串的表示首先要有计算基数，然后将该基数表示的值放在双引号中，基数符放在字符串的前面，分别以"B"、"O"和"X"表示二、八、十六进制基数符号。例如：

B"1_1101_1110"    ——二进制数数组，位矢数组长度是9

X"AD0"          ——十六进制数数组，位矢数组长度是12

3. 标识符

标识符用来定义常数、变量、信号、端口、子程序或参数的名字。VHDL 的基本标识符就是以英文字母开头，不连续使用下划线"_"，不以下划线"_"结尾的，由 26 个大小写英文字母、数字 0～9 以及下划线"_"组成的字符串。VHDL 的保留字不能用于作为标识符使用。

4. 下标名及下标段名

下标名用于指示数组型变量或信号的某一元素，而下标段名则用于指示数组型变量或信号的某一段元素，其语句格式如下：

数组类型信号名或变量名（表达式 1 [TO/DOWNTO  表达式 2]）；

表达式的数值必须在数组元素下标号范围以内，并且必须是可计算的。TO 表示数组下标序列由低到高，如"0 TO 7"；DOWNTO 表示数组下标序列由高到低，如"7 DOWNTO 0"。

**二、VHDL 数据对象**

在 VHDL 中，数据对象接受不同数据类型的赋值。数据对象有三种，即常量（CONSTANT）、变量（VARIABLE）和信号（SIGNAL）。

（1）常量

常量的定义和设置主要是为了使设计实体中的常数更容易阅读和修改。在程序中，常量是一个恒定不变的值，一旦作了数据类型的赋值定义后，在程序中不能再改变，因而具有全局意义。

常量的描述格式：CONSTANT 常数名：数据类型：＝表达式

例：CONSTANT Vcc：REAL：＝5.0；

   CONSTANT DALY：TIME：＝100ns；

   CONSTANT FBUS：BIT_VECTOR：＝"0101"；

（2）变量（VARIABLE）

在 VHDL 语法规则中,变量是一个局部量,只能在进程和子程序中使用。变量的赋值是是立即发生,不存在任何延时的行为。变量常用在实现某种算法的赋值语句中。

定义变量的语法格式如下:

VARIABLE 变量名:数据类型:=初始值;

例如:

VARIABLE　A:INTEGER;　　　　　　　——定义 A 为整数型变量

VARIABLE　B,C:INTEGER:=2;　　　——定义 B 和 C 为整型变量,初值为 2

（3）信号（SIGNAL）

信号是描述硬件系统的基本数据对象,它类似于连接线。信号可以作为设计实体中并行语句模块间的信息交流通道。信号作为一种数值容器,不但可以容纳当前值,也可以保持历史值。除了没有方向说明以外,信号与实体的端口（PORT）概念是一致的。

信号的描述格式如下:

SIGNAL 信号名：数据类型:=初始值;

在程序中,信号值输入信号时采用代入符"<=",而不是赋值符":=",同时信号可以附加延时。信号是一个全局量,可以用来进行进程之间的通信。

例:$s1 <= s2$ AFTER 10ns

（4）信号与变量的区别

信号赋值可以有延迟时间,变量赋值无时间延迟;信号除当前值外还有许多相关值,如历史信息等,变量只有当前值;进程对信号敏感,对变量不敏感;信号可以是多个进程的全局信号,但变量只在定义它之后的顺序域可见;信号可以看作硬件的一根连线,但变量无此对应关系。

**三、VHDL 数据类型**

VHDL 要求设计实体中的每一个常数、信号、变量、函数以及设定的各种参量都必须具有确定的数据类型,并且相同数据类型的量才能互相传递和作用。VHDL 中的数据类型可以分成标准数据类型和用户自定义数据类型两个类别。标准的 VHDL 数据类型是 VHDL 最常用、最基本的数据类型,这些数据类型都已在 VHDL 的标准程序包 Standard 和 STD_LOGIC_1164 及其他的标准程序包中作了定义,并可在设计中随时调用。

（1）标准数据类型

1）整数（INTEGER）　范围:$-2147483547 \sim +2147483646$,如 2、10E4、16♯D2♯。

例:INTEGER RANGE 100 DOWNTO 0

2）实数（REAL）　范围:$-1.0E38 \sim 1.0E38$,书写时一定要有小数。如:65.36、8♯43.6♯E+4。

3）位（BIT）取值只能是用带单引号的'1'和'0'来表示。

4）位矢量（BIT_VECTOR）位矢量是用双引号括起来的一组位数据,如"010101"。

5）布尔量（BOOLEAN）只有"真"和"假"2 个状态,可以进行关系运算。

6）字符（CHARACTER）:字符通常用单引号括起来,对大小写敏感。

7）字符串（STRING）:字符串是双引号括起来的一串字符,如"laksdklakld"。

8）时间（TIME）:完整的时间类型包括整数和物理量单位两部分,整数和单位之间至少留一个空格,如 55 ms,20 ns。

另外,在 IEEE 库的程序包 STD_LOGIC_1164 中,定义了两个非常重要的数据类型,即标准逻辑位 STD_LOGIC 和标准逻辑矢量 STD_LOGIC_VECTOR。

1) 标准逻辑位(STD_LOGIC)数据类型:STD_LOGIC 的定义如下所示:

TYPE STD_LOGIC IS ('U','X','0','1','Z','W','L','H','—');

各值的含义是:'U'——未初始化的,'X'——强未知的,'0'——强 0,'1'——强 1,'Z'——高阻态,'W'——弱未知的,'L'——弱 0,'H'——弱 1,'—'——忽略。

由定义可见,STD_LOGIC 是标准的 BIT 数据类型的扩展,共定义了 9 种值,这意味着,对于定义为数据类型是标准逻辑位 STD_LOGIC 的数据对象,其可能的取值已非传统的 BIT 那样只有 0 和 1 两种取值,而是如上定义的有 9 种可能的取值。在程序中使用此数据类型前,需加入下面的语句:

LIBRARY IEEE;

USE IEEE. STD_LOGIC_1164. ALL;

2) 标准逻辑矢量(STD_LOGIC_VECTOR)数据类型

STD_LOGIC_VECTOR 是定义在 STD_LOGIC_1164 程序包中的标准一维数组,数组中的每一个元素的数据类型都是以上定义的标准逻辑位 STD_LOGIC。

(2) 用户自定义数据类型

VHDL 允许用户自行定义新的数据类型,如枚举类型(ENUMERATION TYPE)、整数类型(INTEGER TYPE)、数组类型(ARRAY TYPE)、记录类型(RECORD TYPE)、时间类型(TIME TYPE)、实数类型(REAL TYPE)等。用户自定义数据类型是用类型定义语句 TYPE 和子类型定义语句 SUBTYPE 实现的。

用户自定义数据类型的一般格式:

TYPE 数据类型名　IS　数据类型定义　[OF　基本数据类型];

其中,数据类型名由设计者自定;数据类型定义部分用来描述所定义的数据类型的表达方式和表达内容;关键词 OF 后的基本数据类型是指数据类型定义中所定义的元素的基本数据类型,一般都是取已有的预定义数据类型,如 BIT、STD_LOGIC 或 INTEGER 等。

(3) 数据类型的转换

数据类型转换函数由 VHDL 语言的包提供,例如:STD_LOGIC_1164 和 STD_LOGIC_ARITH 等。转换函数见表 9-2。

表 9-2　转换函数表

| 函数 | 说明 |
|---|---|
| STD_LOGIC_1164 包<br>TO_STDLOGICVECTOR(A)<br>TO_BITVECTOR(A)<br>TO_LOGIC(A)<br>TO_BIT(A) | <br>由 BIT_VECTOR 转换成 STD_LOGIC_VECTOR<br>由 STD_LOGIC_VECTOR 转换成 BIT_VECTOR<br>由 BIT 转换成 STD_LOGIC<br>由 STD_LOGIC 转换成 BIT |
| **STD_LOGIC_ARITH 包**<br>CONV_ STD_ LOGIC_ VECTOR<br>(A,位长)<br>CONV_INTEGER(A) | <br>由 INTEGER,UNSIGNED 和 SIGNED 转换成<br>STD_LOGIC_VECTOR<br>由 UNSIGNED 和 SIGNED 转换成 INTEGER |
| **STD_LOGIC_UNSIGNED 包**<br>CONV_INTEGER | 由 STD_LOGIC_VECTOR 转换成 INTEGER |

#### 四、VHDL 运算操作符

VHDL 的各种表达式由操作数和操作符组成,其中操作数是各种运算的对象,而操作符则规定运算的方式。在 VHDL 中,有 4 类基本操作符:算术运算符、关系运算符、逻辑运算符和其他运算符。常用运算符见表 9-3。

表 9-3　常用运算操作符

| 类型 | 操作符 | 功能 | 操作数数据类型 |
|------|--------|------|----------------|
| 算术运算符 | + | 加 | 整数 |
| | — | 减 | 整数 |
| | * | 乘 | 整数和实数(包括浮点数) |
| | / | 除 | 整数和实数(包括浮点数) |
| | * * | 乘方 | 整数 |
| | MOD | 取模 | 整数 |
| | REM | 取余 | 整数 |
| | SLL | 逻辑左移 | BIT 或布尔型一维数组 |
| | SRL | 逻辑右移 | BIT 或布尔型一维数组 |
| | SLA | 算术左移 | BIT 或布尔型一维数组 |
| | SRA | 算术右移 | BIT 或布尔型一维数组 |
| | ROL | 逻辑循环左移 | BIT 或布尔型一维数组 |
| | ROR | 逻辑循环右移 | BIT 或布尔型一维数组 |
| | ABS | 取绝对值 | 整数 |
| 关系运算符 | = | 等于 | 如何数据类型 |
| | /= | 不等于 | 如何数据类型 |
| | 〈 | 小于 | 枚举和整数类型及对应的一维数组 |
| | 〉 | 大于 | 枚举和整数类型及对应的一维数组 |
| | 〈= | 小于等于 | 枚举和整数类型及对应的一维数组 |
| | 〉= | 大于等于 | 枚举和整数类型及对应的一维数组 |
| 逻辑运算符 | AND | 与 | BIT、BOOLEAN、STD_LOGIC |
| | OR | 或 | BIT、BOOLEAN、STD_LOGIC |
| | NAND | 与非 | BIT、BOOLEAN、STD_LOGIC |
| | NOR | 或非 | BIT、BOOLEAN、STD_LOGIC |
| | XOR | 异或 | BIT、BOOLEAN、STD_LOGIC |
| | XNOR | 异或非 | BIT、BOOLEAN、STD_LOGIC |
| | NOT | 非 | BIT、BOOLEAN、STD_LOGIC |
| 其他 | + | 正 | 整数 |
| | — | 负 | 整数 |
| | & | 并置 | 一维数组 |

各种操作符的使用说明：

（1）逻辑运算符

要求运算符左右的数据类型必须相同。

（2）算术操作符

在使用乘法运算符时，应该特别慎重，因为它可以使逻辑门数大大增加。

（3）关系运算符

应该注意小于等于＜＝和代入运算符的不同（从上下文区别）。

（4）并置运算符

在 VHDL 程序设计中，并置运算符"&"用于位的连接。并置运算符的使用规则如下：①并置运算符可用于位的连接，形成位矢量。②并置运算符可用于两个位矢量的连接，从而构成更大的位矢量。③位的连接，可以用并置符连接法，也可用集合体连接法。举例如下：

DATA＜＝D0 & D1 & D2 & D3；——用并置符连接法构成 4 位位矢量

DATA＜＝（D0，D1，D2，D3）；——用集合体连接法构成 4 位宽的位矢量

运算操作符的优先级见表 9-4。

表 9-4　运算符的优先级

| 运算符 | 优先级 |
|---|---|
| NOT，ABS，＊＊ | |
| ＊，/，MOD，REM | 最高优先级 |
| ＋（正），－（负） | |
| ＋，－，& | |
| SLL，SRL，SLA，SRA，RO，ROR | |
| ＝，/＝，＞，＜，＞＝，＜＝ | 最低优先级 |
| AND，OR，NAND，NOR，XOR，XNOR | |

### 9.1.3　VHDL 的顺序语句

顺序语句是相对于并行语句而言的，顺序语句的的执行顺序是与它们的书写顺序基本一致的。顺序语句只能出现在进程（PROCESS）和子程序中，子程序包括函数（FUNCTION）和过程（PROCEDURE）。VHDL 有如下几类基本顺序语句：等待语句、赋值语句、转向控制语句、返回语句、空操作语句。

**一、等待（WAIT）语句**

进程在执行过程中总是处于两种状态：执行或挂起，进程的状态变化受等待（WAIT）语句的控制，当进程执行到 WAIT 语句，就被挂起，直到满足此语句设置的结束挂起条件后，将重新开始执行进程或过程中的程序。但 VHDL 规定，已列出敏感量的进程中不能使用任何形式的 WAIT 语句。

WAIT 语句的语句格式如下：

WAIT ［ON 敏感信号表］［UNTIL 条件表达式］［FOR 时间表达式］；

（1）无限等待语句：WAIT

单独的 WAIT，未设置停止挂起条件的表达式，表示永远挂起。

（2）敏感信号等待语句：WAIT ON 信号[，信号]…

在信号表中列出的信号是等待语句的敏感信号。当处于等待状态时，敏感信号的任何变化将结束挂起，再次启动进程。

例：WAIT　ON　a，b，c；

表示当 a、c、b 中任一信号发生改变时，就恢复执行 WAIT 语句之后的语句。

（3）条件等待语句：WAIT UNTIL 布尔表达式

当进程执行到该语句时被挂起，直到布尔表达式为真时，进程将被启动。

（4）WAIT FOR 时间表达式

当进程执行到该语句时被挂起，等待一定的时间（时间表达式的值）后，进程将被启动。

例：WAIT FOR 30 ns

（5）多条件 WAIT 语句

例：WAIT ON　a，b　UNTIL((a＝TRUE)OR(bt＝TRUE))　FOR 10 ns

该等待有 3 个条件：信号 a 和 b 任何一个有一次刷新动作、信号 a 和 b 任何一个为真、等待 10 ns。只要满足一个条件进程就被启动。

**二、赋值语句**

赋值语句的功能就是将一个值或一个表达式的运算结果传递给某一数据对象，如信号或变量，或由此组成的数组。VHDL 设计实体内的数据传递以及对端口界面外部数据的读写都必须通过赋值语句的运行来实现。赋值语句有两种，即信号赋值语句和变量赋值语句。

（1）信号赋值语句

格式：目的信号量＜＝信号量表达式

例：a＜＝b；

（2）变量赋值语句

格式：目的变量：＝表达式

例：c：＝a＋d；

变量赋值与信号赋值的区别在于：变量具有局部特征，它的有效只局限于所定义的一个进程中，或一个子程序中，对于它的赋值是立即发生的（假设进程已启动）。信号则不同，信号具有全局性特征，它不但可以作为一个设计实体内部各单元之间数据传送的载体，而且可通过信号与其他的实体进行通信。信号的赋值并不是立即发生的，它发生在一个进程结束时，赋值过程总是有某种延时的。

**三、转向控制语句**

转向控制语句通过条件控制是否执行哪条语句，或重复执行一条或几条语句，或跳过一条或几条语句。转向控制语句共有 5 种：IF 语句、CASE 语句、LOOP 语句、NEXT 语句和 EXIT 语句。

（一）IF 语句（条件语句）

IF 语句是一种条件语句，根据条件句产生的判断结果，有条件地选择执行其后的顺序语句。IF 语句的语句结构有以下 4 种：

（1）门闩控制

格式：IF 条件句 Then

顺序语句；

END IF；

（2）二选一控制

格式：IF 条件句 Then

顺序语句1；

ELSE

顺序语句2；

END IF；

（3）多选择控制

格式：IF 条件句1 Then

顺序语句1；

ELSIF 条件句2　Then

顺序语句2；

……

ELSIF 条件句n　Then

顺序语句n；

［ELSE

顺序语句n＋1；］

END IF；

（4）IF 语句嵌套

格式：IF 条件句1 Then

IF 条件句2　Then

顺序语句；

END IF；

END IF；

（二）CASE 语句（选择语句）

CASE 语句根据满足的条件直接选择多项顺序语句中的一项执行。CASE 语句的结构如下：

CASE 表达式　IS

WHEN 选择值　＝＞顺序语句；

WHEN 选择值　＝＞顺序语句；

［WHEN　OTHERS　＝＞顺序语句；］

…

END　CASE；

当执行到 CASE 语句时，首先计算表达式的值，然后根据条件句中与之相同的选择值，执行对应的顺序语句，最后结束 CASE 语句。表达式可以是一个整数类型或枚举类型的值，也可以是由这些数据类型的值构成的数组（请注意，条件句中的"＝＞"不是操作符，它只相当于"THEN"的作用）。

使用 CASE 语句需注意以下几点：

(1) 条件句中的选择值必须在表达式的取值范围内。

(2) 除非所有条件句中的选择值能完整覆盖 CASE 语句中表达式的取值,否则最末一个条件句中的选择必须用"OTHERS"表示。它代表已给的所有条件句中未能列出的其他可能的取值,这样可以避免综合器插入不必要的寄存器。

(3) CASE 语句中每一条件句的选择只能出现一次,不能有相同选择值的条件语句出现。

(4) CASE 语句执行中必须选中、且只能选中所列条件语句中的一条。这表明 CASE 语句中至少要包含一个条件语句。

(三) LOOP 语句(循环语句)

LOOP 语句就是循环语句,它可以使所包含的一组顺序语句被循环执行,其执行次数可由设定的循环参数决定,循环的方式由 NEXT 和 EXIT 语句来控制。LOOP 语句有两种类格式:

(1) FOR_LOOP 语句

[标号]:FOR 循环变量 IN 循环次数范围 LOOP　　——重复次数已知

顺序语句

END LOOP [标号];

例：ASUM：FOR i IN 1 TO 9　LOOP

　　Sum:= sum +1;

END LOOP ASUM;

(2) WHILE_LOOP 语句:

[标号]:WHILE 循环次数范围 LOOP　　　　——重复次数未知

顺序语句

END LOOP [标号];

在该语句中,如果条件为真,则进行循环,否则结束循环.

例:sum:=0

　　abcd:WHILE (I<10)　LOOP

　　　　sum:=I+sum;

　　　　　I:=I+1;

　　END LOOP abcd;

(四) NEXT 语句

在 LOOP 语句中用 NEXT 语句有条件或无条件跳出循环。其语句格式如下:

NEXT　[LOOP 标号]　[WHEN　条件表达式];

当 LOOP 标号缺省时,则执行 NEXT 语句时,即刻无条件终止当前的循环,跳回到本次循环 LOOP 语句开始处,开始下一次循环,否则跳转到指定标号的 LOOP 语句开始处,重新开始执行循环操作。若 WHEN 子句出现并且条件表达式的值为 TRUE,则执行 NEXT 语句,进入跳转操作,否则继续向下执行。

(五) EXIT 语句

EXIT 语句也是 LOOP 语句的内部循环控制语句,其语句格式如下:

EXIT　[LOOP 标号]　[WHEN 条件表达式];

EXIT 语句与 NEXT 语句的格式和操作功能非常相似,惟一的区别是 NEXT 语句是跳向 LOOP 语句的起始点,而 EXIT 语句则是跳向 LOOP 语句的终点。

**四、返回语句(RETURN)**

返回语句只能用于子程序体中,并用来结束当前子程序体的执行。其语句格式如下:

RETURN [表达式];

当表达式缺省时,只能用于过程,它只是结束过程,并不返回任何值;当有表达式时,只能用于函数,并且必须返回一个值。用于函数的语句中的表达式提供函数返回值。每一函数必须至少包含一个返回语句,并可以拥有多个返回语句,但是在函数调用时,只有其中一个返回语句可以将值带出。

**五、空操作语句(NULL)**

空操作语句的语句格式如下:

NULL;

空操作语句不完成任何操作,它惟一的功能就是使逻辑运行流程跨入下一步语句的执行。NULL 常用于 CASE 语句中,为满足所有可能的条件,利用 NULL 来表示所余的不用条件下的操作行为。

### 9.1.4　VHDL 的并行语句

在 VHDL 中,并行语句主要有 7 种:进程语句(PROCESS)、块语句(BLOCK)、并行信号赋值语句、条件信号赋值语句、元件例化语句、生成语句、并行过程调用语句。各种并行语句在结构体中的执行是同步进行的,或者说是并行运行的,其执行方式与书写的顺序无关。每一并行语句内部的语句运行方式可以有 2 种不同的方式,即并行执行方式(如块语句)和顺序执行方式(如进程语句)。并行语句与顺序语句并不是相互对立的语句,它们往往互相包含、互为依存,它们是一个矛盾的统一体。严格地说,VHDL 中不存在纯粹的并行行为和顺序行为的语句。并行语句在结构体中的使用格式如下:

ARCHITECTURE 结构体名 OF 实体名 IS

说明语句

BEGIN

并行语句

END ARCHITECTURE 结构体名;

**一、进程语句(PROCESS)**

进程语句是最具 VHDL 语言特色的语句,实际上是用顺序语句描述的一种进行过程,也就是说进程用于描述顺序事件。一个结构体中可以有多个并行运行的进程结构,而每一个进程的内部结构却是由一系列顺序语句来构成。

(1) PROCESS 语句格式

[进程标号:]PROCESS[(敏感信号参数表)][IS]

[进程说明部分]

BEGIN

顺序描述语句

END PROCESS[进程标号];

进程说明部分用于定义该进程所需的局部数据环境。顺序描述语句部分是一段顺序执行的语句,描述该进程的行为。

（2）PROCESS 语句的组成

PROCESS 语句结构是由 3 个部分组成的,即进程说明部分、顺序描述语句部分和敏感信号参数表。

进程说明部分主要定义一些局部量,可包括数据类型、常数、属性、子程序等。但需注意,在进程说明部分中不允许定义信号和共享变量。

顺序描述语句部分可分为赋值语句、进程启动语句、子程序调用语句、顺序描述语句和进程跳出语句等。

敏感信号参数表需列出用于启动本进程可读入的信号名（当有 WAIT 语句时例外）。

**二、块语句（BLOCK）**

块（BLOCK）语句是一种将结构体中的并行描述语句进行组合的方法,它的主要目的是改善并行语句及其结构的可读性,或是利用 BLOCK 的保护表达式关闭某些信号。BLOCK 语句的格式如下所示:

块标号:BLOCK ［（块保护表达式）］

接口说明

类属说明

BEGIN

并行语句

END BLOCK ［块标号］;

接口说明部分有点类似于实体的定义部分,对 BLOCK 的接口设置以及与外界信号的连接状况加以说明。块的类属说明部分和接口说明部分的适用范围仅限于当前 BLOCK。块中的并行语句部分可包含结构体中的任何并行语句结构。BLOCK 语句本身属并行语句,BLOCK 语句中所包含的语句也是并行语句。

**三、并行信号赋值语句**

并行信号赋值语句有 3 种形式:简单信号赋值语句、条件信号赋值语句和选择信号赋值语句。并行信号赋值语句的共同点是:赋值目标必须都是信号,与其他并行语句一样,在结构体内的执行是同时发生的,与它们的书写顺序和是否在块语句中没有关系。每一信号赋值语句都相当于一条缩写的进程语句,而这条语句的所有输入信号都被隐性地列入此过程的敏感信号表中。因此,任何信号的变化都将启动相关并行语句的赋值操作,而这种启动完全是独立于其他语句的,它们都可以直接出现在结构体中。

（1）简单信号赋值语句

并行简单信号赋值语句是 VHDL 并行语句结构的最基本的单元,它的语句格式如下:

信号赋值目标＜＝表达式

式中信号赋值目标的数据类型必须与赋值符号右边表达式的数据类型一致。

（2）条件信号赋值语句

条件信号赋值语句的表达方式如下:

目的信号量＜＝表达式 1 WHEN 条件 1,

　　　　　ELSE 表达式 2 WHEN 条件 2,

ELSE 表达式 3 WHEN 条件 3,

　⋮

　　　　　　　ELSE 表达式 n;

　(3) 选择信号赋值语句

选择信号赋值语句格式如下：

WITH 表达式样 SELECT

目的信号量<= 表达式 1 WHEN 条件 1,

　　　　表达式 2 WHEN 条件 2,

　　　　⋮

　　　　表达式 n WHEN 条件 n;

　　选择信号赋值语句本身不能在进程中应用,但其功能却与进程中的 CASE 语句的功能相似。CASE 语句的执行依赖于进程中敏感信号的改变而启动进程,而且要求 CASE 语句中各子句的条件不能有重叠,必须包容所有的条件。选择信号语句中也有敏感量,即关键词 WITH 旁的选择表达式。选择信号赋值语句不允许有条件重叠现象,也不允许存在条件涵盖不全的情况,为了防止这种情况出现,可以在语句的最后加上"表达式 WHEN OTHERS"子句。另外,选择信号赋值语句的每个子句是以","号结束的,只有最后一个子句才是以";"号结束。

　　**四、元件例化语句**

　　元件例化就是将预先设计好的设计实体定义为一个元件,然后利用特定的语句将此元件与当前的设计实体中的指定端口相连接,从而为当前设计实体引入一个新的低一级的设计层次。元件例化是使 VHDL 设计实体构成自上而下层次化设计的一种重要途径。

　　元件例化语句由两部分组成,前一部分是将一个现成的设计实体定义为一个元件的语句,第二部分则是此元件与当前设计实体中的连接说明,它们的语句格式如下：

――元件定义语句

COMPONENT 例化元件名　 IS

GENERIC (类属表)

PORT(例化元件端口名表)

END COMPONENT 例化元件名;

――元件例化语句

元件例化名:例化元件名　 PORT MAP(〔例化元件端口名=>〕 连接实体端口名,…);

　　以上两部分语句在元件例化中都是必须存在的。第一部分语句是元件定义语句,相当于对一个现成的设计实体进行封装,使其只留出外面的接口界面。就像一个集成芯片只留几个引脚在外一样,它的类属表可列出端口的数据类型和参数,例化元件端口名表可列出对外通信的各端口名。元件例化的第二部分语句即为元件例化语句,其中的元件例化名是必须存在的,它类似于标在当前系统(电路板)中的一个插座名,而例化元件名则是准备在此插座上插入的、已定义好的元件名。PORT MAP 是端口映射的意思,其中的例化元件端口名是在元件定义语句中的端口名表中己定义好的例化元件端口的名字,连接实体端口名则是当前系统与准备接入的例化元件对应端口相连的通信端口,相当于插座上各插针的引脚名。关联方式有位置关联方式、名字关联方式、混合关联方式,如下所示：

```
U1:ND2    PORT MAP (A1,B1,X);                    ——位置关联方式
U2:ND2    PORT MAP (A=>C1,C=>Y,B=>D1);           ——名字关联方式
U3:ND2    PORT MAP (X,Y,C=>Z1);                   ——混合关联方式
```

# 9.2　QuartusⅡ开发工具

　　QuartusⅡ是 Altera 公司推出的新一代开发软件,多适用于大规模逻辑电路设计。QuartusⅡ软件的设计流程包括设计输入、设计编译、设计仿真和设计下载等过程。QuartusⅡ软件支持图形编辑输入法、文本编辑输入法等。QuartusⅡ与 MATLAB 和 DSP Builder 结合可以进行基于 FPGA 的 DSP 系统开发,是 DSP 硬件系统实现的关键 EDA 工具,与 SOPC Builder 结合,可实现 SOPC 系统开发。本节将介绍 QuartusⅡ的原理图文件输入法和文本编辑(VHDL)输入法,通过两个例子来详细介绍其使用方法和设计流程。

## 9.2.1　QuartusⅡ的原理图文件输入方法

　　下面以四选一电路的设计为例来详细说明 Quartus Ⅱ的原理图文件输入方法和设计流程。首先为此工程建立一个放置与此工程相关的所有设计的文件夹。

　　(1) 编辑设计文件

　　打开 Quartus Ⅱ系统后,呈现如图 9-1 所示的主窗口界面。执行 File/New 命令,弹出如图9-2所示的编辑文件类型对话框,选择 Block Diagram/Schematic File(模块/原理图文件)方式。或直接单击主窗口上的"创建新的图形文件"按钮,进入 Quartus Ⅱ图形编辑方式如图 9-3 所示。

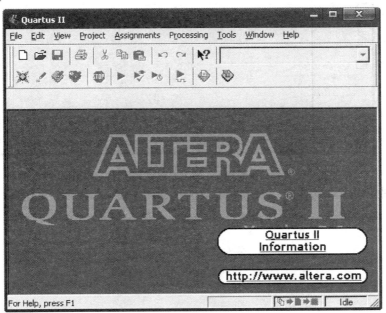

**图 9-1　主窗口界面**

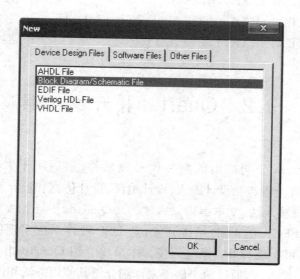

图 9-2　编辑文件类型对话框

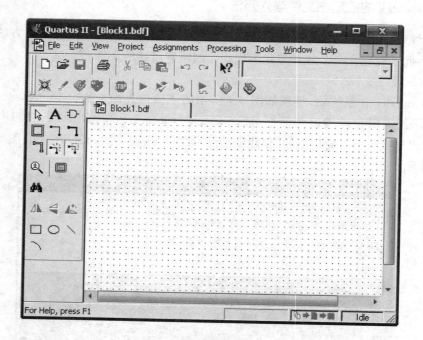

图 9-3　图形编辑窗口

　　在原理图编辑窗中的任何一个位置上双击鼠标的左键,跳出一个元件选择对话框,如图
9-4 所示。

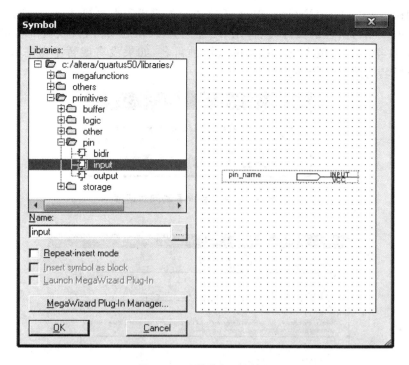

**图 9-4 元件选择对话框**

在图 9-4 所示的元件选择对话框中,Quartus Ⅱ 列出了存放的各种元件库。其中,megafunctions 是参数可设置的强函数元件库;others 是 MAX＋plus Ⅱ 老式宏函数库,包括加法器、编码器、译码器、计数器、和一位寄存器等 74 个系列器件;primitves 是基本逻辑元件库,包括缓冲器和基本逻辑门,如门电路。触发器、电源、输入和输出等。

用鼠标单击元件名,可得到相信的元件符号,元件选中后,单击 OK 按钮。按照四个开关控制一盏灯的的电路结构,用鼠标完成电路内部的链接及输入输出元件的链接,并将相应的输入元件符号名分别更改为 $k_0$、$k_1$、$k_2$ 和 $k_3$,把输出元件的名称分别更改为 kout,如图 9-5 所示。电路设计完成后,用 sxy(自己定义的)为文件名,存在最初建立的工程目录内。

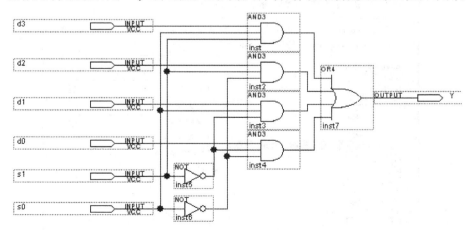

**图 9-5 四选一电路图形编辑文件**

(3) 创建工程(Project)

图形文件存盘后,会自动弹出如图 9-6 所示的窗口,选择"是"可进入创建工程向导,或在其他时刻执行 File/New Project Wizard 命令。在图 9-7 所示的创建工程向导 1 的对话框的第一栏中填入项目所在的文件夹名;在第二栏中填入新的项目名,该项目名是设计系统的顶层文件名;在第三栏中填入设计系统的底层项目名,如果没有或暂不考虑底层项目,则第三栏中的项目名与第二栏相同。

图 9-6　创建工程向导询问对话框

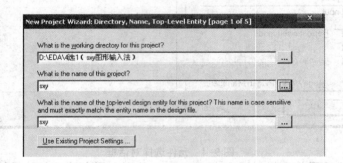

图 9-7　创建工程向导 1

　　依次点击 NEXT 按钮,按照向导创建工程,其中在向导第 3 页中(如图 9-8 所示),根据实际硬件情况选择下载的目标芯片,在 Family 栏目中选择目标芯片系列名,如 Cyclone,然后在 Available devices 栏目中用鼠标点黑选择的目标芯片型号,如 EP1C3T144C8。

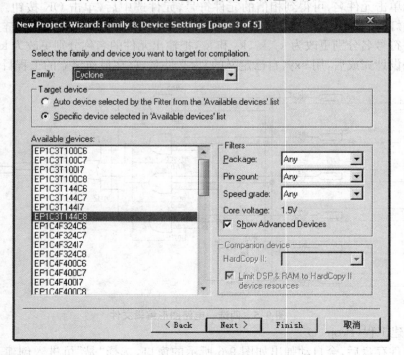

图 9-8　创建工程向导 3

（2）编译设计文件

执行 Pricessing|Start Compilation 命令，或者按"开始编译"按键，即可进行编译，编译过程中的相关信息将在"消息窗口"中出现。

（3）仿真设计文件

仿真一般需要经过建立波形文件、输入信号节点、设置波形参量、编辑输入信号、波形文件存盘、运行仿真器和分析仿真波形等过程。

1）建立波形文件

执行 File|New 命令，在弹出编辑文件类型对话框中，选择 Other Files 中的 Vector Waveform File 方式后单击 OK 按键，或者直接按主窗口上的"创建新的波形文件"按钮，进入 Quartus Ⅱ波形编辑方式。

**图 9-9　创建波形文件**

2）输入信号节点

在波形编辑方式下，执行 Edit|Insert Node or Bus 命令，或在波形文件编辑窗口的 Name 栏中点击鼠标右键，在弹出的菜单中选择"Insert Node or Bus"命令，即可弹出插入节点或总线（Insert Node or Bus）对话框 ，如图 9-10 所示。

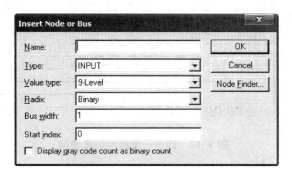

**图 9-10　插入信号节点对话框**

在 Insert Node or Bus 对话框中首先单击 Node Finder 按钮，弹出如图 9-11 所示的 Node Finder 对话框，单击 LIST 按钮，这时在窗口左边的 Nodes Found 框中将列出该设计项目的全部信号节点。选择相应的信号节点后单击 OK 按钮即可。

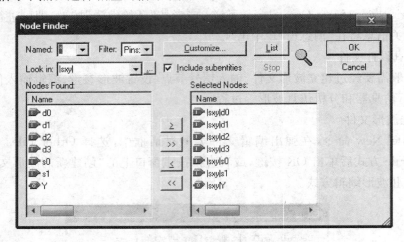

图 9-11　信号节点选择对话框

3）设置波形参量

Quartus II 默认的仿真时间域是 100 ns，如果需要更长时间观察仿真结果，可执行 Edit|End Time…选项，在弹出的 End Time 选择窗中，选择适当的仿真时间域。

4）编辑输入信号

为输入信号编辑测试电平。

5）波形文件存盘

执行"File"选项的"Save"命令，在弹出的"Save as"对话框中直接按"OK"键即可完成波形文件的存盘。在波形文件存盘操中，系统自动将波形文件名设置设计文件名同名，但文件类型是.vwf。

6）运行仿真器

执行 Processing|Start Simulation 命令，或单击 Start Simulation 按键，即可对全加器设计电路进行仿真。仿真波形如图 9-12 所示。

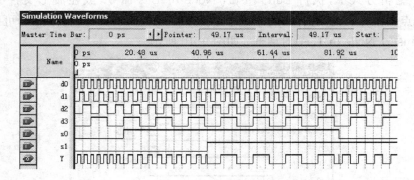

图 9-12　四选一电路的仿真波形

（4）编程下载设计文件

编程下载设计文件包括引脚锁定和编程下载两个部分。

1）引脚锁定

在目标芯片引脚锁定前，需要确定使用的 EDA 硬件开发平台及相应的工作模式。然后

确定了设计电路的输入和输出端与目标芯片引脚的连接关系,再进行引脚锁定。本书以
GW48 实验系统为例,进行引脚锁定和下载验证。关于 GW48 实验系统的使用可查阅相关
资料文献

　　执行 Assignments/Assignments Editor 命令或者直接单击 Assignments Editor 按钮,
弹出如图 9-13 所示的对话框,选择 Pin 项,可显示设计电路的全部输入和输出端口名。在对
应的 Location 栏目下的双击可显示其下拉菜单中目标芯片全部可使用的 I/O 端口,选择其
中的一个 I/O 端口,或者直接输入引脚号也可,如图 9-13 所示。引脚配置结束后,存盘并关
闭此窗口。锁定引脚后还需要对设计文件重新编译。

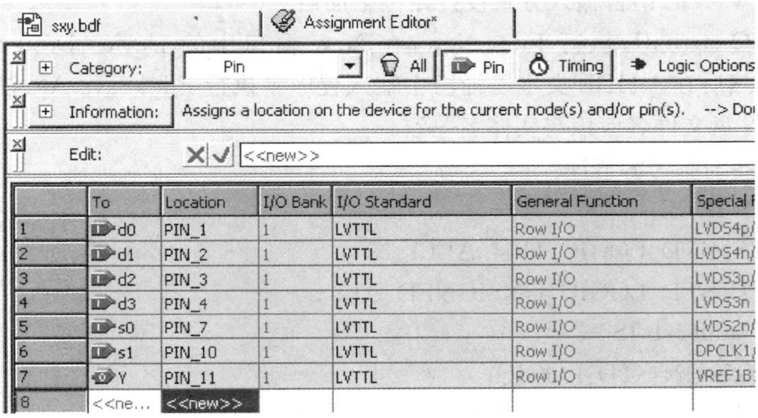

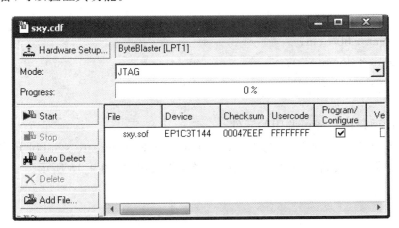

图 9-13　引脚配置对话框

2）编程下载

　　首先将硬件测试系统通过计算机的并行打印机接口与计算机连接好,打开电源。设定
编程方式,执行 Tools/Programmer 命令或者直接单击 Programmer 按钮,弹出如图 9-14 所
示的设置编程方式窗口。点击 Hardwaresettings（硬件设置）按钮,可选择匹配的编程方式。
勾选 Program Configure,点击 Start 按钮,即可实现设计电路到目标芯片的编程下载。通过
EDA 实验设备,可以验证其功能。

图 9-14　设置编程方式窗口

### 9.2.2　QuartusⅡ的层次化设计流程

下面通过 8 位全加器的设计来说明层次化设计的方法,设计采用 VHDL 语言和原理图相结合的设计方法。

一个 8 位全加器可以由 2 个 4 位全加器构成,加法器间的进位可以用串行方式实现,即将低位加法器的进位输出与相临的高位加法器的低进位输入信号相接。4 位全加器采用 VHDL 语言输入方式进行设计,将设计好的 4 位全加器转换为元件,在 8 位全加器的设计中进行调用。

(1) 采用 VHDL 语言输入方式设计 4 位全加器

1) 打开 QuartusII,执行 File | New,在 New 窗口中的 Device Design Files 中选择 VHDL Files,然后在 VHDL 文本编译窗中输入程序。执行 File | Save As,找到已设立的文件夹(后同),存盘文件名应该与实体名一致。

4 位全加器的参考源程序:

```
LIBRARY IEEE;
USE IEEE. STD_LOGIC_1164. ALL;
USE IEEE. STD_LOGIC_UNSIGNED. ALL;
ENTITY adder4b IS
    PORT(cin:IN STD_LOGIC;
        a,b:IN STD_LOGIC_VECTOR(3 DOWNTO 0);
        s:OUT STD_LOGIC_VECTOR(3 DOWNTO 0);
        cout:OUT STD_LOGIC);
END ENTITY adder4b;
ARCHITECTURE art OF adder4b IS
    SIGNAL sint,aa,bb:STD_LOGIC_VECTOR(4 DOWNTO 0);
BEGIN
    aa<='0'&a;
    bb<='0'&b;
    sint<=aa+bb+cin;
    s<=sint(3 downto 0);
    cout<=sint(4) ;
END art;
```

2) 将设计项目设置成可调用的元件

在 VHDL 文本编译状态下,选择 File→create/update→create symbol Files for current file 命令,将转换好的元件存在当前工程的路径文件夹中,如图 9-15 所示。

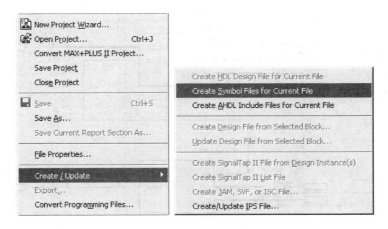

图 9-15  创建元件

（2）采用原理图输入方式设计 8 位全加器

打开 QuartusII,执行 File|New,选择 block diagram/schematic file,在原理图编辑窗口中按照如图 9-17 所示的 8 位全加器电路图连接好,其中已创建好的 4 位全加器元件存放在 PROJECT文件夹中,如图 9-16 所示,文件存盘。

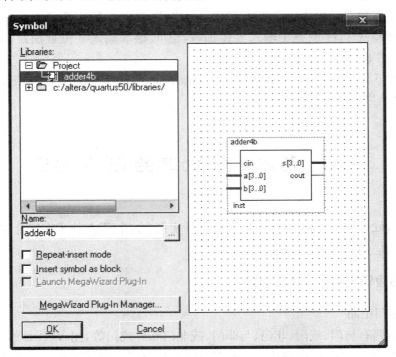

图 9-16  调用已创建好的元件

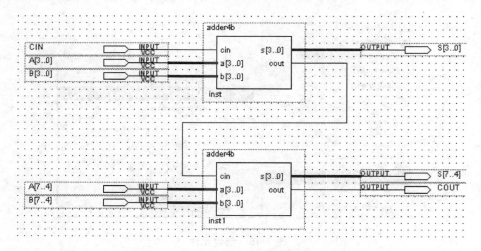

**图 9-17　八位全加器的顶层原理图文件**

（3）创建工程：执行 File|New Project Wizard，按照向导依次完成工程项目的创建。

（4）编译：执行 Processing|Start Compilation 命令，进行编译。

（5）引脚锁定：在菜单 Assignments 中选 Assignments Editor 按钮，先单击右上方的 Pin，再双击下方最左栏的"New"选项，弹出信号名栏，锁定所有引脚，进行编译，存盘。

选择编程模式 1，键 2、键 1 输入 8 位加数，键 4、键 3 输入 8 位被加数，键 8 输入进位 cin，数码管 6/5 显示和，D8 显示进位 cout。

（6）编程下载及验证：执行 Tool|Programmer 命令，选择 program/config；执行 start，进行验证，记录结果。

# 9.3　基本数字电路的 EDA 实现

本节通过硬件描述语言 VHDL 实现的设计实例，介绍 EDA 技术在组合逻辑电路、时序逻辑电路中的应用。

## 9.3.1　组合逻辑电路的 VHDL 描述

（1）基本门电路

基本门电路有与门、或门、非门、与非门、或非门和异或门等，用 VHDL 语言来描述十分方便。下例是用 VHDL 同时描述一个与门、或门、与非门、或非门、异或门及反相器的程序，基本门电路的仿真波形如图 9-18 所示。

```
LIBRARY  IEEE;
USE IEEE. STD_LOGIC_1164. ALL;
ENTITY GATE IS
    PORT (A,B:IN STD_LOGIC;
        YAND,YOR,YNAND,YNOR,YNOT,YXOR:OUT STD_LOGIC);
```

```
        END GATE；
ARCHITECTURE ART OF GATE IS
BEGIN
        YAND<=A AND B；            ——与门输出
        YOR<=A OR B；              ——或门输出
        YNAND<=A NAND B；          ——与非门输出
        YNOR<=A NOR B；            ——或非门输出
        YNOT<= NOT B；             ——反相器输出
        YXOR<=A XOR B；            ——异或门输出
    END ART；
```

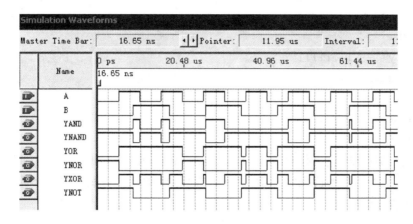

**图 9-18　基本门电路的仿真波形**

（2）3-8 译码器

三-八译码器 74LS138 的输出有效电平为低电平，译码器的使能控制输入端 g1、g2a、g2b 有效时（（g1='1'，g2a='0'，g2b='0'），当 3 线数据输入端 cba=000 时，y[7..0]=11111110（即 y[0]=0）；当 cba=001 时，y[7..0]=11111101（即 y[1]=0）；依此类推。

用 VHDL 描述的三线－八线译码器 74LS138 源程序如下：

```
LIBRARY ieee；
USE ieee. std_logic_1164. all；
entity decoder38 is
port(a,b,c,g1,g2a,g2b：in std_logic；
            y：out std_logic_vector(7 downto 0))；
end decoder38；
architecture behave38 OF decoder38 is
signal indata：std_logic_vector(2 downto 0)；
begin
    indata<=c&b&a；
    process(indata,g1,g2a,g2b)
        begin
            if(g1='1' and g2a='0' and g2b='0') then
```

```
        case indata is
        when "000"=>y<="11111110";
        when "001"=>y<="11111101";
        when "010"=>y<="11111011";
        when "011"=>y<="11110111";
        when "100"=>y<="11101111";
        when "101"=>y<="11011111";
        when "110"=>y<="10111111";
        when "111"=>y<="01111111";
        when others=>y<="XXXXXXXX";
          end case;
        else
          y<="11111111";
        end if;
    end process;
end behave38;
```

(3) 编码器

8-3 线优先编码器,输入信号为 A、B、C、D、E、F、G 和 H,输出信号为 OUT0、OUT1 和 OUT2。输入信号中 A 的优先级别最低,依次类推,H 的优先级别最高。下面用 3 种方法设计 8-3 线优先编码器。

```
LIBRARY IEEE;
USE IEEE. STD_LOGIC_1164. ALL;
ENTITY ENCODER IS
    PORT (A,B,C,D,E,F,G,H:IN STD_LOGIC:
          OUT0,OUT1,OUT2:OUT STD_LOGIC);
END ENCODER;
```

方法 1:使用条件赋值语句

```
ARCHITECTURE ART1 OF ENCODER IS
SIGNAL OUTS:STD_LOGIC_VECTOR(2 DOWNTO 0);
BEGIN
    OUTS (2 DOWNTO 0)<=    "111" WHEN H='1' ELSE
                          "110" WHEN G='1' ELSE
                          "101" WHEN F='1' ELSE
                          "100" WHEN E='1' ELSE
                          "011" WHEN D='1' ELSE
                          "010" WHEN C='1' ELSE
                          "001" WHEN B='1' ELSE
                          "000" WHEN A='1' ELSE
                          "XXX";
```

```
    OUT0<=OUTS(0);
    OUT1<=OUTS(1);
    OUT2<=OUTS(2);
END ART1;
```

方法 2:使用 LOOP 语句

```
ARCHITECTURE ART2 OF ENCODER IS
BEGIN
PROCESS(A,B,C,D,E,F,G,H)
VARIABLE INPUTS:STD_LOGIC_VECTOR(7 DOWNTO 0);
VARIABLE I:INTEGER;
BEGIN
    INPUT:=(H,G,F,E,D,C,B,A);
    I:=7;
    WHILE I>=0 AND INPUTS(I)/='1' LOOP
        I:=I-1;
    END LOOP;
    (OUT2,OUT1,OUT0)<=CONV_STD_LOGIC_VECTOR(I,3);
  END PROCESS;
END ART2;
```

方法 3:使用 IF 语句

```
LIBRARY IEEE;
USE IEEE. STD_LOGIC_1164. ALL;
ENTITY ENCODER IS
    PORT(IN1:IN STD_LOGIC_VECTOR(7 DOWNTO 0);
        OUT1:OUT STD_LOGIC_VECTOR(2 DOWNTO 0));
END ENCODER;
ARCHITECTURE ART3 OF ENCODER IS
BEGIN
PROCESS(INT1)
BEGIN
    IF    IN1(7) ='1' THEN OUT1<="111";
    ELSIF IN1(6) ='1' THEN OUT1<="110";
    ELSIF IN1(5) ='1' THEN OUT1<="101";
    ELSIF IN1(4) ='1' THEN OUT1<="100";
    ELSIF IN1(3) ='1' THEN OUT1<="011";
    ELSIF IN1(2) ='1' THEN OUT1<="010";
    ELSIF IN1(1) ='1' THEN OUT1<="001";
    ELSIF IN1(0) ='1' THEN OUT1<="000";
    ELSE OUT1<="XXX";
```

```
    END IF；
    END PROCESS；
END ART3；
```

### 9.3.2　时序逻辑电路的 VHDL 描述

时序逻辑电路的重要标志是具有时钟脉冲,在时钟脉冲的上升沿和下降沿的控制下,时序逻辑电路的状态才发生变化。时序逻辑电路有触发器、寄存器、计数器、序列信号发生器和序列信号检测器等。

（1）时钟信号和复位信号

1）时钟信号

时钟信号的边沿描述：判别时钟信号（如是 *clk*）上升沿到来的条件：

　　　　IF clk＝'1' AND clk'LAST_VALUE＝'0' AND clk'EVENT

下降沿到来的条件：

　　　　IF clk＝'0' AND clk'LAST_VALUE＝'1' AND clk'EVENT

2）复位信号

同步复位：当复位信号有效且在给定的时钟边沿到来时,触发器才被复位。

异步复位：只要复位信号有效,触发器就被复位。

（2）触发器

触发器是构成时序逻辑电路的基本元件,常用的触发器包括 RS 触发器、JK 触发器、D 触发器、T 触发器等类型。

1）RS 触发器

```
LIBRARY IEEE；
USE IEEE. STD_LOGIC_1164. ALL；
ENTITY RSCFQ IS
    PORT(R,S,CLK：IN STD_LOGIC；
        Q,QB：BUFFER STD_LOGIC)；
END RSCFQ；
ARCHITECTURE ART OF RSCFQ IS
    SIGNAL Q_S,QB_S：STD_LOGIC；
    BEGIN
    PROCESS(CLK,R,S)
    BEGIN
IF (CLK'EVENT AND CLK＝'1')THEN
IF(S＝'1' AND R＝'0') THEN
    Q_S<='0'；
QB_S<='1'；
    ELSIF (S<='0' AND R<='1') THEN
        Q_S<='1'；
        QB_S<='0'；
```

```
      ELSIF (S<='0' AND R<='0') THEN
        Q_S<=Q_S;
        QB_S<=QB_S;
        END IF;
      END IF;
        Q<=Q_S;
        QB<=QB_S;
      END PROCESS;
END ART;
```

2）JK 触发器

```
LIBRARY IEEE;
USE IEEE. STD_LOGIC_1164. ALL;
ENTITY JKCFQ IS
    PORT(J,K,CLK:IN STD_LOGIC;
              Q,QB:BUFFER STD_LOGIC);
END JKCFQ;
ARCHITECTURE ART OF JKCFQ IS
    SIGNAL Q_S,QB_S:STD_LOGIC;
    BEGIN
    PROCESS(CLK,J,K)
    BEGIN
        IF (CLK'EVENT AND CLK='1')THEN
            IF(J='0' AND K='1') THEN
Q_S<='0';
    QB_S<='1';
    ELSIF (J='1' AND K='0') THEN
      Q_S<='1';
      QB_S<='0';
    ELSIF (J='1' AND K='1') THEN
        Q_S<=NOT Q_S;
        QB_S<=NOT QB_S;
    END IF;
    END IF;
    Q<=Q_S;
    QB<=QB_S;
END PROCESS;
END ART;
```

3）D 触发器

```
LIBRARY IEEE;
```

```
USE IEEE. STD_LOGIC_1164. ALL;
ENTITY DCFQ IS
    PORT(D,CLK:IN STD_LOGIC;
                Q:OUT STD_LOGIC);
END DCFQ;
ARCHITECTURE ART OF DCFQ IS
    BEGIN
    PROCESS(CLK)
    BEGIN
    IF (CLK'EVENT AND CLK='1')THEN        —— 时钟上升沿触发
        Q<=D;
    END IF;
    END PROCESS;
END ART;
```

4) T 触发器

```
LIBRARY IEEE;
USE IEEE. STD_LOGIC_1164. ALL;
ENTITY TCFQ IS
    PORT(T,CLK:IN STD_LOGIC;
                Q:BUFFER STD_LOGIC);
END TCFQ;
ARCHITECTURE ART OF TCFQ IS
    BEGIN
    PROCESS(CLK)
    BEGIN
        IF (CLK'EVENT AND CLK='1')THEN
        Q<=NOT(Q);
        ELSE Q<=Q;
        END IF;
    END PROCESS;
END ART;
```

（3）寄存器

寄存器用于寄存一组二值代码,广泛用于各类数字系统。因为一个触发器能储存 1 位二值代码,所以用 N 个触发器组成的寄存器能储存一组 N 位的二值代码。移位寄存器除了具有存储代码的功能以外,还具有移位功能。所谓移位功能,是指寄存器里存储的代码能在移位脉冲的作用下依次左移或右移。因此,移位寄存器不但可以用来寄存代码,还可用来实现数据的串并转换、数值的运算以及数据处理等。下面是一个 8 位的移位寄存器,具有左移一位或右移一位、并行输入和同步复位的功能

```
LIBRARY IEEE;
```

USE IEEE. STD_LOGIC_1164. ALL;

ENTITY SHIFTER IS

　　PORT(DATA:IN STD_LOGIC_VECTOR(7 DOWNTO 0);

SHIFT_LEFT:IN STD_LOGIC;

SHIFT_RIGHT:IN STD_LOGIC;

RESET:IN STD_LOGIC;

MODE:IN STD_LOGIC_VECTOR(1 DOWNTO 0);

QOUT:BUFFER STD_LOGIC_VECTOR(7 DOWNTO 0));

END SHIFTER;

ARCHITECTURE ART OF SHIFTERIS

BEGIN

PROCESS

　　BEGIN

WAIT UNTIL(RISING_EDGE(CLK));

　　　IF(RESET='1')THEN

　　　QOUT<="00000000";

ELSE　　　　　　　　　　　　－－同步复位功能的实现

CASE MODE IS

WHEN "01"=>QOUT<=SHIFT_RIGHT&QOUT(7 DOWNTO 1);－－右移一位

WHEN "10"=>QOUT<=QOUT(6 DOWNTO 0)&SHIFT_LEFT;　－－左移一位

WHEN "11"=>QOUT<=DATA;

WHEN OTHERS=>NULL;

　　END CASE;

　　END IF;

　　END PROCESS;

END ART;

（4）计数器

计数器是在数字系统中使用最多的时序电路，它不仅能用于对时钟脉冲计数，还可以用于分频、定时、产生节拍脉冲和脉冲序列以及进行数字运算等。下例是一个模为 60，具有异步复位、同步置数功能的 8421BCD 码计数器。

LIBRARY IEEE;

USE IEEE. STD_LOGIC_1164. ALL;

USE IEEE. STD_LOGIC_UNSIGNED. ALL;

ENTITY CNTM60 IS

　　PORT(CI:IN STD_LOGIC;

　　　　　NRESET:IN STD_LOGIC;

　　　　　LOAD:IN STD_LOGIC;

```
                    D:IN STD_LOGIC_VECTOR(7 DOWNTO 0);
                    CLK:IN STD_LOGIC;
                    CO:OUT STD_LOGIC;
                    QH:BUFFER STD_LOGIC_VECTOR(3 DOWNTO 0);
                    QL:BUFFER STD_LOGIC_VECTOR(3 DOWNTO 0));
        END CNTM60;
        ARCHITECTURE ART OF CNTM60 IS
          BEGIN
          CO<='1'WHEN(QH="0101"AND QL="1001"AND CI='1')ELSE'0';
        PROCESS(CLK,NRESET)
        BEGIN
          IF(NRESET='0')THEN         ——异步复位
              QH<="0000";
              QL<="0000";
        ELSIF(CLK'EVENT AND CLK='1')THEN   ——同步置数
              IF(LOAD='1')THEN
        QH<=D(7 DOWNTO 4)
        Q L<=D(3 DOWNTO 0);
        ELSIF(CI='1')THEN       ——模 60 的实现
          IF(QL=9)THEN
              QL<="0000";
                IF(QH=5)THEN
                    QH<="0000";
                ELSE                    ——计数功能的实现
                    QH<=QH+1;
                END IF
            ELSE
                QL<=QL+1;
            END IF;
          END IF;                     ——END IF LOAD
          END PROCESS;
        END ART;
```

(5) 序列信号发生器

在数字信号的传输和数字系统的测试中,有时需要用到一组特定的串行数字信号,产生序列信号的电路称为序列信号发生器。下例是"01111110"序列发生器,该电路可由计数器与数据选择器构成,其 VHDL 描述如下:

```
LIBRARY IEEE;
USE IEEE. STD_LOGIC_1164. ALL;
USE IEEE. STD_LOGIC_ARITH. ALL;
```

```
USE IEEE. STD_LOGIC_UNSIGNED. ALL;
ENTITY SENQGEN IS
  PORT(CLK,CLR,CLOCK:IN STD_LOGIC;
           ZO:OUT STD_LOGIC);
END SENQGEN;
ARCHITECTURE ART OF SENQGEN IS
  SIGNAL COUNT:STD_LOGIC_VECTOR(2 DOWNTO 0);
  SIGNAL Z:STD_LOGIC :='0';
  BEGIN
PROCESS(CLK,CLR)
  BEGIN
      IF(CLR='1')THEN COUNT<="000";
      ELSE
          IF(CLK='1'AND CLK'EVENT)THEN
              IF(COUNT="111")THEN COUNT<="000";
              ELSE COUNT<=COUNT +'1';
          END IF;
      END IF;
END IF;
END PROCESS;
PROCESS(COUNT)
BEGIN
CASE COUNT IS
WHEN "000"=>Z<='0';
WHEN "001"=>Z<='1';
WHEN "010"=>Z<='1';
WHEN "011"=>Z<='1';
WHEN "100"=>Z<='1';
WHEN "101"=>Z<='1';
WHEN "110"=>Z<='1';
WHEN OTHERS=>Z<='0';
  END CASE;
END PROCESS;
PROCESS(CLOCK,Z)
BEGIN                          ——消除毛刺的锁存器
    IF(CLOCK'EVENT AND CLOCK='1')THEN
    ZO<=Z;
    END IF;
  END PROCESS;
```

END ART;

（6）序列信号检测器

下例是一个"01111110"序列信号检测器的 VHDL 描述

```
LIBRARY IEEE;
USE IEEE. STD_LOGIC_1164. ALL;
ENTITY DETECT IS
    PORT( DATAIN:IN STD_LOGIC;
            CLK:IN STD_LOGIC;
                Q:OUT STD_LOGIC);
END   DETECT;
ARCHITECTURE ART OF DETECT IS
TYPE STATETYPE IS(S_0,S_1,S_2,S_3,S_4,S_5,S_6,S_7,S_8);
BEGIN
PROCESS(CLK)
VARIABLE PRESENT_STATE:STATETYPE;
BEGIN
Q<='0';
CASE PRESENT_STATE IS
        WHEN S_0 =>
            IF DATAIN='0' THEN PRESENT_STATE:=S_1;
            ELSE   PRESENT_STATE:=S_0;   END IF;
        WHEN S_1 =>
            IF DATAIN='1' THEN PRESENT_STATE:=S_2;
            ELSE   PRESENT_STATE:=S_1;   END IF;
        WHEN S_2 =>
            IF DATAIN='1'THEN PRESENT_STATE:=S_3;
            ELSE   PRESENT_STATE:=S_1;   END IF;
        WHEN S_3 =>
            IF DATAIN='1'THEN PRESENT_STATE:=S_4;
            ELSE   PRESENT_STATE:=S_1;   END IF;
        WHEN S_4 =>
            IF DATAIN='1'THEN PRESENT_STATE:=S_5;
            ELSE   PRESENT_STATE:=S_1;   END IF;
        WHEN S_5 =>
            IF DATAIN='1'THEN PRESENT_STATE:=S_6;
            ELSE   PRESENT_STATE:=S_1;   END IF;
```

```
        WHEN S₆=＞
            IF DATAIN＝'1'THEN PRESENT_STATE：＝S₇；
            ELSE　PRESENT_STATE：＝S₁；　END IF；
        WHEN S₇=＞
            IF DATAIN＝'0'THEN PRESENT_STATE：＝S₈；
            Q＜＝'1'；ELSE　PRESENT_STATE：＝S₀；END IF；
        WHEN S₈=＞
            IF DATAIN＝'0'THEN PRESENT_STATE：＝S₁；
            ELSE　PRESENT_STATE：＝S₂；　END IF；
        END CASE；
        WAIT UNTIL CLK＝'1'；
    END PROCESS；
END ART；
```

# 9.4　典型数字系统的 EDA 实现

## 9.4.1　数字钟电路的 EDA 实现

设计要求：用 FPGA 器件和 VHDL 语言设计一个数字钟，实现如下基本功能：(1) 显示时、分、秒；(2) 可实现调时、调分功能；(3) 实现整点报时功能；(4) 复位功能。

基于 EDA 的数字钟的设计，形式多样，功能各不相同，结合要实现的功能，我们采用如下设计思路：采用层次化设计，系统顶层采用图形输入法，分为分频模块(clk)、秒计时模块(second)、分计时模块(minute)、小时计时模块(hour)、报时模块(alarm)五个部分（由于实验系统包含译码显示模块，因此在本设计中没有考虑，如果实验设备没有译码显示模块，可自己增加），每个模块采用 VHDL 语言输入法。

分频模块(clk)将输入的 5 MHz 时钟信号分频后获得 1 kHz、500 Hz、1 Hz 的时钟信号，其中 1 kHz 和 500 Hz 的音频信号用于报时，1 Hz 的信号用于计时、校时和校分。秒计时模块(second)和分计时模块(minute)均为 60 进制计数器，RESET 信号用于秒清零，SETM 为校分控制信号，当 SETM＝'1'时，将 1 Hz 信号引入分计时器 minute 进行快速计分；SETH 为校时控制信号，当 SETH＝'1'时，将 1 Hz 信号引入时计时器 hour 进行快速校时。报时模块 alarm 根据当前的计时值确定是否鸣响，当计时值为 59 分 50 秒时蜂鸣器开始鸣响，四声低音，最后一声高音。数字钟的顶层电路如图 9-19 所示。

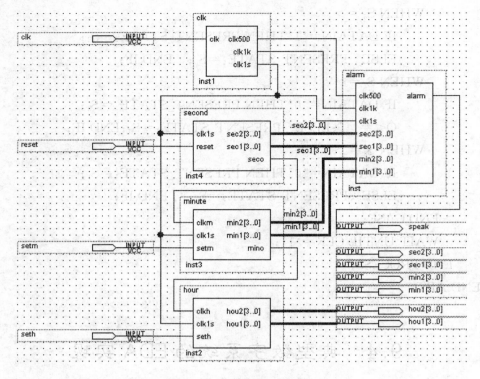

**图 9-19　数字钟的顶层电路**

（1）分频模块（clk）设计

如图 9-20 所示为系统的分频模块，其中输入管脚 clk 为 5 MHz 脉冲输入，模块 clk1s 管脚输出为 1 Hz 的时钟脉冲，用于计数模块和报时模块正常工作的时钟信号，在 clk1k 管脚输出为一个 1 kHz 的时钟脉冲，clk500 管脚输出为 500 Hz 脉冲，用于报时模块。

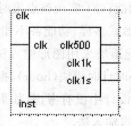

**图 9-20　分频模块**

分频模块 clk 源代码 clk. vhd 如下：

```
LIBRARY IEEE;
USE IEEE. STD_LOGIC_1164. ALL;
ENTITY clk IS
PORT (clk: IN STD_LOGIC;          ——5 MHz 信号输入
      clk500: OUT STD_LOGIC;——500 Hz 音频信号输出
      clk1k: OUT STD_LOGIC;      ——1 kHz 音频信号输出
      clk1s: OUT STD_LOGIC);     ——1 Hz 脉冲信号输出
END clk;
```

```
ARCHITECTURE fenpin OF clk IS
SIGNAL x,y,z:STD_LOGIC;
BEGIN
PROCESS(clk)            ――分频输出 1 kHz 音频信号
VARIABLE cnt:INTEGER RANGE 0 TO 2499;
BEGIN
IF clk'EVENT AND clk='1' THEN
  IF cnt<2499 THEN
    cnt := cnt+1;
  ELSE cnt := 0;
   x <= NOT x;
END IF;
END IF;
  clk1k <= x;
END PROCESS;
PROCESS(clk)                ――分频输出 500 Hz 音频信号
VARIABLE cnt : INTEGER RANGE 0 TO 4999;
BEGIN
IF clk'EVENT AND clk='1' THEN
IF cnt<4999 THEN
   cnt:= cnt+1;
ELSE cnt:=0;
  y <= NOT y;
  END IF;
END IF;
clk500 <= y;
END PROCESS;
PROCESS(clk)            ――分频输出 1 Hz 脉冲信号
VARIABLE cnt : INTEGER RANGE 0 TO 2499999;
BEGIN
  IF clk'EVENT AND clk = '1' THEN
    IF cnt<2499999 THEN
      cnt := cnt+1;
    ELSE cnt := 0;
      z <= NOT z;
    END IF;
END IF;
clk1s <= z;
END PROCESS;
```

END fenpin；

（2）秒计时模块（second）设计

秒计时模块如图 9-21 所示，其实质是一个六十进制计数器，其中：

输入管脚：clk1s 为 1 Hz 的时钟脉冲；

　　　　　reset 为秒清零复位信号；

输出管脚：sec1[3..0]为秒计时器的低位；

　　　　　sec2[3..0]为秒计时器的高位；

　　　　　seco 为秒计时模块输出的进位信号。

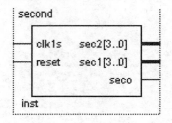

图 9-21　秒计时模块

秒计时模块 second 源代码 second. vhd 如下：

Library ieee；

Use ieee. std_logic_1164. all；

Use ieee. std_logic_arith. all；

Use ieee. std_logic_unsigned. all；

Entity second is

　　Port(clk1s：instd_logic；　　——1 Hz 时钟输入信号

　　　　Reset：in std_logic；　　——秒计时器清零

　　　　sec2，sec1：buffer std_logic_vector(3 downto 0)；　　——秒计时器的高/低位

　　　　seco：out std_logic)；　　——秒进位输出

End；

Architecture A of second is

Begin

Process(clk1s，reset)

Begin

　　If reset = '0' then　　——将秒计时器清零

　　　sec2 <= "0000"；

　　　sec1 <= "0000"；

　　　seco <= '0'；

　　Elsif clk1s'event and clk1s = '1' then

　　If(sec1 = "1001" and sec2 = "0101") then

　　　sec2 <= "0000"；

　　　sec1 <= "0000"；　　——计时到 59s 归零

　　　seco <= '1'；　　——计时到 59s 产生进位

elsif(sec1 = "1001") then

　　sec1 <= "0000";

　　sec2 <= sec2+1;

　　seco <= '0';

　else　sec1 <= sec1+1;

　　　seco <= '0';

　End if；

　End if；

End Process；

End；

（3）分计时模块（minute）设计

分计时模块如图 9-22 所示，其实质也是一个六十进制计数器，其中 ：

输入管脚：clkm 为分计时模块的秒进位输入信号；

　　　　clk1s 为 1 Hz 的校分时钟输入脉冲；

　　　　setm 为校分控制信号。

输出管脚：min1[3..0]为分计时器的低位；

　　　　min2[3..0]为分计时器的高位；

　　　　mino 为分计时模块输出的分进位信号.

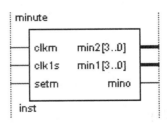

**图 9-22　分计时模块**

分计时模块 minute 源代码 minute. vhd 如下：

Library ieee；

Use ieee. std_logic_1164. all；

Use ieee. std_logic_arith. all；

Use ieee. std_logic_unsigned. all；

Entity minute is

　Port(clkm ： in std_logic；　——秒进位信号输入

　　clk1s ： in std_logic；　　——1 Hz 校分时钟输入信号

　　setm ： in std_logic；　　——校分控制信号

　min2,min1 ： buffer std_logic_vector(3 downto 0)；　　——分计时器高/低位

　　mino ： out std_logic)；　　——输出分进位信号

End；

Architecture A of minute is

Signal clkx ： std_logic；

```
Begin
    Pclkm ：Process(clkm,clk1s,setm)
        Begin                          －－根据是否校分选择计时时钟
    If setm ＝ '1' then clkx ＜＝clk1s; else clkx ＜＝clkm;
        End if;
End Process;
Pcontm ：Process(clkx)
Begin                          －－分计时器
    if clkx'event and clkx ＝ '1' then
    If (min1 ＝ "1001" and min2 ＝ "0101") then
        min1 ＜＝ "0000";
        min2 ＜＝ "0000";        －－计时到 59 min 后归零
        mino ＜＝ '1';          －－计时到 59 min 产生进位
        elsif (min1 ＝ "1001") then
            min1 ＜＝ "0000";
            min2 ＜＝ min2＋1;
            mino ＜＝ '0';
        else min1 ＜＝ min1＋1;
            mino ＜＝ '0';
        End if;
    End if;
End Process;
End;
```

（4）小时计时模块（hour）设计

小时计时模块如图 9-23 所示，其实质也是一个六十进制计数器，其中：

输入管脚：clkh 为小时计时模块的分进位输入信号；

　　　　　clk1s 为 1 Hz 的校时时钟输入脉冲；

　　　　　seth 为校时控制信号。

输出管脚：hou1[3..0]为小时计时器的低位；

　　　　　hou2[3..0]为小时计时器的高位。

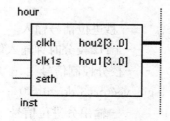

**图 9-23　小时计时模块**

小时计时模块 hour 源代码 hour. vhd 如下：

Library ieee;

```
Use ieee. std_logic_1164. all;
Use ieee. std_logic_arith. all;
Use ieee. std_logic_unsigned. all;
Entity hour is
    Port(clkh : in std_logic;        ——分进位信号输入
        clk1s : in std_logic;         ——1 Hz 小时时钟信号输入
          seth : in std_logic;        ——校时控制信号
        hou2,hou1 : buffer std_logic_vector(3 downto 0));      ——小时计数器高/低位
End;
Architecture A of hour is
Signal clky : std_logic;
Begin
Pclkh : Process(clkh,clk1s,seth)
    Begin                ——根据是否校时选择计时时钟
    If seth = '1' then clky <= clk1s; else clky <= clkh;
    End if;
End process;
Pconth : Process(clky)
    Begin            ——小时计时器
    if clky'event and clky = '1' then
      If(hou1 = "0011" and hou2 = "0010") then
        hou1 <= "0000";
        hou2 <= "0000";        ——重复计数并产生进位
      elsif (hou1 = "1001") then
            hou1 <= "0000";
            hou2 <= hou2+1;
      else hou1 <= hou1+1;
      End if;
    End if;
End Process;
End;
```

(5) 报时模块(alarm)设计

报时模块如图 9-24 所示,其作用是在时钟整点的时候输出一个报时信号,信号作用在蜂鸣器上,产生外部响声,起到报时的作用,其中:

输入管脚:clk1s 为 1 Hz 时钟输入信号;
　　　　　　clk500 为 500 Hz 音频输入信号;
　　　　　　clk1k 为 1 kHz 音频输入信号;
　　　　　　sec2,sec1 为秒计时值输入;
　　　　　　min2,min1 为分计时值输入;

输出管脚：alarm 为报时信号输出。

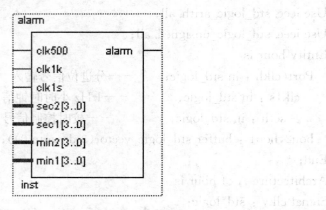

图 9-24　报时模块

报时模块 alarm 源代码 alarm. vhd 如下：

```
Library ieee;
Use ieee. std_logic_1164. all;
Use ieee. std_logic_arith. all;
Use ieee. std_logic_unsigned. all;
Entity alarm is
    Port(clk500 : in std_logic;                              ——1 Hz 时钟信号输入
          clk1k : in std_logic;                              ——500 Hz 音频信号输入
          clk1s : in std_logic;                              ——1 kHz 音频信号输入
          sec2,sec1 : in std_logic_vector(3 downto 0);       ——秒计时值输入
          min2,min1 : in std_logic_vector(3 downto 0);       ——分计时值输入
          alarm : out std_logic);                            ——输出报时信号
End;
Architecture A of alarm is
Begin
Process(clk1s)
    VARIABLE flag500 : std_logic;        ——输出 500 Hz 信号时的标志
    VARIABLE flag1k : std_logic;         ——输出 1 kHz 信号时的标志
    begin
    if clk1s'event and clk1s = '1' then
      If (min1 = "1001" and min2 = "0101" and sec2= "0101") then
            ——在 59 分 50 秒开始设置高/低音频信号标志
        case sec1 is
            when "0000" => flag500 := '1';
            when "0010" => flag500 := '1';
            when "0100" => flag500 := '1';
            when "0110" => flag500 := '1';
```

```
            when "1001" => flag1k := '1';
            when others => flag500 := '0'; flag1k := '0';
        End case;
      else flag500 := '0'; flag1k := '0';
    End if;
  end if;
  if flag500 = '1' then alarm <= clk500;        ——输出 500 Hz 报时信号
  elsif flag1k = '1' then alarm <= clk1k;        ——输出 1 kHz 报时信号
        else alarm <= '0';
  end if;
  End Process;
  End;
```

### 9.4.2　交通灯控制器的 EDA 实现

（1）设计要求

设交通灯信号控制器用于主干道与支道公路的交叉路口,要求是优先保证主干道的畅通。因此,平时处于"主干道绿灯,支道红灯"状态,只有在支道有车辆要穿行主干道时,才将交通灯切向"主干道红灯,支道绿灯",一旦支道无车辆通过路口,交通灯又回到"主干道绿灯,支道红灯"的状态。此外,主干道和支道每次通行的时间不得短于 30 s,而在两个状态交换过程出现的"主黄,支红"和"主红,支黄"状态,持续时间都为 4 s。

（2）VHDL 源程序

```
LIBRARY IEEE;
USE IEEE. STD_LOGIC_1164. ALL;
ENTITY JTDKZ IS
    PORT(CLK,SM,SB:IN BIT;
            MR,MY,MG,BR,BY,BG:OUT BIT);
END JTDKZ;
ARCHITECTURE ART OF JTDKZ IS
  TYPE STATE_TYPE IS (A,B,C,D);
  SIGNAL STATE:STATE_TYPE;
  BEGIN
CNT:PROCESS(CLK)
VARIABLE S:INTEGER RANGE 0 TO 29;
VARIABLE CLR,EN:BIT;
BEGIN
IF (CLK'EVENT AND CLK='1') THEN
    IF CLR = '0' THEN S:=0;
      ELSIF EN = '0' THEN S:=S;
        ELSE S:=S+1;
      END IF;
```

```
CASE STATE IS
    WHEN A=>MR<='0';MY<='0';MG<='1';
              BR<= '1';BY<= '0';BG<= '0';
IF (SB AND SM)= '1' THEN
        IF S=29 THEN
            STATE<=B;CLR:='0';EN:='0';
        ELSE
            STATE<=A;CLR:='1';EN: = '1';
        END IF;
    ELSIF (SB AND (NOT SM)) = '1' THEN
            STATE<=B;CLR:='0';EN:='0';
         ELSE
            STATE<=A;CLR:='1';EN:='1';
        END IF;
    WHEN B =>MR<= '0';MY<= '1';MG<= '0';
              BR<= '1';BY<= '0';BG<= '0';
    IF S=3 THEN
        STATE <=C;CLR:='0';EN:='0';
    ELSE
        STATE<=B;CLR:='1';EN:='1';
    ENDIF;
    WHEN C =>MR<= '1';MY<= '0';MG<= '0';
                BR<= '0';BY<= '0';BG <= '1';
     IF (SM AND SB) = ' 1' THEN
            IF S=29 THEN
                STATE<=D;CLR:='0';EN:='0';
    ELSE
                STATE<=C;CLR:= '1';EN:='1';
    ELSIF SB= '0' THEN
        STATE <=D;CLR:= '0';EN:='0';
        ELSE
            STATE<=C;CLR:='1';EN:='1';
    END IF;
    WHEN D=>MR<= '1';MY<='0';MG<='0';
            BR<='0';BY<='1';BG<= '0';
    IF S =3 THEN
            STATE<=A;CLR:='0';EN:='0';
    ELSE
            STATE<=D;CLR:='1';EN:='1';
      END IF;
```

```
        END CASE；
     END IF；
  END PROCESS CNT；
END ART；
```

（3）引脚配置及硬件逻辑验证

选择实验电路结构图 NO.1，由实验电路结构图 NO.1 和图 9-25 确定引脚的锁定。时钟脉冲 CLK 可接 CLOCK0(1 Hz)，主干道和支干道来车信号分别接键 7 和键 8，主干道和支干道红、黄、绿灯驱动信号 MR、MY、MG 和 BR、BY、BG 分别接 D1～D3 和 D8～D6。

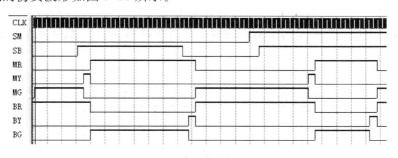

图 9-25 引脚配置

（4）系统的仿真波形如图 9-26 所示。

图 9-26 仿真波形

# 本章习题

9-1 数据对象信号 SIGNAL 和变量 VARIABLE 有什么区别？

9-2 用 VHDL 设计实现"01111001"序列发生器。

9-3 用 VHDL 设计实现一百进制的计数器。

9-4 分别以 4 种方法描述一个输出高电平有效的 3/8 译码器。

9-5 用 Quartus Ⅱ 文本输入设计法实现 8 位加法器的设计，并通过仿真验证。

# 第 10 章　数字系统综合实践指导

**本章导学**

　　本部分内容首先介绍了数字系统的结构与一般设计步骤,在此基础上详细阐述了 N 进制秒计数器,八路智力竞赛抢答器这两个典型数字系统的设计过程。

## 10.1　数字系统的结构与设计方法

### 10.1.1　数字系统的结构

　　一个完整的数字系统往往包括输入电路、输出电路、控制电路、时基电路和若干子系统等五个部分,如图 10-1 所示。各部分具有相对的独立性,在控制电路的协调和指挥下完成各自的功能,其中控制电路是整个系统的核心。当然,并非每一个数字系统都能严格划分成五个组成部分。

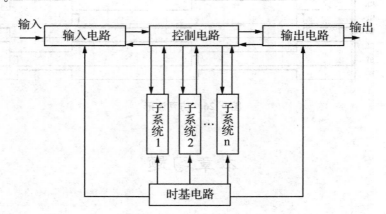

**图 10-1　数字系统的结构框图**

　　1. 输入电路。输入电路的任务是将各种外部信号变换成数字电路能够接受和处理的数字信号。外部信号通常可分为模拟信号和开关信号两大类,如声、光、电、温度、湿度、压力及位移等物理量属于模拟量,而开关的闭合与打开、管子的导通与截止、继电器的得电与失电等属于开关量。这些信号都必须通过输入电路变换成数字电路能够接受的二进制逻辑电平。

2. 输出电路。输出电路将经过数字电路运算和处理之后的数字信号变换成模拟信号或开关信号去推动执行机构。当然,在输出电路和执行机构之间常常还需要设置功放电路,以提供负载所要求的电压和电流值。

3. 子系统。子系统是对二进制信号进行算术运算或逻辑运算以及信号传输等功能的电路,每个子系统完成一项相对独立的任务,即某种局部的工作。子系统又常称为单元电路。

4. 控制电路。控制电路将外部输入信号以及各子系统送来的信号进行综合、分析,发出控制命令去管理输入、输出电路及各个子系统,使整个系统同步协调、有条不紊地工作。

5. 时基电路。时基电路(矩形波发生器)产生系统工作的同步时钟信号,使整个系统在时钟信号的作用下一步一步地顺序完成各种操作。

## 10.1.2　数字系统设计的一般步骤

一般来说,设计数字系统的步骤大致分为 5 步,如图 10-2 所示是数字系统设计的一般流程。

1. 分析设计要求,明确性能指标。具体做设计之前,必须仔细分析课题要求、性能、指标及应用环境等。分清楚要设计的电路属于何种类型、输入信号如何获得、输出执行装置是什么,工作的电压、电流参数是多少,主要性能指标如何等等。然后查找相关的各种资料,广开思路,构思出各种总体方案,绘制结构框图。

2. 确定总体方案。对各种方案进行比较,以电路的先进性、结构的繁简、成本的高低及制作的难易等方面作综合比较,并考虑各种元器件的来源,最后敲定一种可行的方案。

3. 设计各子系统。将总体方案化整为零,分解成若干子系统或单元电路,然后逐个进行设计。

每一子系统一般均能归结为组合电路与时序电路两大类,在设计时,应尽可能选用合适的现成电路,芯片的选用应优先使用中、大规模电路,这样做不仅能简化设计,而且有利于提高系统的可靠性。若需选用小规模电路,则先分清设计的电路是属于组合电路还是时序电路,然后按不同方法分别作具体设计。

4. 设计控制电路。控制电路的功能诸如系统清零、复位、安排各子系统的时序先后及启动停止等,在整个系统中起核心和控制作用。设计时最好画出时序图,根据控制电路和任务和时序关系反复构思电路,选用合适的器件,使其达到功能要求。

5. 组成系统。各部分子系统设计完成后,要绘制总系统逻辑图。

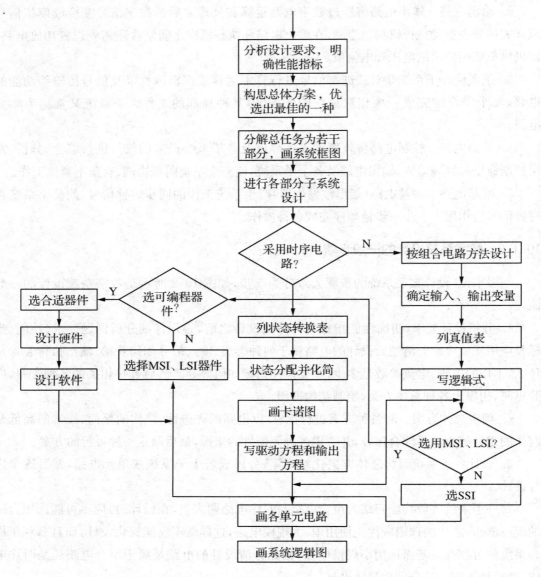

**图 10-2　数字系统设计的一般流程**

# 10.2　数字系统设计实例

## 10.2.1　*N* 进制秒计数器

### 一、目的

1. 了解所制作 *N* 进制秒计数器必需的理论知识；理解 *N* 进制秒计数器电路的设计方法。

2. 掌握应用 Multisim/Proteus 软件对 $N$ 进制秒计数器电路进行仿真的方法。

3. 掌握 $N$ 进制秒计数器电路的安装、调试方法及根据测试结果进行故障分析的方法。

4. 理解撰写电子工程实习总结报告的原则与基本步骤。

**二、主要仪器与设备**

1. 指针式万用表一台

2. 双踪示波器一台

3. 面包板一个

4. 直流稳压电源一台

5. 常用电子工具一套

**三、步骤与内容**

1. 实习内容及技术指标要求

利用插接法在面包板上完成 $N$ 进制秒计数器的安装制作及系统调试。

对该电路的进制 $N$ 的要求是：$16 \leqslant N \leqslant 99$，并以数字显示。

2. 电路设计与参考电路

（1）系统结构图

秒计数器是许多电子产品的一个组成部分，如数字电子钟的时、分、秒单元的进制的实现方法就是利用本设计的秒计数器进制实现方法而设计的。秒计数器的基本框图如图 10-3 所示：

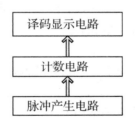

**图10-3 秒计数器框图**

（2）脉冲产生电路

脉冲产生电路的作用是产生电路所需要的秒脉冲。多种电路与集成芯片能够产生脉冲波形，根据本次实训项目给定的配套器件、本项目采用由 555 定时器构成多谐振荡器产生脉冲信号；再通过 CD4518 组成分频器实现本电路所需的秒脉冲。

①振荡器：计数器特别是如电子钟等产品的精度主要取决于时间标准信号的频率及其稳定度，要产生稳定的时标信号，一般是采用石英晶体振荡器。本设计则采用学生易理解和掌握的 NE555 构成的多谐振荡器，见图 10-4。根据本实训项目给定的 $R$ 和 $C$ 值，使得振荡频率 $f = 100$ Hz。

②分频器：因为振荡器产生的时标信号频率为 100 Hz，它不能满足本次实训的要求、不能直接用来计数，必须把它变成周期为 1 秒的脉冲信号。为此需要进行一定级数的分频电路。分频器的级数和每级分频的次数要根据时标频率来定，本实训项目产生的是 100 Hz 的时标信号，所以可利用计数器 CD4518 经过二次十分频，即可以把振荡器产生的 100 Hz 信号分成频率为 1 Hz 的脉冲信号。具体电路见图 10-5 所示：

图中的 CD4518 为二—十进制同步加法计数器，其主要特点是时钟触发可用上升沿，也可用下降沿,采用 8421BCD 编码。一片 CD4518 中含有两个完全相同的计数器,对于任一个计数器有两个时钟输入端 $CP$ 和 $EN$,若时钟上升沿触发,则信号由 $CP$ 端输入,并使 $EN$ 端为高电平。若用时钟下降沿触发,则信号由 $EN$ 端输入,并使 $CP$ 端为低电平。$Cr$ 为清零端,在 $Cr$ 为高电平或正脉冲时,计数器输出均为零。

另外,多级分频电路也可用 CD4510 来完成。CD4510 是一种单时钟可逆计数器,只有一条时钟通道,采用 8421 编码。

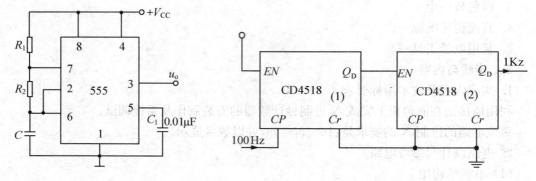

图 10-4　多谐振荡器电路　　　　　　　图 10-5　分频器电路

(2) 计数电路

周期为 1 秒的信号产生后,在根据所要求的进制用两个十进制计数器组成(本设计仍采用一片 CD4518)加四输入与非门 74LS20,每个均采用反馈归 0 的方法实现。这里与非门 74LS20 是为了处理低位向高进位信号用的。

(3) 译码显示电路

译码显示电路的功能是将秒计数器 CD4518 的输出端状态 $Q_4Q_3Q_2Q_1$(8421 编码)翻译成数码管能显示十进制数所要求的电信号。然后再经数码管或其它驱动显示电路,把相应的数字显示出来。在本设计中译码驱动采用 CD4511 芯片。

CD4511 这种译码是把 BCD 码变成七端 $a\sim g$ 显示驱动信号,用于驱动 LED 数码管进行显示。显示采用七段数码管显示,数码管有共阴极和共阳极显示两种,本设计要求使用共阴极。CD4511 有一定的带负载能力,可直接驱动数码管。

(4) 整体参考电路,如图 10-6 所示。

3. 应用 Multisim/Proteus 软件对所设计的 $N$ 进制秒计数器电路进行仿真。

4. 画安装接线图,进行系统安装接线。

5. 安装调试要求:

(1) 检查电路接线

(2) 测试脉冲产生电路

(3) 测试计数电路

(4) 测试译码显示电路

(5) 整机调试

**四、准备及预习要求**

1. 复习和总结归纳关于 $N$ 进制秒计数器的理论分析部分知识,为完成本项目实训任务奠定良好基础。

2. 查阅电子工艺中关于电阻、电容、二极管、三极管等元器件的选择和检测方法。

3. 熟悉电子电路的布线原则及用面包板通过插接技术实现电子电路时应注意的六点注意事项。

4. 熟练利用 Multisim / Proteus 软件进行电子电路仿真的方法，N 进制秒计数器电路设计完成后应首先进行电路仿真。

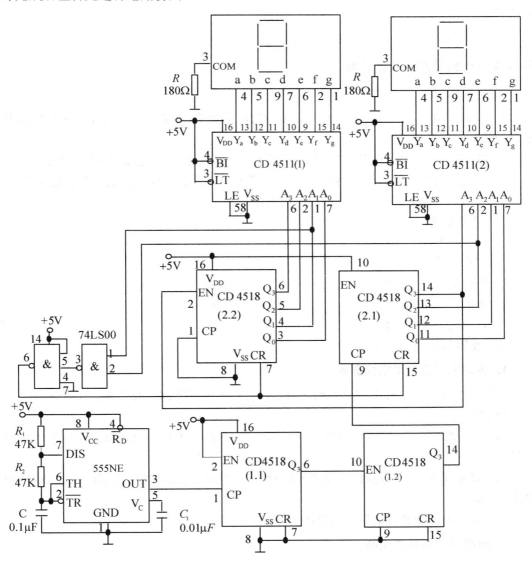

**图 10-6　24 进制秒计数器整体参考电路图**

**五、注意事项**

1. 连线不能跨元器件，信号走线尽可能短，要求安装接线整齐美观，便于修改和测量。大信号部分和小信号部分应分开布线，地线连接要可靠、合理。

2. 安装接线完毕后应认真检查电路中集成芯片插的方向是否正确，分立元器件有无接错，连线有没有漏接、多接、输入和输出端有没有短路现象；用万用表×1Ω 档测量电源端与地间的电阻，以保证电源不被短路，确认没有错误后可接通电源。

3. 操作时要注意安全。

**六、思考题**

1. 总结 $N$ 进制秒计数器的设计方法及元件选择。

2. 叙述用面包板通过插接技术实现电子电路时应注意的六点注意事项。

3. 根据自己实训过程,说明 $N$ 进制秒计数器安装、调试步骤,以及实训中所出现故障的解决措施。

4. 写出实训心得。

## 10.2.2 八路智力竞赛抢答器

**一、目的**

1. 了解所制作八路智力竞赛抢答器必需的理论知识;理解八路智力竞赛抢答器电路的设计方法。

2. 掌握应用 Multisim/Proteus 软件对八路智力竞赛抢答器电路进行仿真的方法。

3. 掌握八路智力竞赛抢答器电路的安装、调试及根据测试结果进行故障分析的方法。

4. 理解撰写电子工程实习总结报告的原则与基本步骤。

**二、主要仪器与设备**

1. 指针式万用表一台

2. 双踪示波器一台

3. 面包板一个

4. 直流稳压电源一台

5. 常用电子工具一套

**三、步骤与内容**

**1. 实习内容及技术指标要求**

利用插接法在面包板上完成八路智力竞赛抢答器的安装制作及系统调试。

对该电路的要求是:

(1) 具有数字显示抢先抢答者序号功能,同时配有声、光报警以响应抢先抢答者信号和序号。

(2) 对犯规抢答者(包括提前抢答和超时抢答)除声、光信号报警外,还有显示抢答犯规者序号功能。

(3) 对于抢先抢答者信号有锁存作用。

**2. 电路设计与参考电路**

(1) 系统结构图

八路智力竞赛抢答器的使用步骤是:在电路上电后抢答前由抢答主持人进行系统复位,确定抢答允许时间;抢答主持人发出抢答命令同时按下起动定时开关;抢答者听到抢答开始命令后,通过各自的按钮开关输入抢答信号。根据系统功能要求和使用步骤,该八路智力竞赛抢答器由抢答电路、控制电路、锁存电路、译码显示电路、定时电路和报警电路等部分组成。结构框图如图 10-7 所示:

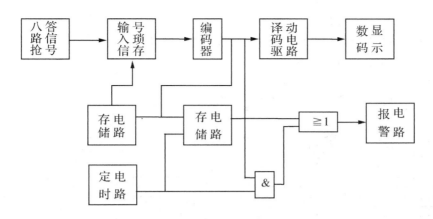

图 10-7　八路智力竞赛抢答器框图

（2）抢答、控制、锁存电路

本部分电路的功能有两个：一是分辨出选手按键的先后，并锁存优先抢答者的编号供显示译码器用，二是要使其它选手的按键操作无效。选用优先编码器 74LS148 和八 D 锁存器 74LS373 完成上述功能。其工作原理是：

当主持人按"复位"开关 $J_1$ 时，双 JK 触发器 74LS76 的 2（$\overline{S}$）引脚和 6（$\overline{R}$）引脚为低电平，输出端 15 引脚为"1"、11 引脚为（0）低电平，于是显示器灭灯、发光二极管不亮，系统处于"复位"状态，已处于工作状态。当主持人按"开始"开关 $J_2$ 时，抢答器处于等待工作状态。当有选手抢答，即将键按下时（如按下 $S_5$），八 D 锁存器 74LS373 的输出端中唯有 15 引脚（6Q）是"0"。74LS148 的输入端 $\overline{I_0} \sim \overline{I_7}$ 中 $\overline{I_2}$ 为有效的低电平"0"，输出 $\overline{Y_2}\ \overline{Y_1}\ \overline{Y_0} = 101$。此时 CD4511 输入为"0101"，译码后数码显示器显示"5"。

当有输入信号时，74LS148 的 $\overline{Y_{EX}}$ 由"1"变为"0"，双 JK 触发器 74LS76 的 15 引脚为"0"，74LS373 的 11 为"0"，74LS373 处于禁止工作状态，封锁了其它按键的输入。当按下的键松开后，74LS148 的 $\overline{Y_{EX}} = 1$，74LS373 仍处于禁止工作状态，所以其它按键的输入信号不会被接收，这就保证了抢答者的优胜性及抢答电路的准确性。当优先抢答者回答完问题后，由主持人操作控制开关 $J_1$，使抢答电路复位，以便进行下一轮抢答。

（3）定时电路

定时功能，主持人根据抢答题的难易程度，设定一次抢答的时间。该电路由 555 定时器（左）、$R_2$、$R_3$、$RP$、$C_2$、$C_3$ 及"开始"开关 $J_2$ 组成。555 定时器构成单稳态触发器，由电位器 $RP$、电阻 $R1$ 和电容 $C3$ 决定答题时间。当主持人按开关 $J_2$ 时，电路处于暂稳态，555 定时器的输出端 3 引脚为"1"；当规定的答题时间结束时，电路翻转，处于稳态，555 定时器的输出端 3 引脚为"0"。

（4）声响与灯光提示电路

声响提示包括 555 定时器（右）$C_4$、$R_6$、$R_7$、$R_8$、三极管和扬声器。其中 555 定时器构成多谐振荡器，其输出信号经三极管推动扬声器。4 引脚为控制端，高电平时，多谐振荡器工作，反之，电路停振。控制端连接到活门 74LS32 的输出端上，只要有选手抢答即为高电平。

灯光提示包括 JK 触发器（右）、发光二极管 $D_1$、$D_2$ 和 74LS00。当选手抢答时，74LS148 的 $\overline{Y_{EX}}$ 由"1"变为"0"，$\overline{Y_S}$ 由"0"变为"1"，双 JK 触发器 74LS76 处于工作状态。如果是正常抢答，555 定时器（左）的输出 3 引脚为"1"，74LS76 的 11 引脚为"0"，此时发光二极管 $D_1$ 不亮

D2 亮。如果是提前违规抢答或过了规定时间才答题,则 555 定时器(左)的输出 3 引脚为 "0",74LS76 的 11 引脚为"1",此时发光二极管 $D_1$ 亮而 $D_2$ 不亮。

(5)整体参考电路,如图 10-8 所示。

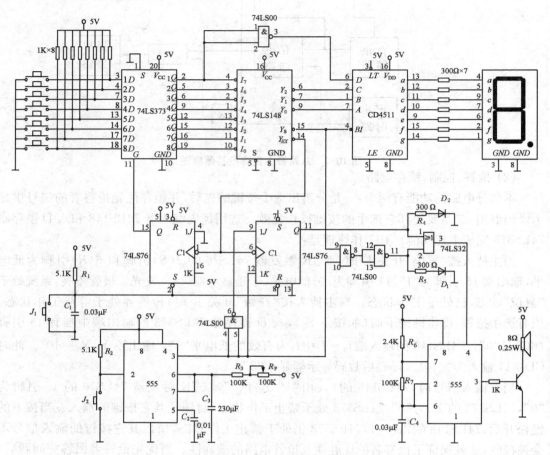

**图 10-8 八路智力竞赛抢答器整体参考电路图**

3. 应用 Multisim/Proteus 软件对所设计的八路智力竞赛抢答器电路进行仿真。

4. 画安装接线图,进行系统安装接线。

5. 安装调试要求:

(1)检查电路接线

(2)测试抢答、控制、锁存电路

(3)测试定时电路

(4)测试声响与灯光提示电路

(5)整机调试

**四、准备及预习要求**

1. 复习和总结归纳《数字电子技术》课程中关于八路智力竞赛抢答器的理论分析部分知识,为完成本项目实训任务奠定良好基础。

2. 查阅电子工艺中关于电阻、电容、二极管、三极管等元器件的选择和检测方法。

3. 熟悉电子电路的布线原则及用面包板通过插接技术实现电子电路时应注意的六点

注意事项。

4. 熟练利用 Multisim / Proteus 软件进行电子电路仿真的方法，八路智力竞赛抢答器电路设计完成后应首先进行电路仿真。

**五、注意事项**

1. 连线不能跨元器件，信号走线尽可能短，要求安装接线整齐美观，便于修改和测量。大信号部分和小信号部分应分开布线，地线连接要可靠、合理。

2. 安装接线完毕后应认真检查电路中集成芯片插的方向是否正确，分立元器件有无接错，连线有没有漏接、多接、输入和输出端有没有短路现象；用万用表×1Ω 档测量电源端与地间的电阻，以保证电源不被短路，确认没有错误后可接通电源。

3. 操作时要注意安全。

**六、思考题**

1. 总结八路智力竞赛抢答器的设计方法及元件选择。

2. 叙述用面包板通过插接技术实现电子电路时应注意的六点注意事项。

3. 根据自己实训过程，说明八路智力竞赛抢答器安装、调试步骤，以及实训中所出现故障的解决措施。

4. 写出实训心得。

# 附录　国产半导体集成电路型号命名法（GB3430-82）

集成电路器件型号的组成及各部分符号的意义

| 第0部分 | | 第1部分 | | 第2部分 | 第3部分 | | 第4部分 | |
|---|---|---|---|---|---|---|---|---|
| 字母表示器件符合国家标准 | | 字母表示器件类型 | | 阿拉伯数字和字母表示器件系列品种 | 字母表示器件的工作温度范围 | | 字母表示器件的封装 | |
| 符号 | 意义 | 符号 | 意义 | | 符号 | 意义 | 符号 | 意义 |
| C | 中国制造 | T | TTL 电路 | TTL 分为： | C | 0—70℃⑤ | F | 多层陶瓷扁平封装 |
| | | H | HTL 电路 | 54/74 * * *① | G | −25—70℃ | B | 塑料扁平封装 |
| | | E | ECL 电路 | 54/74H * * *② | L | −25—85℃ | H | 黑瓷扁平封装 |
| | | C | CMOS | 54/74L * * *③ | E | −40—85℃ | D | 陶瓷双列直插封装 |
| | | M | 存储器 | 54/74S * * * | R | −55—85℃ | J | 黑瓷双列直插封装 |
| | | μ | 微型继电器 | 54/74LS * * *④ | M | −55—125℃⑥ | P | 黑瓷双列直插封装 |
| | | F | 线性放大器 | 54/74AS * * * | … | | S | 塑料单列直插封装 |
| | | W | 稳压器 | 54/74ALS * * * | | | T | 塑料封装 |
| | | D | 音响、电视电路 | 54/74F * * * | | | K | 金属圆壳封装 |
| | | B | 非线性电路 | CMOS 为 | | | C | 金属菱形封装 |
| | | J | 接口电路 | 4000 系列 | | | E | 陶瓷芯片载体封装 |
| | | AD | A/D 转换器 | 54/74HC * * * | | | G | 塑料芯片载体封装 |
| | | DA | D/A 转换器 | 54/74HCT * * * | | | … | 网格针栅陈列封装 |
| | | SC | 通信专用电路 | … | | | S | 小引线封装 |
| | | SS | 敏感电路 | | | | O | 塑料芯片载体封装 |
| | | SW | 钟表电路 | | | | I | 陶瓷芯片载体封装 |
| | | SJ | 机电仪表电路 | | | | C | |
| | | SF | 复印机电路 | | | | P | |

注：①74:国际通用 74 系列（民用）;54:国际通用 54 系列（军用）

②H:高速

③L:低速

④LS:低功耗

⑤C:只出现在 74 系列

⑥M:只出现在 54 系列

示例：有一集成电路的符号为：

　　　C　　T　　74LS160 C　　J

C　T　74LS160　C　J

　　　　　　　　　└─ 黑磁双列直插封装
　　　　　　　└─── 工作温度0~70℃
　　　　　└───── 民用低功耗十进制计数器
　　　└─────── TTL集成电路
　　└───────── 中国制造

# 参考文献

[1] 阎石. 数字电子技术基础[M]. 第 5 版. 北京:高等教育出版社,2006.

[2] 余孟尝. 数字电子技术基础简明教程[M]. 第 3 版. 北京:高等教育出版社,2006.

[3] 张克农,宁改娣. 数字电子技术基础[M]. 第 2 版. 北京:高等教育出版社,2010.

[4] 康华光. 电子技术基础(数字部分)[M]. 第 5 版. 北京:高等教育出版社,2006.

[5] 刘全忠,刘艳莉. 电子技术(电工学Ⅱ)[M]. 第 3 版. 北京:高等教育出版社,2008.

[6] 付家才. 电子实验与实践[M]. 北京:高等教育出版社,2004.

[7] 杨志忠. 电子技术课程设计[M]. 北京:机械工业出版社,2008.

[8] Allan R. Hambley. Electronics [M]. 2nd ed. 影印版. 北京:高等教育出版社,2004.

[9] 潘松,黄继业. EDA 技术与 VHDL [M]. 第 2 版. 北京:清华大学出版社,2007.

[10] 黄仁欣. EDA 技术实用教程[M]. 北京:清华大学出版社,2006.